Edmund Stirner · Antennen · Grundlagen

Edmund Stirner

Antennen

Band 1: Grundlagen

Mit 111 Abbildungen

Dr. Alfred Hüthig Verlag Heidelberg

EDMUND STIRNER, Jahrgang 1925, studierte Elektrotechnik (Fernmeldetechnik) an der Technischen Universität München, wo er 1953 seine Diplom-Hauptprüfung ablegte. Anschließend war er Entwicklungsingenieur im Zentral-Laboratorium der Siemens AG München, Wissenschaftlicher Sachbearbeiter in der Bundesanstalt für Flugsicherung und Stellvertreter des Technischen Direktors beim Saarländischen Rundfunk. 1958 wurde er Dozent für Hochfrequenztechnik und Elektronik an der Staatlichen Ingenieurschule Saarbrücken. Seit 1964 ist er Dozent für Nachrichtenübertragungstechik, Hochfrequenztechnik, Antennen und Wellenausbreitung an der Fachhochschule Coburg.

CIP-Kurztitelaufnahme der Deutschen Bibliothek

Stirner, Edmund
Antennen. – Heidelberg : Hüthig.
Bd. 1. Grundlagen. – 1977.
   ISBN 3-7785-0424-X

Das Werk ist urheberrechtlich geschützt. Die dadurch begründeten Rechte, insbesondere die der Übersetzung, des Nachdruckes, der Entnahme von Abbildungen, der Funksendung, der Wiedergabe auf photomechanischem oder ähnlichem Wege und der Speicherung in Datenverarbeitungsanlagen bleiben, auch bei nur auszugsweiser Verwertung, vorbehalten.

Bei Vervielfältigung für gewerbliche Zwecke ist gemäß § 54 UrhG eine Vergütung an den Verlag zu zahlen, deren Höhe mit dem Verlag zu vereinbaren ist.

© 1977 Dr. Alfred Hüthig Verlag GmbH Heidelberg
Printed in Germany
Satz und Druck: Schwetzinger Verlagsdruckerei GmbH, 6830 Schwetzingen
Bindung: Großbuchbinderei Aloys Gräf, Heidelberg

VORWORT

Die Antennentechnik ist mit dem immer schnelleren Wachsen der Nachrichtentechnik zu einem eigenen umfangreichen Wissensgebiet herangereift, das in der Ingenieurausbildung vielfach aus Zeitnot zu kurz kommt.
Das vorliegende Buch soll diesem Mangel entgegenwirken. Es ist hauptsächlich für Studenten der Nachrichtentechnik geschrieben, aber auch der bereits in der Praxis tätige Ingenieur wird durch dieses Buch sein Wissen auffrischen oder neu erarbeiten können. Durch eine ausführliche Behandlung der Grundlagen der Antennentechnik soll dem Leser die Möglichkeit gegeben werden, sich die Grundkenntnisse über das Übertragungsglied „Antenne" anzueignen, die für den Nachrichtentechniker heute wichtig sind.

Die einzelnen Themen wurden so ausgewählt, daß sie vielfältige Fragen klären, die mir Studenten im Laufe der Zeit zum oft notgedrungen gerafften Vorlesungsstoff über das Gebiet der Antennen gestellt haben.

Die verwendeten mathematischen Hilfsmittel wurden bewußt elementar gehalten, da sie für die behandelten Probleme völlig ausreichen. Die ausführlichen physikalischen Betrachtungen und die vielen abgeleiteten Antennendiagramme sollen dem Leser ein sicheres Wissensfundament schaffen, von dem er auch in das Spezialwissen über Antennen vordringen kann.

Erfahrene Antennenspezialisten werden sicher das eine oder andere vermissen, das „eigentlich" auch zu den Grundlagen der Antennen gezählt werden müßte. Ein Taschenbuch hat jedoch schon vom Umfang her eine Grenze, die nicht überschritten werden sollte. Ein zweiter Band soll deshalb dem interessierten Leser die Anwendung der Grundlagen in der Antennen-Praxis in ausgewählten Beispielen vorführen. Dieser Band wird auch Antennenanpassungsschaltungen und Symmetrierglieder behandeln sowie einen Abschnitt über die Antennenmeßtechnik erhalten.

Meinem verehrten Lehrer, Herrn Prof. Dr. H. H. MEINKE, TU München, danke ich für freundliche Hinweise zur Stoffauswahl und für die Genehmigung, seine in Vorlesung und Veröffentlichung bewährte Darstellungs- und Erklärungsweise an vielen Stellen dieses Buches verwenden zu können.

Coburg, im Herbst 1976   EDMUND STIRNER

Inhaltsverzeichnis

Vorwort 5
Verwendete Formelzeichen 9
Einleitung 13

1. **Ausstrahlung des Elementardipols** 16
   1.1. Elektrostatisches Feld einer Dipol-Ladung 16
   1.2. Magnetisches Feld eines stromdurchflossenen Leiters 18
   1.3. Fernfeld des Elementardipols 20
   1.4. Nahfeld des Elementardipols 29
   1.5. Vom Elementardipol in den Raum abgestrahlte Energie . . . 32
   1.6. Feldbilder des Fernfeldes eines Elementardipols.
        Poyntingscher Vektor 37
   1.7. Strömungslinien der Feldenergie 39
   1.8. Richtdiagramme des Elementardipols 42

2. **Kombinationen von Dipolantennen** 46
   2.1. Horizontale und vertikale Richtdiagramme zweier paralleler
        Dipolantennen, die mit gleichphasigen Strömen gleicher
        Amplitude gespeist werden 46
   2.1.1. Horizontale Dipolzeile aus zwei vertikalen Dipolen 46
   2.1.2. Horizontale Dipolzeile aus zwei horizontalen Dipolen . . . 51
   2.1.3. Horizontale Dipolspalte 52
   2.1.4. Vertikale Dipolzeile 54
   2.1.5. Vertikale Dipolspalte 55
   2.2. Horizontale und vertikale Richtdiagramme zweier paralleler
        Dipolantennen, die mit phasenverschobenen Strömen gleicher
        Amplitude gespeist werden 57
   2.3. Dipole vor oder über einer leitenden Fläche 64
   2.3.1. Dipol vor einer leitenden Wand (Dipolachse parallel zur Wand) . 64
   2.3.2 Dipol über einer leitenden Ebene (Dipolachse parallel zur Ebene) . 68
   2.3.3. Dipol über einer leitenden Ebene (Dipolachse senkrecht zur
          Ebene) 69
   2.4. Dipolspalte und Dipolzeile mit mehr als zwei Dipolen 71
   2.4.1. Dipolspalte mit mehr als zwei Dipolen 71
   2.4.2. Dipolzeile mit mehr als zwei Dipolen 78
   2.4.3. Kombination von Dipolspalten und Dipolzeilen zur Dipolwand . 84

2.4.4 Dipolgerade 92
2.4.5. Stabstrahler 102
2.4.6. Flächenstrahler 106
2.5. Einfluß der Stromverteilung auf das Richtdiagramm der
 Antennenkombination 107
2.5.1. Richtdiagramm einer Dipolzeile, deren Dipole mit gleichphasigen
 Strömen verschiedener Amplitude gespeist werden 107
2.5.2. Richtdiagramm einer Dipolgeraden bei ungleichmäßiger
 Stromverteilung 112
2.5.3. Richtdiagramm eines Stabstrahlers bei ungleichmäßiger
 Stromverteilung 116
2.5.4. Richtdiagramm des Flächenstrahlers bei ungleichmäßiger
 Stromverteilung 117

3. **Technische Antennen** 119

3.1. Einfluß der Stromverteilung auf das Richtdiagramm der
 Vertikalantenne 119
3.1.1. Vertikale Dipolantenne im freien Raum 119
3.1.2. An ihrem Ende gespeiste Vertikalantenne im freien Raum . . . 128
3.2. Einfluß der Stromverteilung auf das Richtdiagramm der
 Horizontalantenne 132
3.3. Einfluß der Erde auf das Richtdiagramm der Antenne 135
3.4. Eingangsimpedanz und Strahlungswiderstand der Antenne . . . 139
3.5. Kapazitiv belastete Vertikalantenne 159
3.6. Induktiv belastete Vertikalantenne 162
3.7. Strahlungsgekoppelte Antennen 163
3.8. Spiegelantennen 167
3.9. Trichterstrahler 170
3.10. Linsenantennen 172
3.11. Schlitzantenne – Theorem von BABINET 174
3.12. Rahmenantenne 180
3.13. Wendelantenne 187
3.14. Gewinn der Sendeantenne 196
3.15. Empfangsantennen 199
3.16. Reziprozitätstheorem 203
3.17. Wirkfläche und Gewinn der Empfangsantenne 206

4. **Anhang mit Beispielen** 211

5. **Literaturverzeichnis** 226

6. **Sachwörterverzeichnis** 228

VERWENDETE FORMELZEICHEN

a	Antennenabstand
A	reelle Amplitude der Feldstärke (allg.)
$\underline{A}$	komplexe Amplitude der Feldstärke (allg.)
$\underline{\vec{A}}$	komplexer Feldvektor (allg.)
b	Antennenabstand
$\underline{B}$	komplexe Konstante des Strahlungsfeldes
C	Kapazität
C'	Kapazitätsbelag
c_0	$= 3 \cdot 10^{10} \; \frac{\text{cm}}{\text{s}}$, Ausbreitungsgeschwindigkeit der elektromagnetischen Welle im freien Raum
d	Antennenabstand
D	Wendeldurchmesser
e	reeller Augenblickswert der elektrischen Feldstärke
E	reelle Amplitude der elektrischen Feldstärke
$\underline{E}'$	komplexe Konstante des elektrischen Feldes
$\underline{E}$	komplexe Amplitude des elektrischen Feldes
$\vec{E}$	reeller elektrischer Feldvektor
$\underline{\vec{E}}$	komplexer elektrischer Feldvektor
F	Fläche, Wirkfläche
f	Frequenz
G	Antennengewinn
h	Antennenlänge, Abstand zwischen einer Antenne über einer leitenden Ebene und ihrem „Spiegelbild"
h_{rel}	relative Höhe
h_{eff}	effektive Antennenhöhe (Antennenlänge)
h	reeller Augenblickswert der magnetischen Feldstärke
H	reelle Amplitude der magnetischen Feldstärke
$\underline{H}'$	komplexe Konstante des magnetischen Feldes
$\underline{H}$	komplexe Amplitude der magnetischen Feldstärke
$\vec{H}$	reeller magnetischer Feldvektor
$\underline{\vec{H}}$	komplexer magnetischer Feldvektor
i_v	Verschiebungsstromdichte
I_v	reelle Amplitude des Verschiebungsstroms
$\underline{i}$	komplexer Augenblickswert des Stromes
I	reelle Amplitude des Stromes

$\underline{I}$	komplexe Amplitude des Stromes
l	Weglänge
L	Induktivität
L'	Induktivitätsbelag
m	Zahl der übereinander liegenden Antennenelemente
n	Windungszahl, Zahl der nebeneinander liegenden Antennenelemente
N	Wendelabstand
p	relative Phasengeschwindigkeit
P	Leistung
P_s	Strahlungsleistung
P_v	Verlustleistung
q	Ladung
Q	Güte
r	Entfernung zwischen Sendeantenne und Empfangsantenne
R	Wirkwiderstand
S	Strahlungsdichte, zeitgemittelte Energiestromdichte, Leistungsdichte der Strahlung
$\vec{S}$	Poyntingscher Vektor
S^*	Strombelag
s	Weglänge
t	Zeit
U	reelle Amplitude der Spannung
$\underline{U}$	komplexe Amplitude der Spannung
v	Ausbreitungsgeschwindigkeit der Welle auf der Wendelleitung
v_{ph}	Phasengeschwindigkeit
V	Gruppencharakteristik-Faktor
W	Energiedichte, Windungslänge
W_m	zeitgemittelte Energiedichte
X	Blindwiderstand
$\underline{Y}$	Scheinleitwert, Admittanz
$\underline{Z}$	Scheinwiderstand, Impedanz
Z_{Fo}	Feldwellenwiderstand des freien Raumes. (In der Literatur wird der Feldwellenwiderstand auch mit Z_0 bezeichnet.)
Z_M	mittlerer Wellenwiderstand einer Antenne
$\alpha, \beta, \gamma, \vartheta, \psi, \varphi$	Winkelbezeichnungen, Phasenwinkel
Δ	Länge des Elementardipols
φ	elektrisches Potential
λ_0	Wellenlänge
η	Wirkungsgrad

Verwendete Formelzeichen

$\epsilon_0 = \dfrac{1}{4\pi \cdot 9 \cdot 10^9} \dfrac{F}{m}$, absolute Dielektrizitätskonstante des freien Raumes

$\mu_0 = 4\pi \cdot 10^{-7} \dfrac{H}{m}$, absolute Permeabilität des freien Raumes

ω Kreisfrequenz
ρ Proportionalitätsfaktor

EINLEITUNG

JAMES CLERK MAXWELL[1] veröffentlichte 1873 in seinem Buch „A treatise on electricity and magnetism" eine in sich abgeschlossene Theorie des Elektromagnetismus und sagte die Existenz elektromagnetischer Wellen voraus. Die Hauptthesen der Maxwellschen Theorie wurden 1887–1889 von HEINRICH HERTZ[2] experimentell bestätigt. Er verwendete bei seinen Versuchen als Anlage zur Abstrahlung elektromagnetischer Wellen einen an einen „Funkeninduktor" angeschlossenen „Strahler". Dieser Strahler bestand aus zwei ausgespannten – im Verhältnis zur abgestrahlten Wellenlänge kurzen – Drähten, an deren Enden Metallzylinder als Endkapazitäten angeschlossen waren. Dadurch entstand ein offener Resonanzkreis, der nach dem Anstoß durch den Funkeninduktor gedämpfte Schwingungen sehr hoher Frequenz ausführen konnte. Die elektrischen Felder des von den Endkapazitäten gebildeten Kondensators und die magnetischen Felder des Stromes, der in den Drähten und über die dazwischen liegende Funkenstrecke floß, konnte HERTZ in mehreren Metern Entfernung als elektromagnetische Wellen nachweisen. Auf den Drähten des Strahlers floß dabei ein etwa gleichmäßig verteilter Strom. Die von HERTZ verwendete Anordnung mit gleichmäßiger Stromverteilung kann als Grundelement der Strahler aufgefaßt werden. Es wird im folgenden Text *Elementardipol* genannt.

Zum Nachweis der ausgestrahlten magnetischen Felder benutzte HERTZ bei seinen Experimenten eine auf die Frequenz der Wellen abgestimmte Drahtschleife als „Fühler" oder *Antenne* (antenna, lat. = Fühler). Diese Drahtschleife ist die Grundform der heutigen Rahmenantenne.

1895 verwendete ALEXANDER STEPANOWITSCH POPOW[3] in seinen Empfangsanlagen, mit denen er die elektrischen Entladungen der Atmosphäre registrierte, erstmals einen vertikalen Draht (Blitzableiter) als Antenne. Er verband diese Antenne mit einem von BRANLY[4] und LODGE[5] entwickelten „Kohärer" [8], der andererseits mit der Erde verbunden war. Er hatte damit den ersten brauchbaren Empfänger gebaut, mit dem er weit entfernte Blitze in Gewittern nachwies.

---

[1] JAMES CLERK MAXWELL, englischer Physiker, 1831–1879, Professor in Aberdeen, London und Cambridge.
[2] HEINRICH HERTZ, deutscher Physiker, 1857–1894, Professor in Karlsruhe und Bonn.
[3] ALEXANDER STEPANOWITSCH POPOW, russischer Physiker, 1859–1905, St. Petersburg.
[4] EDOUARD BRANLY, französischer Physiker, 1844–1940, Professor in Paris.
[5] Sir OLIVER JOSEPH LODGE, englischer Physiker, 1851–1940, Professor in Liverpool.

GUGLIELMO MARCONI[1]) hatte von 1891 an Versuche mit dem Ziel der drahtlosen Übertragung von Nachrichten durchgeführt. Er baute dabei auf die Arbeiten von HERTZ, RIGHI[2]), BRANLY und POPOW auf und arbeitete mit Wellenlängen, die etwa im Langwellenbereich lagen und die sich — ein glücklicher Zufall — besonders gut zur Überbrückung großer Entfernungen eignen. HERTZ hatte dagegen im Dezimeterwellenbereich experimentiert.

MARCONI verwendete als *Sendeantenne* — so werden Strahler heute genannt — eine Anordnung, die in der einen Hälfte aus einem sehr langen, fast senkrecht nach oben gespannten Draht und zur anderen Hälfte aus einem Draht, der zu einer Erdplatte führte, bestand. Diese Antenne stellte einen gedämpften, offenen Resonanzkreis für niedrige Frequenzen dar. Sie wurde, wie bei der Anlage von HERTZ, mit Hilfe eines Funkeninduktors erregt. 1896 gelang es MARCONI auf der Reede von La Spezia drei Kilometer drahtlos zu überbrücken. 1897 konnte er am Bristolkanal an der englischen Küste eine drahtlose Übertragung über 16 km Entfernung vorführen. Bei seinen entscheidenden Versuchen zur drahtlosen Überbrückung des Atlantik zwischen England und Neufundland benutzte MARCONI 1901 einen etwa 200 m langen Draht, der von einem Drachen gehalten wurde, als Empfangsantenne. Das in England ausgesandte Morsezeichen S (...) wurde in Neufundland deutlich empfangen.

Damit war die technische Brauchbarkeit des Verfahrens zur drahtlosen Nachrichtenübertragung über große Entfernungen erwiesen, und an vielen Orten begann man, sich mit der Technik der „Funkentelegraphie" zu befassen. Heute noch erinnern die Begriffe „Funker", „Funktechnik", „Rundfunk" usw. an die Anfangszeit der Funkinduktor-Sender.

Gleichzeitig mit dem Fortschritt der Sender- und Empfängertechnik wurden neue Sende- und Empfangsantennen entwickelt, wobei man den Beginn der Antennentechnik im heutigen Sinn auf etwa 1914 legen kann.

Als Empfangsantenne wurde in dieser Zeit vor allem die aus der Hertzschen Drahtschleife entstandene Rahmenantenne verwendet. Von 1924 an tauchen mit dem Vordringen der Funktechnik in den Kurzwellenbereich neue Antennentypen für Sender und Empfänger auf, die z. B. als symmetrische Drahtantennen der Länge $\lambda_0/2$ (Halbwellendipol) gebaut oder als Richtantennen aus mehreren Dipolen gebildet wurden. So konnte MARCONI 1924 mit Richtantennen erstmals von England nach Australien drahtlos telegrafieren.

Das Aufkommen des Rundfunks brachte ab etwa 1925 die Entwicklung neuer Sendeantennen für den Langwellen-, Mittelwellen- und Kurzwellenbereich. Es wurden z. B. auf einem Isolator stehende „selbststrahlende Antennenmaste" oder zwischen hohe Tragmaste ausgespannte Antennen neben zahlreichen anderen Antennentypen gebaut.

---

[1]) GUGLIELMO MARCONI, italienischer Funktechniker, 1874–1937, Nobelpreis für Physik 1909.
[2]) AUGUSTO RIGHI, italienischer Physiker, 1850–1920, Professor in Bologna.

Einleitung

Mit dem heute noch nicht abgeschlossenen Vordringen der drahtlosen Nachrichtentechnik in immer höhere Frequenzbereiche und in neue Anwendungsgebiete wurden eine Fülle neuer Antennen entwickelt, unter ihnen Spiegelantennen, Linsenantennen, Wendelantennen, Schlitzantennen und viele andere.

Verschiedene Anwendungsbereiche der modernen Nachrichtentechnik, wie z. B. Navigation, Ortung, Satellitenfunktechnik und Raumfahrt wären ohne eine weit entwickelte Antennentechnik undenkbar.

Stets ist dabei die Antenne ein äußerst wichtiges Übertragungsglied der Nachrichtenübertragungsstrecke Sender — Empfänger. Die Antenne führt die über eine Leitung als Leitungswelle vom Sender kommende Energie in eine sich frei im Raum ausbreitende Welle über. Umgekehrt wird von ihr die aus dem Raum am Empfangsort ankommende Welle in eine Leitungswelle umgewandelt, die zum Empfänger geleitet wird.

Die Grundlagen der Technik dieses „Übertragungsgliedes Antenne" sollen in diesem Buch behandelt werden.

1. AUSSTRAHLUNG DES ELEMENTARDIPOLS

1.1. Elektrostatisches Feld einer Dipol-Ladung

Um das elektrostatische Feld einer Dipol-Ladung zu untersuchen, betrachtet man zwei Ladungen, die den gleichen Betrag q aber entgegengesetzte Vorzeichen haben sollen. Dazu stellt man sich zwei punktförmige Leiter mit den Ladungen $+q$ und $-q$ vor, die den Abstand Δ haben sollen (B i l d 1.1).

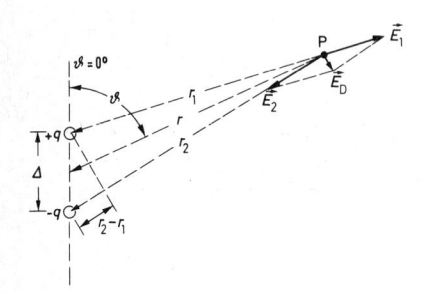

Bild 1.1 Elektrisches Feld einer Doppelladung

Diese Doppel-Ladung bezeichnet man nach [2] als *elektrischen Dipol*. In einem von dieser Dipol-Ladung weit entfernten Punkt P, dessen Ort durch die Kugelkoordinaten r, ϑ festgelegt sei, heben sich die Vektoren der elektrischen Feldstärken $\vec{E_1}$ und $\vec{E_2}$ der Einzel-Ladungen fast auf (Bild 1.1). Für $\Delta \ll r$ ist $r_1 \approx r \approx r_2$, so daß $\vec{E_1}$ und $\vec{E_2}$ fast gleich groß aber entgegengesetzt gerichtet sind. Nach dem Coulombschen Gesetz ist das Feld einer Ladung q im Abstand r

$$E = \frac{q}{4\pi r^2 \cdot \epsilon_0}. \tag{1}$$

Das Potential, das die Ladung $-q$ im Punkt P hervorruft, ist

$$(-\varphi) = \int\limits_{\infty}^{r_2} E \, dr = \frac{q}{4\pi \epsilon_0} \int\limits_{\infty}^{r_2} \frac{1}{r^2} \, dr = \frac{-q}{4\pi \epsilon_0 r_2}$$

und von der Ladung $+q$ wird hervorgerufen:

$$(+\varphi) = \int\limits_{r_1}^{\infty} E \, dr = \frac{q}{4\pi \epsilon_0} \int\limits_{r_1}^{\infty} \frac{1}{r^2} \, dr = \frac{+q}{4\pi \epsilon_0 \cdot r_2}.$$

1.1. Elektrostatisches Feld einer Dipol-Ladung

Wenn r sehr groß ist, kann man das resultierende Potential im Punkt P berechnen aus

$$\varphi_D = (+\varphi) + (-\varphi) = \frac{q}{4\pi\epsilon_0}\left(\frac{1}{r_1} - \frac{1}{r_2}\right)$$

oder $\varphi_D = \frac{q}{4\pi\epsilon_0} \cdot \frac{r_2 - r_1}{r_1 \cdot r_2}$

Da sich r_1 und r_2 fast nicht unterscheiden, kann man $r_1 \cdot r_2 = r^2$ setzen. Aus Bild 1.1 kann man entnehmen, daß $r_2 - r_1 = \Delta \cos \vartheta$ ist, so daß

$$\varphi_D = \frac{q \cdot \Delta \cdot \cos \vartheta}{4\pi\epsilon_0 \cdot r^2}$$

wird.

Der kleine resultierende Feldstärkevektor $\vec{E}_D$ (Bild 1.1) ist für die Betrachtung des später behandelten Antennenfeldes wichtig. Er liegt stets in der Ebene durch beide Dipol-Ladungen (Bild 1.2) und kann in den Komponenten $\vec{E}_r$

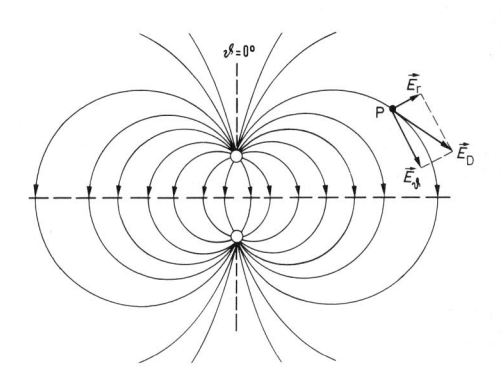

Bild 1.2 Elektrostatische Feldlinien einer Doppelladung

und $\vec{E}_\vartheta$ zerlegt werden (Bilder 1.2 und 1.4). Im Potentialfeld ist die Feldstärke gleich dem Potentialgefälle [4]

$$E_r = -\frac{\partial \varphi_D}{\partial r},$$

und man erhält

$$E_r = \frac{q \cdot \Delta \cdot \cos \vartheta}{2\pi\epsilon_0 r^3}. \tag{2}$$

Weil bei den für E_r und E_ϑ verwendeten Kugelkoordinaten (Bild 1.5 b) E_ϑ im Abstand r von der Dipol-Ladung aus dem Potentialgefälle längs der Strecke $r \cdot \partial \vartheta$ bestimmt wird, gilt

$$E_\vartheta = - \frac{\partial \varphi_D}{r \cdot \partial \vartheta} = - \frac{1}{r} \cdot \frac{q \cdot \Delta \cdot (-\sin \vartheta)}{4 \pi \epsilon_0 \cdot r^2} = \frac{q \cdot \Delta \cdot \sin \vartheta}{4 \pi \epsilon_0 \cdot r^3}. \qquad (3)$$

Man sieht aus den Gln. (2) und (3), daß die Feldstärken vom Produkt $q \cdot \Delta$ abhängen, wobei das Produkt durch die Tatsache begrenzt wird, daß bei steigendem Abstand Δ die Ladungsaufnahme q der Punktleiter bei konstanter Ladespannung wegen abnehmender Kapazität kleiner wird.

Größere Entfernungen können von den elektrischen Feldern nach Gln. (2) und (3) nicht überbrückt werden, da die Feldstärke mit $\frac{1}{r^3}$ abnimmt. Nach Gl. (2) ist $E_r = 0$ bei $\vartheta = 90°$ und hat seinen Maximalwert bei $\vartheta = 0°$. E_ϑ hat seinen Maximalwert bei $\vartheta = 90°$ und ist = 0 bei $\vartheta = 0°$.

1.2. Magnetisches Feld eines stromdurchflossenen Leiters

Um das magnetische Feld eines von einem Strom I durchflossenen Leiters zu erhalten, berechnet man die magnetischen Feldstärken in allen Punkten P des den Leiter umgebenden Raumes. Nach dem Gesetz von BIOT-SAVART Gl. (4) ist ein von einem konstanten Strom I durchflossener Leiter von einem magnetischen Feld umgeben, dessen Feldlinien den Leiterdraht bzw. die Drahtachse kreisförmig umschließen (B i l d 1.3 a).

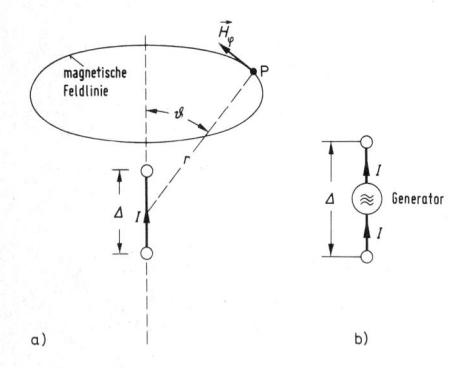

Bild 1.3 a) Magnetfeld eines stromdurchflossenen Leiterstückes. b) Elementardipol

Betrachtet man das Magnetfeld, welches von dem in einem infinitesimal kurzen Leitungsstück der Länge Δ fließenden Strom I hervorgerufen wird, so

1.2. Magnetisches Feld eines stromdurchflossenen Leiters

gilt für jeden durch die Kugelkoordinaten r und ϑ bestimmten Punkt P des Raumes um den Leiter nach BIOT-SAVART

$$H_\varphi = \frac{I \cdot \Delta}{4\pi r^2} \cdot \sin \vartheta. \tag{4}$$

Eine Ableitung von Gl. (4) findet man z. B. in [3].

In B i l d 1.3b ist ein sehr kurzer Leiter, der zwei Elektroden im Abstand Δ miteinander verbindet, schematisch dargestellt. Bei dieser Anordnung ist ein konstanter Gleichstrom nicht möglich, da kein geschlossener Stromkreis vorhanden ist. Besteht jedoch zwischen den Elektroden, die man sich als Zylinder oder Kugeln denken kann, eine ausreichende Kapazität, so ist ein geschlossener Wechselstromkreis vorstellbar.

I kann als konstante Amplitude des Ladestroms dieser Kapazität aufgefaßt werden. Eine derartige Anordnung kann man als Grundelement der Antenne, als *Elementardipol* ansehen.

Aus Gl. (4) sieht man, daß die zirkulare Feldkomponente H_φ des magnetischen Feldes vom Produkt $I \cdot \Delta$ und von $\sin \vartheta$ abhängt. Bei $\vartheta = 0°$ ist $H_\varphi = 0$, d. h. es existiert kein Feld in Richtung der Dipolachse. Das Maximum der Feldstärke erhält man für $\vartheta = 90°$, d. h. für alle Punkte, die sich auf einer Ebene befinden, die senkrecht zur Dipolachse orientiert ist und die diese Achse in der Mitte des Elementardipols schneidet. Dazu nimmt die Feldstärke mit $\frac{1}{r^2}$ ab, was eine Verbesserung gegenüber dem elektrischen Feld darstellt, das mit $\frac{1}{r^3}$ abnimmt.

Der Stromkreis, in dem der Wechselstrom I fließt, besteht aus dem Leitungsstrom im Elementardipol und dem Verschiebungsstrom („Feldstrom") im Raum um den Dipol.

Jede zeitliche Änderung des elektrischen Feldes $\left(\frac{dE}{dt}\right)$ erzeugt als Verschiebungsstrom ein geschlossenes magnetisches Feld [2]. Man kann sagen, der Verschiebungsstrom im Raum um den Dipol „fließt" entlang der elektrischen Feldlinien des Bildes 1.2. Im freien Raum ist der Verschiebungsstrom $I_v = \epsilon_0 \frac{dE}{dt} \cdot F$.

Dabei ist F die vom Feld E durchsetzte Fläche. Die Verschiebungsstromdichte

$$i_v = \frac{I_v}{F} = \epsilon_0 \frac{dE}{dt}.$$

Für die komplexe Darstellung von Wechselfeldern führt man für die Feldkomponenten komplexe Amplituden [1] ein: $\underline{E}_r, \underline{E}_\vartheta, \underline{H}_\varphi$. Die komplexen Augenblickswerte erhält man durch Multiplikation der komplexen Amplituden mit $e^{j\omega t}$.

Damit wird die Verschiebungsstromdichte z. B. für die Feldkomponente $\underline{E}_\vartheta$:

$$\underline{i}_v \, e^{j\omega t} = j\omega\, \epsilon_0 \cdot \underline{E}_\vartheta \, e^{j\omega t}. \tag{5}$$

Bei hinreichend hohen Frequenzen sind die Verschiebungsströme so groß, daß sich ihr Magnetfeld dem Feld des Leitungsstromes Gl. (4) weitab vom Dipol überlagert und sich so ein resultierendes Magnetfeld ergibt, das größer ist, als es nach Gl. (4) zu erwarten wäre.

Ein zeitlich veränderliches magnetisches Feld erzeugt durch Induktionswirkung ein elektrisches Feld. Das gilt auch für die Felder weitab vom Dipol, so daß dort auch das elektrische Feld stärker ist, als es sich nach Gl. (3) ergeben würde.

In einem vom Dipol weit entfernten Punkt P, der auf einer gedachten Kugeloberfläche durch die Kugelkoordinaten r, φ, ϑ gekennzeichnet sei (B i l d 1.4),

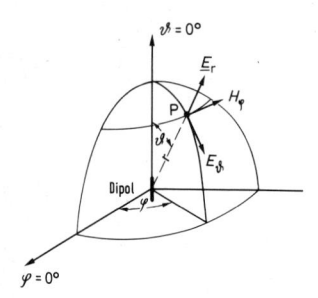

Bild 1.4 Feldvektoren einer von einem Elementardipol ausgehenden Welle

gibt es demnach eine elektrische und eine magnetische Wechselfeldstärke, deren Vektoren mit den komplexen Amplituden $\underline{E}_\vartheta$ und $\underline{H}_\varphi$ senkrecht aufeinander stehen. Es breitet sich dort eine elektromagnetische Welle aus, deren Ausbreitungsrichtung senkrecht auf der Ebene der Vektoren $\underline{E}_\vartheta$ und $\underline{H}_\varphi$ steht. Es ist dies eine vom Elementardipol ausgehende Kugelwelle.

Die Oberfläche einer Kugel wächst mit r^2. Deshalb nehmen die Leistungsdichten der durch die Kugeloberfläche tretenden Welle mit $\frac{1}{r^2}$ ab. Die Leistungsdichte ist proportional dem Quadrat der Feldstärken, so daß die Feldstärken der Kugelwelle wie $\frac{1}{r}$ abnehmen. Dies ist jedoch erst durch die oben geschilderte Wirkung des Verschiebungsstromes möglich.

Mit einer Feldstärkeabnahme von $\frac{1}{r}$ ist auch im weiten Abstand vom „Sendedipol" noch eine ausreichende „Empfangsfeldstärke" vorhanden.

1.3. Fernfeld des Elementardipols

Zur Ermittlung des Fernfeldes des Elementardipols denkt man sich den sehr kleinen Dipol im Mittelpunkt eines Kugelraumes gelegen, so daß jeder Punkt P dieses Raumes mit Kugelkoordinaten r, φ, ϑ beschrieben werden kann [5]. Weil

1.3. Fernfeld des Elementardipols

der Elementardipol sehr klein ist gegenüber der Wellenlänge der abgestrahlten Welle, kann man annehmen, daß er an allen Stellen zum selben Zeitpunkt einen Strom gleicher Amplitude führt.[1]

Es ist in diesem Koordinatensystem eine Welle gesucht, die die Komponenten $\underline{E}_r, \underline{E}_\vartheta$ und $\underline{H}_\varphi$ hat (Bild 1.4). Wegen der in den Bildern 1.2 und 1.3 sichtbaren axialen Symmetrie sollen diese Komponenten nur von r und ϑ abhängig sein.

Die Welle breitet sich mit Lichtgeschwindigkeit längs des Kugelradius aus, und die Wellenfronten um das Wellenzentrum (Elementardipol als Punktquelle aufgefaßt) können als Kugelflächen angenommen werden.

Auf der Kugeloberfläche (B i l d 1.5a) kann man sich ein Volumenelement um einen Punkt P vorstellen, wie es in B i l d 1.5b vergrößert gezeigt ist.

Die Flächen, durch die die Feldkomponenten der Welle treten, sind in den B i l d e r n 1.5c–e einzeln dargestellt. Dabei sind in Bild 1.5c und Bild 1.5e an Stelle der komplexen Feldkomponenten $\underline{E}_\vartheta$ und $\underline{E}_r$ die in gleicher Richtung fließenden Verschiebungsströme eingesetzt.

Man kann nun ansetzen:

1. Nach dem Durchflutungsgesetz ist in Bild 1.5c:

$$j\omega\epsilon_0\underline{E}_\vartheta \, e^{j\omega t} \cdot r \cdot \sin\vartheta \cdot d\varphi \cdot dr = -\underline{H}_{\varphi(r+dr)} \cdot e^{j\omega t} \cdot (r+dr) \cdot \sin\vartheta \, d\varphi + \underline{H}_{\varphi(r)} \cdot e^{j\omega t} \cdot r \cdot \sin\vartheta \, d\varphi.$$

und nach Division durch $\sin\vartheta \, d\varphi \, e^{j\omega t}$ erhält man

$$j\omega\epsilon_0\underline{E}_\vartheta \cdot r \cdot dr = -\underline{H}_{\varphi(r+dr)} \cdot (r+dr) + \underline{H}_{\varphi(r)} \cdot r$$

oder

$$j\omega\epsilon_0\underline{E}_\vartheta \cdot r = -\frac{\underline{H}_{\varphi(r+dr)} \cdot (r+dr) - \underline{H}_{\varphi(r)} \cdot r}{dr}.$$

Geht man auf differentielle Flächen $dF \to 0$, d. h. $dr \to 0$ und $d\varphi \to 0$ über (s. z. B. [4] S. 68), so erhält man

$$-\frac{\partial(\underline{H}_\varphi \cdot r)}{\partial r} = j\omega\epsilon_0(\underline{E}_\vartheta \cdot r). \tag{6}$$

2. Nach dem Induktionsgesetz ist in Bild 1.5d:

$$\underline{E}_{\vartheta(r)} \cdot e^{j\omega t} \cdot r \cdot d\vartheta + \underline{E}_{r(\vartheta+d\vartheta)} \cdot e^{j\omega t} \, dr - \underline{E}_{\vartheta(r+dr)} \cdot e^{j\omega t} \cdot (r+dr) \, d\vartheta - \underline{E}_{r(\vartheta)} e^{j\omega t} \, dr = j\omega\mu_0\underline{H}_\varphi \cdot e^{j\omega t} \, dr \cdot r \cdot d\vartheta$$

---

[1] Die Annahme eines fast unendlich kleinen Elementardipols (HERTZ) ist für die Berechnung des Fernfeldes zulässig. Im Nahfeld und zur Erklärung der Wellenablösung von der Antenne ist diese Annahme nicht geeignet.

1. Ausstrahlung des Elementardipols

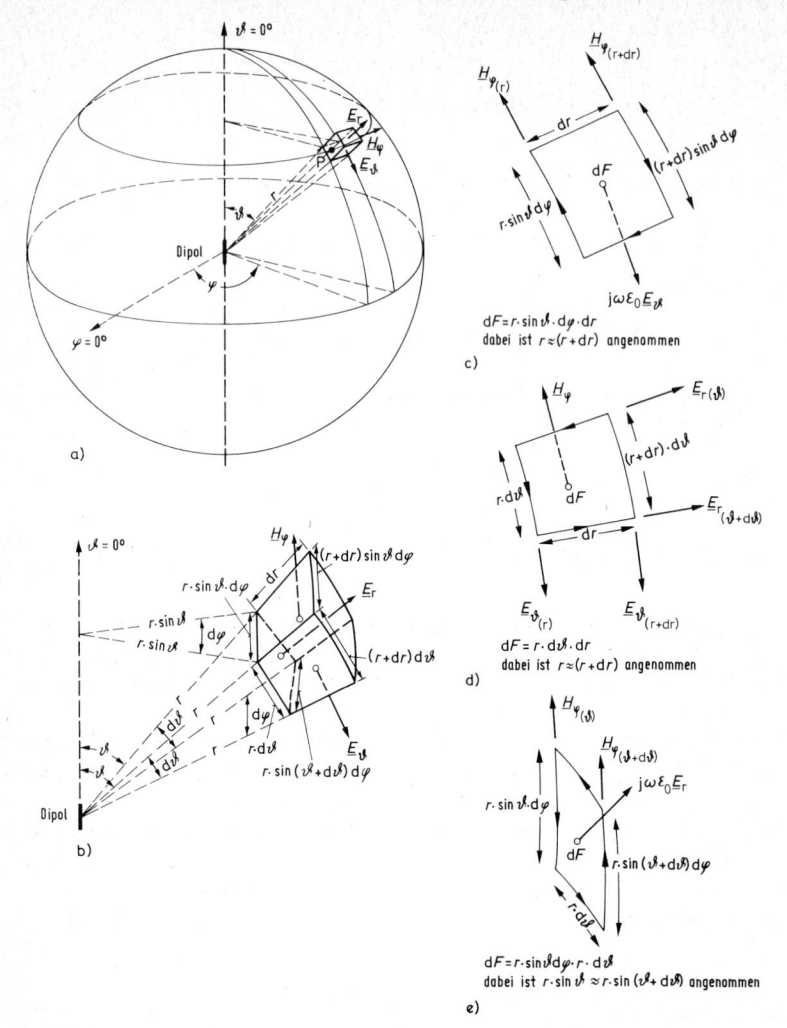

Bild 1.5 a) Volumenelement um P im Fernfeld eines Elementardipols. b) Vergrößertes Volumenelement aus Bild 1.5a. c) Zum Durchflutungsgesetz: Seitenfläche des Volumenelements aus Bild 1.5b. d) Zum Induktionsgesetz: Seitenfläche aus Bild 1.5b. e) Zum Durchflutungsgesetz: Seitenfläche aus Bild 1.5b

nach Kürzen mit $e^{j\omega t}$ und Division durch $dr \cdot d\vartheta$ erhält man

$$\frac{\underline{E}_{r(\vartheta+d\vartheta)} - \underline{E}_{r(\vartheta)}}{d\vartheta} - \frac{\underline{E}_{\vartheta(r+dr)} \cdot (r+dr) - \underline{E}_{\vartheta} \cdot r}{dr} = j\omega\mu_0 \cdot (\underline{H}_\varphi \cdot r).$$

1.3. Fernfeld des Elementardipols

Nach dem Grenzübergang $dr \to 0$, $d\vartheta \to 0$ ergibt sich

$$\frac{\partial \underline{E}_r}{\partial \vartheta} - \frac{\partial (\underline{E}_\vartheta \cdot r)}{\partial r} = j\omega\mu_0 \cdot (\underline{H}_\varphi \cdot r). \tag{7}$$

3. Nach dem Durchflutungsgesetz ist nach Bild 1.5e:

$$j\omega\epsilon_0 \underline{E}_r \cdot e^{j\omega t} \cdot r \cdot \sin\vartheta \cdot d\varphi \cdot r \cdot d\vartheta = \underline{H}_{\varphi(\vartheta+d\vartheta)} \cdot e^{j\omega t} \cdot r \cdot \sin(\vartheta + d\vartheta) d\varphi - \underline{H}_{\varphi(\vartheta)} \cdot e^{j\omega t} \cdot r \cdot \sin\vartheta \cdot d\varphi$$

und nach dem Herauskürzen von $e^{j\omega t} \cdot r \cdot d\varphi d\vartheta$ ergibt sich

$$j\omega\epsilon_0 \underline{E}_r \cdot r \cdot \sin\vartheta = \frac{\underline{H}_{\varphi(\vartheta+d\vartheta)} \cdot \sin(\vartheta+d\vartheta) - \underline{H}_{\varphi(\vartheta)} \cdot \sin\vartheta}{d\vartheta}.$$

Nach dem Grenzübergang $d\varphi \to 0$, $d\vartheta \to 0$ erhält man

$$\frac{\partial}{\partial \vartheta}(\underline{H}_\varphi \cdot \sin\vartheta) = j\omega\epsilon_0 \underline{E}_r \cdot r \cdot \sin\vartheta. \tag{8}$$

Die Gln. (6), (7) und (8) zeigen, daß wegen der axialsymmetrischen Ausbreitung der Welle um den Dipol alle Vorgänge unabhängig von φ sind.

Im folgenden wird für die Gln. (6), (7) und (8) eine Näherungslösung für das Fernfeld des Dipols gesucht.

Das „Fernfeld" sei vorerst für sehr große Abstände r vom Dipol definiert.

Aus den anfangs entwickelten Ausdrücken des elektrostatischen Feldes der Doppelladung Gln. (2), (3) und des magnetischen Feldes eines von einem Gleichstrom durchflossenen Leiters Gl. (4) kann man schließen, daß auch die Komponenten des elektromagnetischen Feldes von ϑ abhängig sind und die Funktionen $\sin\vartheta$ bzw. $\cos\vartheta$ wie in den Gln. (2), (3) und (4) enthalten.

Man kann deshalb ansetzen:

$$\underline{E}_r = f_{(r)} \cos\vartheta, \tag{9}$$
$$\underline{E}_\vartheta = g_{(r)} \sin\vartheta, \tag{10}$$
$$\underline{H}_\varphi = h_{(r)} \sin\vartheta. \tag{11}$$

$f_{(r)}, g_{(r)}$ und $h_{(r)}$ sind unbekannte Funktionen, die die r-Abhängigkeit beschreiben.

Setzt man die Gln. (9), (10) und (11) in die Gln. (6), (7) und (8) ein, so erhält man

$$\frac{\partial}{\partial \vartheta}(h_{(r)} \cdot \sin\vartheta \cdot \sin\vartheta) = j\omega\epsilon_0 (f_{(r)} \cdot \cos\vartheta \cdot r \cdot \sin\vartheta) \tag{12}$$

$$-\frac{\partial}{\partial r}(h_{(r)} \cdot \sin\vartheta \cdot r) = j\omega\epsilon_0 \cdot (g_{(r)} \cdot \sin\vartheta \cdot r) \tag{13}$$

$$-\frac{\partial}{\partial r}(g_{(r)} \cdot \sin\vartheta \cdot r) = \frac{\partial f_{(r)} \cdot \cos\vartheta}{\partial \vartheta} = j\omega\mu_0(h_{(r)} \cdot \sin\vartheta \cdot r). \tag{14}$$

Aus Gl. (12) wird

$$h_{(r)} \cdot 2 \cdot \sin\vartheta \cdot \cos\vartheta = j\omega\epsilon_0 f_{(r)} \cdot r \cdot \sin\vartheta \cos\vartheta \tag{15}$$

aus Gl. (14) wird

$$-\frac{\partial}{\partial r}(g_{(r)} \cdot \sin\vartheta \cdot r) - f_{(r)} \cdot \sin\vartheta = j\omega\mu_0 h_{(r)} \cdot \sin\vartheta \cdot r \tag{16}$$

und es bleibt

$$2 \cdot h_{(r)} = j\omega\epsilon_0 \cdot f_{(r)} \cdot r \tag{17}$$

$$-\frac{\partial h_{(r)} \cdot r}{\partial r} = j\omega\epsilon_0 \cdot g_{(r)} \cdot r \tag{18}$$

$$-\frac{\partial g_{(r)} \cdot r}{\partial r} - f_{(r)} = j\omega\mu_0 h_{(r)} \cdot r. \tag{19}$$

Aus Gl. (17) erhält man den Zusammenhang zwischen den Funktionen $f_{(r)}$ und $h_{(r)}$; d. h. zwischen $\underline{E}_r$ und $\underline{H}_\varphi$:

$$f_{(r)} = -j\frac{2 h_{(r)}}{\omega \cdot \epsilon_0 \cdot r}.$$

Gl. (17) in Gl. (19) eingesetzt gibt

$$-\frac{\partial g_{(r)} \cdot r}{\partial r} + j\frac{2 h_{(r)}}{\omega \cdot \epsilon_0 \cdot r} = j\omega\mu_0 \cdot h_{(r)} \cdot r;$$

$$-\frac{\partial g_{(r)} \cdot r}{\partial r} = j\omega \cdot \mu_0 \cdot h_{(r)} \cdot r - j\frac{2 \cdot h_{(r)} \cdot \omega \cdot \mu_0 \cdot r}{\omega \cdot \epsilon_0 \cdot r \cdot \omega \cdot \mu_0 \cdot r};$$

$$-\frac{\partial g_{(r)} \cdot r}{\partial r} = j\omega\mu_0 \cdot h_{(r)} \cdot r \cdot \left(1 - \frac{2}{\omega^2 \cdot (\sqrt{\mu_0 \cdot \epsilon_0})^2 r^2}\right). \tag{20}$$

Mit $\dfrac{1}{\sqrt{\mu_0 \cdot \epsilon_0}} = c_0$, der Ausbreitungsgeschwindigkeit der Welle im freien Raum, $\omega = 2\pi f$ und der Wellenlänge $\lambda_0 = \dfrac{c_0}{f}$ wird aus Gl. (20)

1.3. Fernfeld des Elementardipols

$$-\frac{\partial g_{(r)} \cdot r}{\partial r} = j\omega\mu_0 \cdot h_{(r)} \cdot r \left(1 - \frac{2}{\left(\frac{1}{\lambda_0} \cdot 2\pi \cdot r\right)^2}\right);$$

$$-\frac{\partial g_{(r)} \cdot r}{\partial r} = j\omega\mu_0 \cdot h_{(r)} \cdot r \left[1 - 2\left(\frac{\lambda_0}{2\pi r}\right)^2\right]. \tag{21}$$

Für das Fernfeld (r sehr groß gegen λ_0) kann in Gl. (21) $\left(\frac{\lambda_0}{2\pi r}\right)^2$ vernachlässigt werden. Man erhält dann als Näherung die „Fernfeldlösung" des Gleichungssystems. Diese Näherung ist zulässig, weil die von einer Sendeantenne abgestrahlten Wellen allgemein große Entfernungen überbrücken sollen.

Mit Gl. (18) und dem aus Gl. (21) durch Vernachlässigung von $\left(\frac{\lambda_0}{2\pi r}\right)^2$ erhaltenen Ausdruck

$$-\frac{\partial g_{(r)} \cdot r}{\partial r} = j\omega \cdot \mu_0 \cdot h_{(r)} \cdot r \tag{22}$$

hat man die zur Bestimmung von $g_{(r)}$ und $h_{(r)}$ nötigen Gleichungen.

Zur Lösung der Gleichungen führt man beide auf eine Gleichung mit einer unbekannten Funktion zurück, indem man Gl. (18) nach ∂r differenziert:

$$-\frac{\partial^2(h_{(r)} \cdot r)}{\partial r^2} = j\omega\epsilon_0 \cdot \frac{\partial g_{(r)} \cdot r}{\partial r}$$

und in Gl. (22) einsetzt. Man erhält

$$\frac{\partial^2(h_{(r)} \cdot r)}{\partial r^2} \cdot \frac{1}{j\omega\epsilon_0} = j\omega\mu_0 \cdot h_{(r)} \cdot r$$

oder $\quad \dfrac{\partial^2(h_{(r)} \cdot r)}{\partial r^2} = -\omega^2 \mu_0 \cdot \epsilon_0 \cdot h_{(r)} \cdot r. \tag{23}$

Die Lösungsfunktion für $(h_{(r)} \cdot r)$ muß so beschaffen sein, daß ihr zweiter Differentialquotient bis auf einen konstanten Faktor $(-\omega^2 \mu_0 \epsilon_0)$ gleich der Funktion $h_{(r)} \cdot r$ ist. Dies gilt für die Funktion $\underline{B} \, e^{-kr}$. Damit wird

$$h_{(r)} \cdot r = \underline{B} \cdot e^{-kr}. \tag{24}$$

$\underline{B}$ ist eine vorerst beliebige komplexe Konstante und k ist eine Konstante, die sich durch Einsetzen von $\underline{B} \cdot e^{-kr}$ in Gl. (23) ergibt:

$$\frac{\partial^2 \underline{B} e^{-kr}}{\partial r^2} = -\omega^2 \mu_0 \epsilon_0 \underline{B} e^{-kr}, \tag{25}$$

damit wird

$$k^2 \underline{B} e^{-kr} = -\omega^2 \mu_0 \epsilon_0 \underline{B} e^{-kr} \tag{26}$$

und

$$k^2 = -\omega^2 \mu_0 \epsilon_0. \tag{27}$$

Es ist $k = j\omega \cdot \sqrt{\mu_0 \epsilon_0}$ oder wie bei Gl. (20) mit $\omega = 2\pi f$ und $\lambda_0 = \dfrac{c_0}{f}$ erhält man

$$k = j \frac{2\pi}{\lambda_0}. \tag{28}$$

Durch Einsetzen von $\underline{B} e^{-j\omega\sqrt{\mu_0 \epsilon_0} \cdot r}$ in Gl. (24) wird

$$h_{(r)} \cdot r = \underline{B} e^{-j\omega\sqrt{\mu_0 \cdot \epsilon_0} \cdot r}$$

oder

$$h_{(r)} = \frac{1}{r} \cdot \underline{B} \cdot e^{-j\omega\sqrt{\mu_0 \cdot \epsilon_0} \cdot r}. \tag{29}$$

Gl. (29) eingesetzt in Gl. (11):

$$\underline{H}_\varphi = \frac{1}{r} \cdot \sin \vartheta \cdot \underline{B} e^{-j\omega\sqrt{\mu_0 \cdot \epsilon_0} \cdot r} \tag{30}$$

und mit $e^{j\omega t}$ wird

$$\underline{H}_\varphi \cdot e^{j\omega t} = \frac{1}{r} \sin \vartheta \cdot \underline{B} e^{j(\omega t - \omega\sqrt{\mu_0 \epsilon_0} \cdot r)}. \tag{31}$$

Die Gl. (6) lautete:

$$-\frac{\partial}{\partial r}(H_\varphi \cdot r) = j\omega\epsilon_0 (\underline{E}_\vartheta \cdot r).$$

1.3. Fernfeld des Elementardipols

Mit Gl. (30) in Gl. (6) erhält man:

$$j\omega\epsilon_0(\underline{E}_\vartheta \cdot r) = -\frac{\partial}{\partial r} \cdot \left(\sin\vartheta \cdot \underline{B}\, e^{-j\omega\sqrt{\mu_0\epsilon_0}\cdot r}\right). \tag{32}$$

Daraus

$$j\omega\epsilon_0(\underline{E}_\vartheta \cdot r) = -\left[\underline{B}\cdot\sin\vartheta\left(-j\omega\sqrt{\mu_0\epsilon_0}\cdot e^{-j\omega\sqrt{\mu_0\epsilon_0}\cdot r}\right)\right] \tag{33}$$

und mit $e^{j\omega t}$ ergibt sich

$$\underline{E}_\vartheta \cdot e^{j\omega t} = \frac{1}{r}\sin\vartheta\sqrt{\frac{\mu_0}{\epsilon_0}}\cdot\underline{B}\, e^{j(\omega t - \omega\sqrt{\mu_0\cdot\epsilon_0}\cdot r)}. \tag{34}$$

Gl. (31) und Gl. (34) sind Gleichungen einer in Richtung wachsender r mit Lichtgeschwindigkeit wandernden Welle, deren Ausbreitungskonstante $\omega\sqrt{\mu_0\epsilon_0} = \frac{2\pi}{\lambda_0}$ ist.

Man sieht, daß $\underline{E}_\vartheta$ und $\underline{H}_\varphi$ im Fernfeld gleiche Phase haben. Bildet man den Quotienten aus Gl. (34) und Gl. (31), so erhält man:

$$\frac{\underline{E}_\vartheta}{\underline{H}_\varphi} = \sqrt{\frac{\mu_0}{\epsilon_0}} = Z_{F_0} = 120\,\pi\,\Omega. \tag{35}$$

Es ergibt sich Z_{F_0}, ein reeller, für alle Punkte des freien Raumes gleicher Wert mit der Einheit eines Widerstandes. Z_{F_0} wird *Feldwellenwiderstand des freien Raumes* genannt. Die komplexe Konstante $\underline{B}$ beschreibt das Gesamtniveau des Strahlungsfeldes, das durch die Senderleistung bedingt ist, die den Strom im Dipol hervorruft.

In Gl. (31) muß daher $\frac{B}{r}$ die Einheit des magnetischen Feldes haben. Schreibt man in Gl. (31) deshalb $\underline{H}'$ an Stelle von $\underline{B}$ und kürzt dazu noch $e^{j\omega t}$, so erhält man:

$$\underline{H}_\varphi = \frac{1}{r}\cdot\underline{H}'\cdot\sin\vartheta\cdot e^{-j\omega\sqrt{\mu_0\epsilon_0}\cdot r}$$

und den Betrag

$$H_\varphi = \frac{1}{r}\cdot H'\cdot\sin\vartheta. \tag{36}$$

In Gl. (34) muß $\dfrac{\underline{B}\cdot Z_{F_0}}{r}$ die Einheit des elektrischen Feldes haben. Man schreibt deshalb $\underline{E}'$ an Stelle von $\underline{B}\cdot Z_{F_0}$ und erhält ohne $e^{j\omega t}$:

$$\underline{E}_\vartheta = \frac{1}{r}\underline{E}' \cdot \sin\vartheta \cdot e^{-j\omega\sqrt{\mu_0\cdot\epsilon_0}\cdot r} \tag{37}$$

oder mit $\underline{E}' = \underline{H}' \cdot Z_{F_0}$:

$$\underline{E}_\vartheta = \frac{1}{r}\cdot\underline{H}'\cdot Z_{F_0}\cdot \sin\vartheta \cdot e^{-j\omega\sqrt{\mu_0\epsilon_0}\cdot r}$$

mit dem Betrag

$$E_\vartheta = \frac{1}{r} H' \cdot Z_{F_0} \cdot \sin\vartheta. \tag{38}$$

Die Feldkomponente $\underline{E}_r$ erhält man aus Gl. (9) und Gl. (17):

$$\underline{E}_r = \frac{2\, h_{(r)}}{j\omega\epsilon_0\cdot r}\cdot\cos\vartheta \tag{39}$$

mit Gl. (11) erhält man

$$\underline{E}_r = \frac{2\cdot\underline{H}_\varphi\cdot\cos\vartheta}{j\omega\epsilon_0\cdot r\cdot\sin\vartheta}. \tag{40}$$

Setzt man darin Gl. (36) ein, so wird

$$\underline{E}_r = -j\,\frac{2}{\omega\epsilon_0\,r^2}\cdot\underline{H}'\cos\vartheta\, e^{-j\omega\sqrt{\mu_0\epsilon_0}\cdot r}. \tag{41}$$

Man sieht, daß die Komponente $\underline{E}_r$ mit $\dfrac{1}{r^2}$ abnimmt und damit im Fernfeld ohne Bedeutung ist. Außerdem ist $\underline{E}_r$ um j, das entspricht einer Phasenverschiebung um $\dfrac{\pi}{2}$, verschoben. $\underline{E}_r$ hängt von $\cos\vartheta$ ab, während $\underline{E}_\vartheta$ und $\underline{H}_\varphi$ von $\sin\vartheta$ abhängen. Dort, wo $\underline{E}_\vartheta$ seinen Maximalwert hat, ist $\underline{E}_r = 0$.

Das *Fernfeld* — auch *Fraunhoferregion* genannt — soll nun noch genauer als bisher definiert werden: Nach [7] ist es der Teil des von der Antenne abgestrahlten Feldes, in dem sich der Energiefluß von der Antenne so verhält, als ob er von einer Punktquelle in der Nähe der Antenne käme. Im Fernfeld sind $\underline{H}_\varphi$ und $\underline{E}_\vartheta$

1.4. Nahfeld des Elementardipols

in Phase und quer zur Ausbreitungsrichtung orientiert (Querkomponenten) (s. B i l d 1.6).

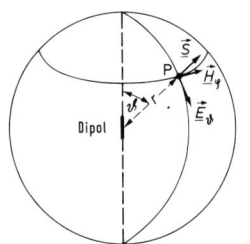

$\vec{S}$ = Strahlungsvektor senkrecht zu $\vec{E}_\vartheta$ und $\vec{H}_\varphi$.
Er gibt die Ausbreitungsrichtung der Welle an.

Bild 1.6 Feldvektoren einer
Dipolwelle im Fernfeld

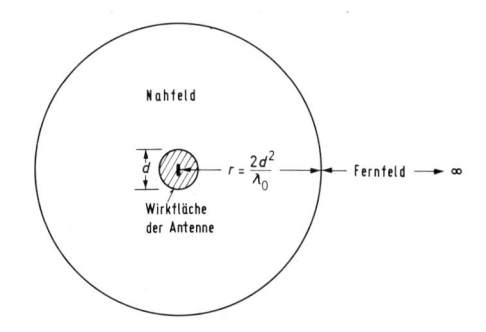

Bild 1.7 Zur Begriffsbestimmung Nahfeld – Fernfeld

Das Fernfeld beginnt angenähert ab einem Abstand

$$r = \frac{2 d^2}{\lambda_0} \tag{42}$$

von der Antenne. Dabei ist d der Durchmesser der (kreisförmig angenommenen) Antennenfläche und λ_0 die Wellenlänge der abgestrahlten Welle (s. B i l d 1.7).

1.4. Nahfeld des Elementardipols

Im Nahfeld (Bild 1.7), innerhalb des Kugelraumes um die Antenne mit $r < \frac{2 d^2}{\lambda_0}$, findet die Ablösung der Welle von der Antenne und der Übergang in die Raumwelle des Fernfeldes statt (s. dazu auch Abschnitt 3.4.).

Die B i l d e r 1.8 a bis 1.8 f zeigen die Ablösung des elektrischen Feldes der Welle vom Dipol. Man kann sich dazu im Dipol einen Wechselstromgenerator denken, der einen Strom (Pfeil) im Dipol fließen läßt und die Aufladung der Dipolenden bewirkt. Das mit den Ladungen verbundene elektrische Feld ist durch Feldlinien gekennzeichnet. Das vom Generator bewirkte Umladen des Dipols, der dabei fließende Strom und die sich ausbildenden elektrischen Felder sind als Momentanbilder dargestellt. Während des Umladevorgangs entfernen sich die elektrischen Felder mit Lichtgeschwindigkeit von der Antenne.

Man kann sich dazu die Felder in eine sich mit Lichtgeschwindigkeit ausdehnende „Grenzkugel" eingeschlossen denken. Bild 1.8 a zeigt den Augenblick der höchsten Ladung des Dipols. Diese Ladung nimmt ab (Bild 1.8 b), wobei die elektrischen Felder nahe dem Dipol abnehmen. Die weiter entfernten Felder bleiben durch die Wirkung des Verschiebungsstromes in ihrer Größe erhalten.

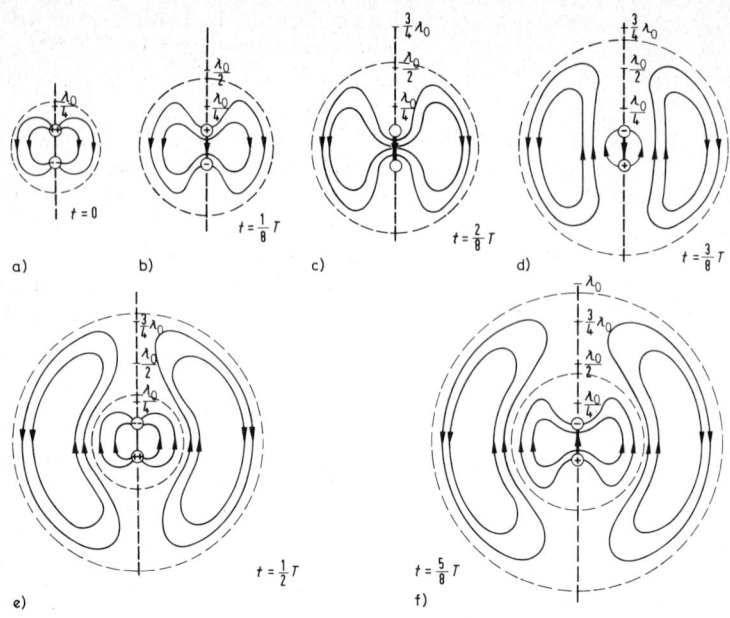

Bilder 1.8 a–f) Wellenablösung von einem Dipol (es sind nur die elektrischen Feldlinien gezeichnet)

Man kann sich vorstellen, daß die von den Ladungsträgern ausgehenden Feldlinienenden beim Umladevorgang mit den Ladungsträgern in den Dipol wandern und sich beim Zusammentreffen der Ladungsträger von diesen lösen [10]. Damit sich eine Feldlinie vom Dipol lösen kann, muß sie eine Länge haben, die mindestens einer halben Wellenlänge $\left(\dfrac{\lambda_0}{2}\right)$ entspricht. Die Feldanteile mit Feldlinienlängen kleiner als $\dfrac{\lambda_0}{2}$ können sich nicht ablösen, sondern kehren in den Dipol zurück (*Blindleistung*). Die abgelösten Feldlinien schließen sich zu den in den Bildern 1.8d, e und f skizzierten Formen. Die Feldlinie, deren Länge gerade $\dfrac{\lambda_0}{2}$ ist, wird *Grenzfeldlinie* genannt [8], [29]. Felder, die innerhalb des von den Grenzfeldlinien gebildeten Raumes liegen, werden nicht abgestrahlt. Die außerhalb der Grenzfeldlinien liegenden Felder können sich von der Antenne lösen und wandern mit Lichtgeschwindigkeit in den Raum[1].

---

[1] Die Bilder 1.8a bis 1.8f müssen als Momentanbilder lückenhaft bleiben. Den Energieübergang von der vom Generator gespeisten Leitung über die Antenne („Speisezone") in den Raum zeigt sehr anschaulich ein Lehrfilm „Wellenablösung von einer Antenne" der nach einem Entwurf von Prof. Dr. H. H. MEINKE vom Institut für Hochfrequenztechnik der Technischen Universität München hergestellt wurde [9], [10].

1.4. Nahfeld des Elementardipols

Man ist deshalb bestrebt, die Antennenlänge wenigstens in die Größenordnung der halben Wellenlänge zu bringen[2], um die Grenzfeldlinie nahe an die Antenne zu bekommen. Dann ist nur ein kleiner Feldteil innerhalb der Grenzfeldlinien, und der größte Teil wird in den Raum abgestrahlt [29].
Das Feldbild des elektrischen Feldes der elektromagnetischen Welle muß man noch durch die mitwandernden magnetischen Felder ergänzt denken. Die magnetischen Feldlinien umgeben den Dipol als Kreise in Ebenen senkrecht zur Dipolachse. Bild 1.10 zeigt das Momentanbild einer Dipolwelle, in das neben den elektrischen und magnetischen Feldlinien auch die Verschiebungsströme (gestrichelt) eingezeichnet sind. Sie sind geschlossene Stromkreise im freien Raum, die gegenüber den geschlossenen elektrischen Feldlinien eine Verschiebung von $\frac{\lambda_0}{4}$ haben. Der Verschiebungsstrom Gl. (5) ist

$$j\omega\epsilon_0 \underline{E} \, e^{j\omega t} = \oint \underline{H} \, e^{j\omega t} \, ds. \tag{43}$$

Die Verschiebungsströme können auch durch die Feldgleichungen (38) und (41) beschrieben werden, wenn man diese mit $j\omega\epsilon_0$ und $e^{j\omega t}$ ergänzt:

$$\underline{i}_{v\vartheta} \cdot e^{j\omega t} = j\omega\epsilon_0 \underline{E}_\vartheta \cdot e^{j\omega t} \tag{44}$$

$$\underline{i}_{vr} \, e^{j\omega t} = j\omega\epsilon_0 \underline{E}_r \, e^{j\omega t}. \tag{45}$$

In Gl. (22) wurde für die Fernfeldlösung ein Glied mit $\frac{1}{r^2}$ vernachlässigt. Das ist für das Nahfeld (r sehr klein) nicht mehr zulässig: Mit Gl. (18) und Gl. (21) erhält man eine Differentialgleichung zweiter Ordnung, deren Lösung $h_{(r)}$ in Gl. (11) eingesetzt die vollständige Feldstärkegleichung für $\underline{H}_\varphi$ liefert. Erweitert man noch mit $e^{j\omega t}$, so erhält man:

$$\underline{H}_\varphi \, e^{j\omega t} = \underline{H}' \cdot \left(\frac{1}{r} - j \, \frac{1}{\omega\sqrt{\mu_0 \cdot \epsilon_0}} \cdot \frac{1}{r^2} \right) \cdot \sin\vartheta \, e^{j(\omega t - \omega\sqrt{\mu_0\epsilon_0} \cdot r)}. \tag{46}$$

Wenn r sehr klein ist (Antennennähe), wird $\frac{1}{r}$ gegen $\frac{1}{r^2}$ vernachlässigt werden können. Ebenso wird $\omega \cdot \sqrt{\mu_0\epsilon_0} \cdot r$ vernachlässigbar klein. Damit wird:

$$\underline{H}_\varphi \, e^{j\omega t} = -j \underline{H}' \, \frac{1}{\omega\sqrt{\mu_0\epsilon_0}} \cdot \frac{1}{r^2} \cdot \sin\vartheta \cdot e^{j\omega t}. \qquad \text{(„Nahfeldlösung")}$$

---

[2] Das ist bei Langwellenantennen nicht zu verwirklichen.

$e^{j\omega t}$ herausgekürzt ergibt

$$\underline{H}_\varphi = -j\,\underline{H}' \frac{1}{\omega\sqrt{\mu_0\epsilon_0}} \cdot \frac{1}{r^2} \cdot \sin\vartheta. \tag{47}$$

Nimmt man an, daß in Gl. (4) der Strom I der Antennenstrom ist, so kann man beim Vergleich von Gl. (4) mit Gl. (47) setzen:

$$\frac{I\cdot\varDelta}{4\pi r^2}\sin\vartheta = -j\,\underline{H}'\frac{1}{\omega\sqrt{\mu_0\cdot\epsilon_0}}\cdot\frac{1}{r^2}\cdot\sin\vartheta \text{ und mit } \frac{1}{\omega\sqrt{\mu_0\epsilon_0}} = \frac{\lambda_0}{2\pi}$$

erhält man

$$\frac{I\cdot\varDelta}{4\pi} = -j\,\underline{H}'\frac{\lambda_0}{2\pi}$$

und daraus

$$\underline{H}' = j\,\frac{I}{2}\cdot\frac{\varDelta}{\lambda_0}. \tag{48}$$

Die Konstante $\underline{H}'$ der Feldgleichungen hängt vom Antennenstrom I und vom Verhältnis Antennenhöhe $\varDelta$ zur Wellenlänge λ_0 ab.

1.5. Vom Elementardipol in den Raum abgestrahlte Energie

Die Bilder 1.8 und 1.10 zeigen, daß sich in jeder Halbperiode ein geschlossenes Feldgebilde — dargestellt durch geschlossene elektrische und magnetische Feldlinien — von der Antenne löst. Die in den Raum ausgestrahlte Energie kommt vom Sender, der den Dipolstrom fließen läßt.

Betrachtet man am Ort P auf der Kugeloberfläche des Bildes 1.5a (s. auch Bild 1.6) ein Volumenelement vom 1 cm^3, so ist die Energiedichte an dieser Stelle:

$$W = \frac{1}{2}(\epsilon_0\,e^2 + \mu_0\,h^2). \tag{49}$$

e und h sind die reellen Augenblickswerte der elektrischen bzw. magnetischen Feldstärke der Welle an der Stelle P. Die Einheit der Energiedichte ist $\frac{Ws}{cm^3}$.

Weil auch für Augenblickswerte des Wellenfeldes gilt:

$$\frac{e}{h} = \sqrt{\frac{\mu_0}{\epsilon_0}} \text{ bzw. } e = h\cdot\sqrt{\frac{\mu_0}{\epsilon_0}}$$

1.5. Vom Elementardipol in den Raum abgestrahlte Energie

wird aus Gl. (49)

$$W = \frac{1}{2}\left(\epsilon_0 \frac{\mu_0}{\epsilon_0} h^2 + \mu_0 h^2\right) \quad \text{oder} \quad W = \mu_0 h^2. \tag{50}$$

Ist $\frac{H'}{r}$ der Scheitelwert der magnetischen Feldstärke, so wird mit

$$h = \frac{H'}{r} \cdot \sin\vartheta \cdot \cos(\omega t - \omega\sqrt{\mu_0 \epsilon_0} \cdot r) \tag{51}$$

die Energiedichte

$$W = \mu_0 H'^2 \cdot \frac{1}{r^2} \sin^2\vartheta \cdot \cos^2(\omega t - \omega\sqrt{\mu_0 \cdot \epsilon_0} \cdot r) \tag{52}$$

und weil der Mittelwert der Funktion $\cos^2 x = \frac{1}{2}$ ist, wird

$$W_m = \frac{1}{2}\mu_0 \cdot H'^2 \cdot \frac{1}{r^2} \cdot \sin^2\vartheta. \tag{53}$$

W_m ist der Mittelwert des Energieinhalts des Volumenelements am Punkt P (zeitgemittelte Energiedichte). Da durch das Oberflächenstück 1 cm² der Kugeloberfläche am Punkt P je Sekunde mit Lichtgeschwindigkeit $\left(c_0 = 3 \cdot 10^{10} \frac{\text{cm}}{\text{s}}\right)$ ein „Energiequader" von 1 cm² Bodenfläche und $3 \cdot 10^{10}$ cm Höhe tritt, kann man die durch 1 cm² Kugeloberfläche je Sekunde tretende Energie als zeitgemittelte Energiestromdichte oder Strahlungsdichte S angeben:

$$S = c_0 \cdot W_m. \tag{54}$$

S hat die Dimension $\frac{\text{Leistung}}{\text{Flächeneinheit}}$, z. B. $\frac{W}{\text{cm}^2} \cdot c_0 = \frac{1}{\sqrt{\mu_0 \epsilon_0}}$.

Mit Gl. (53) erhält man:

$$S = \frac{1}{2}\sqrt{\frac{\mu_0}{\epsilon_0}} \cdot \frac{1}{r^2} H'^2 \cdot \sin^2\vartheta. \tag{55}$$

Die gesamte aus der Kugeloberfläche tretende Leistung ist aus dem Integral der Strahlungsdichte über die Kugeloberfläche zu errechnen. Diese Leistung nennt man Strahlungsleistung P_s.

B i l d 1.9 a zeigt die Einteilung der Kugeloberfläche in infinitesimale Zonen. Jede Zone gehört zu einem Winkelabschnitt $d\vartheta$, so daß die Breite einer Zone

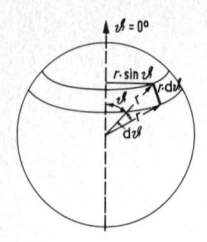

a) Bild 1.9 a) Kugelzone zur Integration der ausgestrahlten Leistung.

$r \cdot d\vartheta$ ist. Mit dem zum Winkel ϑ gehörenden Radius $r \cdot \sin \vartheta$ ist die Oberfläche der Kugelzone

$$dF = 2\pi r \cdot \sin \vartheta \cdot r \cdot d\vartheta.$$

Durch diese Oberfläche der Kugelzone fließt die Leistung

$$dP_s = S \cdot dF \qquad (56)$$

und

$$P_s = \int dP_s = \int S \cdot 2\pi r^2 \sin \vartheta \, d\vartheta; \qquad (57)$$

$$P_s = \int \frac{1}{2} \sqrt{\frac{\mu_0}{\epsilon_0}} \cdot \frac{1}{r^2} \cdot H'^2 \cdot \sin^2 \vartheta \cdot 2\pi r^2 \cdot \sin \vartheta \, d\vartheta$$

$$P_s = \sqrt{\frac{\mu_0}{\epsilon_0}} \cdot H'^2 \int \sin^3 \vartheta \, d\vartheta.$$

Mit $\int_0^\pi \sin^3 \vartheta \, d\vartheta = \frac{4}{3}$ und $\sqrt{\frac{\mu_0}{\epsilon_0}} = 120 \pi \Omega = Z_{F_0}$ erhält man die Strahlungsleistung:

$$P_s = \frac{4\pi}{3} \cdot Z_{F_0} \cdot H'^2 \quad \text{oder} \quad P_s = 160 \pi^2 H'^2. \qquad (58)$$

Für die Konstante H', die die Amplitude der elektromagnetischen Felder festlegt, gilt damit:

$$H' = \frac{\sqrt{P_s}}{4\pi\sqrt{10}}; \quad \text{oder} \quad \frac{H'}{A} \approx \frac{\sqrt{\frac{P_s}{W}}}{40}. \qquad (59)$$

1.5. Vom Elementardipol in den Raum abgestrahlte Energie

Die Beträge der Feldstärken ergeben sich mit Gl. (59) in Gl. (36)

$$\frac{H_\varphi}{\frac{A}{cm}} = \frac{\sqrt{\frac{P_s}{W}}}{40} \cdot \frac{1}{\frac{r}{cm}} \cdot \sin\vartheta \qquad (60)$$

und mit Gl. (59) in Gl. (38)

$$E_\vartheta = \frac{\sqrt{P_s}}{40} \cdot \frac{1}{r} \cdot Z_{F_0} \cdot \sin\vartheta \quad \text{oder mit} \quad Z_{F_0} = 120\,\pi\,\Omega:$$

$$E_\vartheta = \frac{\sqrt{P_s}}{40} \cdot \frac{1}{r} \cdot 120\,\pi \cdot \sin\vartheta. \qquad (61)$$

Mit dem Betrag von Gl. (48) erhält man aus Gl. (38):

$$E_\vartheta = \frac{I \cdot \varDelta}{r \cdot \lambda_0} \cdot 60\,\pi \sin\vartheta. \qquad (61\,a)$$

Setzt man in Gl. (61) P_s in Watt und r in cm ein, so ergibt sich

$$\frac{E_\vartheta}{\frac{V}{cm}} = \sqrt{\frac{P_s}{W}} \cdot \frac{1}{\frac{r}{cm}} \cdot 3\,\pi \cdot \sin\vartheta. \qquad (61\,b)$$

Setzt man in Gl. (60) P_s in kW und r in km ein, so wird

$$\frac{H_\varphi}{\frac{mA}{m}} = 0{,}79 \cdot \frac{\sqrt{\frac{P_s}{kW}}}{\frac{r}{km}} \cdot \sin\vartheta \qquad (62)$$

und mit $\pi \cdot \sqrt{10} \approx 10$ erhält man aus Gl. (61):

$$\frac{E_\vartheta}{\frac{mV}{m}} = 300 \cdot \frac{\sqrt{\frac{P_s}{kW}}}{\frac{r}{km}} \cdot \sin\vartheta. \qquad (63)$$

Mit Gln. (62) und (63) kann man bei gegebener Senderleistung P_s, mit der ein Dipol im freien Raum gespeist wird, die Feldstärken im Fernfeld — im Abstand r vom Dipol — berechnen.

Betrachtet man die Abstrahlung eines „halben Dipols" über einer leitenden Ebene (B i l d 1.9 b), die den Kugelraum in zwei Hälften teilt, d. h. die Abstrahlung in die Halbkugel, so wird aus Gl. (58):

$$P_s = 80\pi^2 H'^2. \tag{64}$$

b)

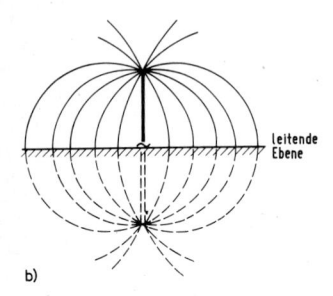

Bild 1.9 b) Antenne mit leitender Symmetrieebene

Die abgestrahlte Leistung hat dann — verglichen mit Gl. (58) — nur den halben Wert. Die Feldverteilung (Bild 1.9b) wird durch die leitende Ebene nicht gestört, da die elektrischen Feldlinien senkrecht auf ihr stehen und die magnetischen Feldlinien parallel zu ihr verlaufen.

Mit Gl. (64) wird

$$H' = \frac{\sqrt{P_s}}{4\pi\sqrt{5}} \quad \text{oder} \quad \frac{H'}{\frac{A}{cm}} = \frac{\sqrt{\frac{P_s}{W}}}{28}. \tag{65}$$

Ersetzt man in Gl. (60) und Gl. (61) $\dfrac{\sqrt{P_s}}{40}$ durch $\dfrac{\sqrt{P_s}}{28}$, so erhält man

$$\frac{H_\varphi}{\frac{A}{cm}} = \frac{\sqrt{\frac{P_s}{W}}}{28} \cdot \frac{1}{\frac{r}{cm}} \cdot \sin\vartheta \tag{66}$$

und

$$\frac{E_\vartheta}{\frac{V}{cm}} = \frac{\sqrt{\frac{P_s}{W}}}{28} \cdot \frac{1}{\frac{r}{cm}} \cdot 120\pi \cdot \sin\vartheta. \tag{67}$$

1.6. Feldbilder des Fernfeldes eines Elementardipols

Mit P_s in kW und r in km ergibt sich für die Abstrahlung in die Halbkugel:

$$\frac{H_\varphi}{\frac{mA}{m}} = 1{,}13 \cdot \frac{\sqrt{\frac{P_s}{kW}}}{\frac{r}{km}} \cdot \sin\vartheta \qquad (68)$$

und

$$\frac{E_\vartheta}{\frac{mV}{m}} = 425 \cdot \frac{\sqrt{\frac{P_s}{kW}}}{\frac{r}{km}} \sin\vartheta. \qquad (69)$$

1.6. Feldbilder des Fernfeldes eines Elementardipols. Poyntingscher Vektor

Für Funkverbindungen über große Entfernungen ist das Fernfeld am Empfangsort wichtig. Im Fernfeld sind nach Gl. (36)

$$\underline{H}_\varphi = \frac{1}{r}\underline{H}' \cdot \sin\vartheta \, e^{-j\omega\sqrt{\mu_0\epsilon_0}\cdot r} \qquad (68\,a)$$

und nach Gl. (38)

$$\underline{E}_\vartheta = \frac{1}{r}\underline{H}' \cdot Z_{F_0} \cdot \sin\vartheta \cdot e^{-j\omega\sqrt{\mu_0\epsilon_0}\cdot r} \qquad (69\,a)$$

$\vec{\underline{H}}_\varphi$ und $\vec{\underline{E}}_\vartheta$ sind im Fernfeld gleichphasig. Die Feldvektoren stehen senkrecht aufeinander und nehmen mit $\frac{1}{r}$ ab. Die Feldkomponente $\underline{E}_r$ nimmt nach Gl. (41) mit $\frac{1}{r^2}$ ab und kann deshalb im Fernfeld vernachlässigt werden. $\underline{E}_\vartheta$ und $\underline{H}_\varphi$ bilden im Fernfeld der vom Dipol ausgehenden Kugelwelle geschlossene elektrische und magnetische Feldlinien, wie sie in B i l d 1.10 gezeigt werden. Es sind dabei nur die Feldlinien im halben Kugelraum skizziert. Man muß sich beim Dipol im freien Raum die elektrischen Feldlinien nach unten fortgesetzt denken. Ebenso schließen sich die magnetischen Feldlinien hinter der Zeichenebene. Zum sich ändernden elektrischen Feld $\underline{E}_\vartheta \cdot e^{j\omega t}$ gehören die Verschiebungsströme nach Gl. (5):

$$\underline{i}_v\, e^{j\omega t} = \epsilon_0\, \frac{d\underline{E}_\vartheta\, e^{j\omega t}}{dt} = j\omega\epsilon_0\, \underline{E}_\vartheta\, e^{j\omega t}$$

$$\underline{i}_v = j\omega\epsilon_0 \cdot \underline{E}_\vartheta. \qquad (70)$$

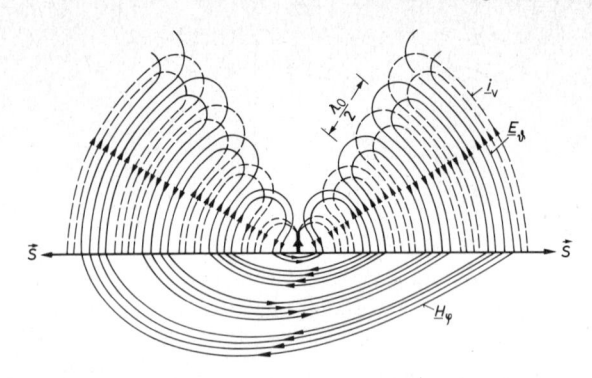

Bild 1.10 Momentanbild der elektrischen Feldlinien, der Verschiebungsströme und der magnetischen Feldlinien einer Dipolwelle. Es sind nur eine horizontale und eine vertikale Halbebene dargestellt. Die Feldlinien schließen sich in den nicht gezeichneten Halbebenen. Vergleiche Bild 1.3a und Bild 1.8f

Man sieht daraus, daß die Verschiebungsströme nur um den konstanten Faktor $j\omega\epsilon_0$ von $\underline{E}_\vartheta$ verschieden sind. Die „Stromkreise" der Verschiebungsströme verlaufen wie die geschlossenen elektrischen Feldlinien, sie sind jedoch wegen des Faktors j um $\dfrac{\lambda_0}{4}$ gegen diese verschoben.

Die in Gl. (54) definierte Strahlungsdichte S im Fernfeld ist der Betrag einer gerichteten Größe (Vektor) $\vec{S}$, die Poyntingscher Vektor genannt wird [11]. $\vec{S}$ gibt an, welche Richtung die Energieströmung an einer Stelle des Kugelraumes hat und wie groß dort die Energiemenge des elektromagnetischen Feldes ist, die in der Zeiteinheit 1 s mit Lichtgeschwindigkeit durch die Flächeneinheit 1 cm² aus der Kugeloberfläche tritt (s. Bild 1.10).

Die Vektoren $\vec{S}, \vec{E}_\vartheta$ und $\vec{H}_\varphi$ stehen im Fernfeld senkrecht aufeinander und bilden ein Rechtsschraubensystem:

$$\vec{S} = \frac{1}{2}(\vec{E}_\vartheta \times \vec{H}_\varphi). \tag{71}$$

Die Richtung von $\vec{S}$ ist in Bild 1.10 eingetragen. Der Betrag des Poyntingschen Vektors im Fernfeld ist

$$S = \frac{1}{2} E_\vartheta \cdot H_\varphi. \tag{72}$$

Man nennt S Strahlungsdichte, Leistungsdichte der Strahlung oder zeitgemittelte Energiestromdichte.

1.7. Strömungslinien der Feldenergie

Mit E_ϑ aus Gl. (38) und H_φ aus Gl. (36) in Gl. (72) ergibt sich Gl. (55). Wenn $\vec{\underline{E}}_\vartheta$ und $\vec{\underline{H}}_\varphi$ nicht phasengleich sind (wie es im Nahfeld der Antenne der Fall ist), ist die Strahlungsdichte durch den Realteil des komplexen Poyntingschen Vektors

$$\vec{\underline{S}} = \frac{1}{2}(\vec{\underline{E}} \times \vec{\underline{H}}^*) \tag{72a}$$

beschrieben. Dabei ist $\vec{\underline{H}}^*$ der konjugiert komplexe Vektor der magnetischen Feldstärke. Diese Definition der Strahlungsdichte ist eine Verallgemeinerung der Formel für die komplexe Scheinleistung, in der auch einer der beiden Faktoren mit seinem konjugiert komplexen Wert auftritt. Der Faktor $\frac{1}{2}$ ist in den Gln. (71) und (72) enthalten, weil die Feldstärken in Scheitelwerten angegeben sind.

1.7. Strömungslinien der Feldenergie

Zum besseren physikalischen Verstehen der elektromagnetischen Vorgänge bei der Ausbreitung der Wellen trägt die Betrachtung der Energieströmung im Wellenfeld bei [12], [13], [14]. Mit dieser Betrachtungsweise ist der Ingenieur vielfach besser in der Lage, die physikalischen Vorgänge zu verstehen als mit der mehr mathematisch formalen Darstellung des Feldverhaltens durch Feldgleichungen, wie sie in den vorhergehenden Abschnitten 1.3. und 1.4. abgeleitet wurden.

Auch in den vielen Fällen, in denen eine mathematische Berechnung nicht oder nur mit großem Aufwand möglich ist, kann man mit der Untersuchung der Energieströmung zu brauchbaren Ergebnissen kommen. Man kann die Energieströmung in einem elektromagnetischen Wellenfeld durch Strömungslinien des zeitgemittelten Energiestroms beschreiben. Die Vektoren der zeitgemittelten Energiestromdichte (Poyntingsche Vektoren) im Fernfeld sind die Tangenten der Strömungslinien. Im Nahfeld sind diese Tangenten die Realteile der komplexen Poyntingschen Vektoren.

Die oft sehr komplizierten Feldvorgänge bei der Ablösung der Welle von der Antenne und in ihrem Nahfeld sind in dem bereits erwähnten Lehrfilm [9] anschaulich dargestellt. Die Strömungslinien werden in solchen Abständen gezeichnet, daß zwischen zwei benachbarten Linien jeweils gleiche Energieströme fließen. Der Linienabstand ist ein Maß für die Energiestromdichte. Kleiner Linienabstand bedeutet große Stromdichte. Wie anschaulich sich Feldvorgänge um die Antenne damit darstellen lassen, zeigen die Bilder 1.11 bis 1.13 aus [12].

In Bild 1.11 ist angedeutet, daß die Quelle der Strahlung nicht – wie auch in Abschnitt 1.4. als Hilfsvorstellung eingeführt – der Strom auf der Antenne ist. Die Energie wandert in Wirklichkeit im Dielektrikum zwischen den Leitern,

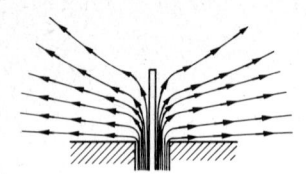

Bild 1.11 Mittlere Energiestromlinien einer kurzen Stabantenne der Länge $\frac{\lambda_0}{10}$ (Sendeantenne) nach [12]. Die Vektoren stellen die Realteile der komplexen Vektoren der zeitgemittelten Energiestromdichte (Poyntingsche Vektoren) an den jeweiligen Orten im Raum dar

also auch bei der Antenne am Leiter entlang in den Raum. Nur zwischen den Leitern im Dielektrikum kann der Vektor der zeitgemittelten Energieströmung endliche Werte haben.

Die Antenne stellt sich hier deutlich als Führungselement dar, das die Welle vom Sender über die Speiseleitung in den Raum, d. h. in das Strahlungsfeld überführt.

Gleichzeitig ist die Antenne der „Anpassungstransformator" zwischen Speiseleitung und Raum. Man ist bestrebt, diesen „Transformator" Antenne so auszulegen, daß entsprechend den Forderungen des jeweiligen Nachrichtensystems neben optimaler Anpassung an den Raum z. B. gute Richtwirkung oder Breitbandigkeit der Antenne erreicht werden.

B i l d 1.12 zeigt die mittlere Energieströmung bei einer kurzen Empfangsantenne über einer sehr gut leitenden Ebene nach [12]. Zwischen dem Fußpunkt

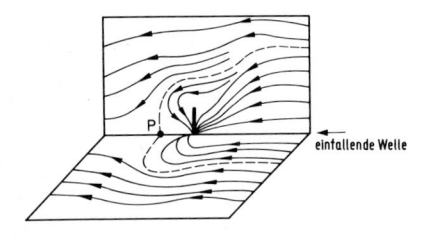

Bild 1.12 Mittlere Energieströmung bei einer kurzen Empfangsantenne über einer sehr gut leitenden Ebene nach [12]

der Antenne und der leitenden Fläche liegt als Verbraucher der Empfangsleistung ein komplexer Widerstand $\underline{Z}^*$, der konjugiert komplex zur Impedanz $\underline{Z}$ der Stabantenne (Innenwiderstand der Quelle) ist: Leistungsanpassung. Längs der leitenden Ebene läuft von rechts nach links eine Welle, die nur Feldkomponenten quer zur Fortpflanzungsrichtung hat. Diese Welle wird auch *TEM-Welle* = Transversal Elektromagnetische Welle genannt. Die elektrischen Feldlinien verlaufen senkrecht zur leitenden Ebene.

Aus den Bildern 1.11 und 1.12 erkennt man die einfache und klare Darstellung des Sende- und Empfangsvorgangs, die mit Hilfe der Stromlinien des zeitgemittelten Energiestroms möglich ist. Die gestrichelten Linien in Bild 1.12 kennzeichnen eine Grenzfläche, die den Energiestrom, der in die Empfangsantenne und in den Verbraucher fließt, vom vorbeifließenden Energiestrom des

1.7. Strömungslinien der Feldenergie

Wellenfeldes abgrenzt. Diese *Grenzstromlinien* enden im Punkt P senkrecht auf der Geraden, die durch den Antennenfußpunkt geht.

B i l d 1.13 zeigt die Grenzfläche, die aus den Grenzstromlinien um die Antenne gebildet wird, in perspektivischer Darstellung. Die Wirkfläche F_E (Abschnitt 3.17.) der Empfangsantenne findet hier eine anschauliche Deutung.

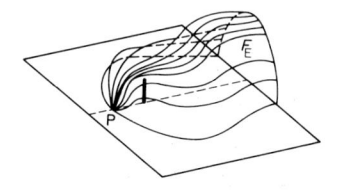

Bild 1.13 Perspektivische Darstellung der Grenzstromlinien

In [13] und [14] werden neue Erkenntnisse über die Energieströmung im Nahfeld von Richtantennen beschrieben: Es wurden im Nahfeld der untersuchten Antennen Wirbel der Energiestromlinien entdeckt, die entscheidenden Einfluß auf die Richtwirkung der Antennen haben.

B i l d 1.14a zeigt Stromlinien des zeitgemittelten Energiestroms auf der Grundebene einer Richtantenne [14]. Durch die Punkte C und C' auf der

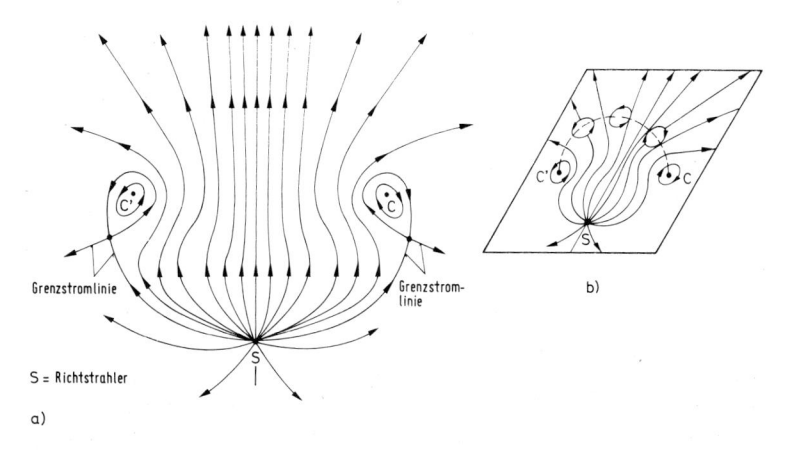

Bild 1.14 a) Stromlinien des zeitgemittelten Energiestroms auf der Grundebene einer Richtantenne nach [14]. b) Darstellung des über der Grundebene der Richtantenne liegenden Teils des Wirbelringes zwischen den Punkten C und C'

Grundebene der Richtantenne geht der „Wirbelring", der hier im Raum vor dem Richtstrahler liegt (B i l d 1.14b). Man sieht, daß die Wirbelzone längs des Wirbelringes wie eine Düse wirkt, die den vom Strahler kommenden Energiestrom an sich zieht und ihn in konzentrierter Form nach vorne „herausbläst". Nach [14] gibt es einen Zusammenhang zwischen der Fläche dieses Wirbelringes und der Wirkfläche der Antenne (siehe dazu Abschnitt 3.17.).

1.8. Richtdiagramme des Elementardipols

Die Richtcharakteristik einer Antenne ist die Richtungsabhängigkeit der von der Antenne erzeugten Feldstärke nach Amplitude, Phase und Polarisation in einem konstanten Abstand r [7]. In der Praxis wird diese Abhängigkeit meist auf das Fernfeld und die Amplitude $E_{(\varphi, \vartheta)}$ oder $H_{(\varphi, \vartheta)}$ der elektrischen oder magnetischen Feldstärke einer bestimmten Polarisation beschränkt.

Das Richtdiagramm einer Antenne ist die zeichnerische Darstellung eines Schnittes durch ihre Richtcharakteristik [7]. Richtdiagramme kann man aus den Richtcharakteristiken der Antennen punktweise berechnen oder mit Hilfe graphischer Methoden bestimmen. Bei der meßtechnischen Aufnahme des Richtdiagramms einer Antenne wird meist die Empfangsspannung U an den Klemmen der im ebenen Wellenfeld bestimmter Polarisation liegenden Antenne abhängig von φ und ϑ gemessen und daraus das Richtdiagramm gezeichnet. Nach einer Eichung der Antenne können aus der Empfangsspannung die Feldstärken mit Hilfe konstanter Faktoren angegeben werden.

Im allgemeinen bevorzugt man die auf den Maximalwert bezogene Richtcharakteristik:

$$C_{(\varphi, \vartheta)} = \frac{E_{(\varphi, \vartheta)}}{E_{\max}} = \frac{H_{(\varphi, \vartheta)}}{H_{\max}} = \frac{U_{(\varphi, \vartheta)}}{U_{\max}}.$$

Sie wird im folgenden *Richtcharakteristik* genannt.

In [6] werden auch Diagramme der Phase und der Polarisation angegeben. Phasendiagramme der elektrischen oder magnetischen Felder der Antennen geben die Phasenwinkel der Felder als Funktion von φ bzw. ϑ in einem festen Abstand r von der Antennenordnung — bezogen auf einen Phasenbezugspunkt — an. Die Kenntnis der Phasendiagramme ist wichtig, wenn mehrere Antennenelemente phasenverschobene Feldkomponenten unterschiedlicher Richtung erzeugen, da dann die Polarisation der Welle nur aus der Kenntnis der Phasenlage der Feldkomponenten bestimmt werden kann [6].

Im folgenden werden nur die Richtdiagramme der von der Antenne erzeugten Felstärkeamplituden besprochen.

Für den vertikalen Elementardipol werden im Fernfeld nach Gl. (36):

$$H_\varphi = \frac{1}{r} H' \cdot \sin \vartheta \tag{73}$$

1.8. Richtdiagramme des Elementardipols

und nach Gl. (38):

$$E_\vartheta = \frac{1}{r} H' \cdot Z_{F_0} \cdot \sin \vartheta. \tag{74}$$

Bei Untersuchungen an Antennen wird r meist konstant gehalten. Dann gilt für r = konstant

$$H_\varphi = H_{max} \cdot \sin \vartheta \tag{75}$$
und $\quad E_\vartheta = E_{max} \cdot \sin \vartheta. \tag{76}$

Mit Gl. (75) bzw. Gl. (76) lassen sich nun die Richtdiagramme des Elementardipols als Schnitte durch seine Richtcharakteristik angeben. Sie gelten für elektrische und magnetische Feldstärken, so daß im folgenden an Stelle von $\frac{1}{r} \cdot H' \cdot Z_{F_0}$ nach Gl. (74) und $\frac{1}{r} \cdot H'$ nach Gl. (73) — die sich nur durch einen Faktor unterscheiden — die gleiche Bezeichnung A_0 für den Maximalwert gewählt wird. Für E_ϑ bzw. H_φ in den Gln. (73) und (74) wird die Bezeichnung A gewählt. Das Vertikaldiagramm (φ = const) des vertikalen Dipols ist dann die zeichnerische Darstellung von

$$A = A_0 \cdot \sin \vartheta. \tag{77}$$

Das elektrische bzw. magnetische Feld ist hier nur von ϑ abhängig. Die auf den Maximalwert A_0 der Feldstärke im Abstand r von der Antenne bezogene Richtcharakteristik ist dann:

$$\frac{A}{A_0} = \sin \vartheta. \tag{78}$$

B i l d 1.15a zeigt das vertikale Richtdiagramm des vertikalen Elementardipols nach Gl. (78). In B i l d 1.15b ist die Konstruktion eines Diagrammwertes nach Gl. (78) für einen bestimmten Winkel ϑ dargestellt. Die Länge des gezeichneten Pfeils ist $\sin \vartheta$, und die Pfeilrichtung ist die Richtung, in der sich die von der Antenne ausgehende Kugelwelle ausbreitet. Die Verbindungslinie der Endpunkte der Pfeile für alle Winkel ϑ von 0° bis 360° gibt das Richtdiagramm der Antenne in der gewählten Ebene φ = const. Die Diagrammkurve ist gleichzeitig der geometrische Ort für alle Raumpunkte um die Antenne, in denen sie gleiche Feldstärken erzeugt. Man sieht, daß das vertikale Richtdiagramm des vertikalen Elementardipols eine, aus zwei Kreisen gebildete, „Acht" darstellt. In Richtung der Dipolachse wird keine Energie abgestrahlt.

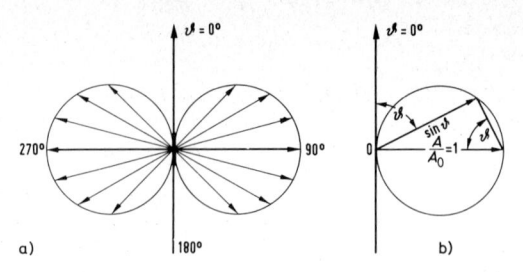

Bild 1.15 a) Vertikales Richtdiagramm des vertikalen Elementardipols. b) Zur Konstruktion des Vertikaldiagramms

Das Horizontaldiagramm des vertikalen Elementardipols ergibt sich aus Bild 1.15a für ϑ = const. Man wählt allgemein die $\vartheta = 90°$-Ebene und erhält als Horizontaldiagramm einen Kreis mit konstantem $\dfrac{A}{A_0}$ = 1: Die Feldstärken in den Gln. (75) und (76) sind unabhängig von φ. B i l d 1.16 zeigt dieses Diagramm in der Ebene $\vartheta = 90°$ (270°).

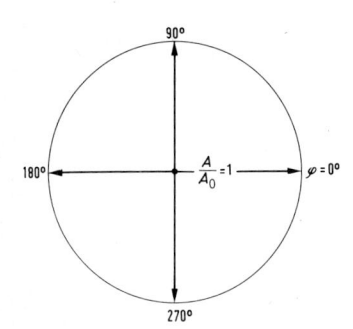

Bild 1.16 Horizontales Richtdiagramm des vertikalen Elementardipols

Der Dipol hat eine ausgeprägte Richtwirkung in Ebenen, die die Dipolachse enthalten. Aus Bild 1.16 ist zu erkennen, daß der Dipol keine Richtwirkung in Ebenen senkrecht zur Dipolachse hat[1].

Wird eine Dipolantenne als Sendeantenne verwendet, so wird — wie Bild 1.15a zeigt — die abgestrahlte Leistung nicht mehr gleichmäßig in den ganzen Kugelraum um die Antenne verteilt. Innerhalb des Raumteils, in den

---

[1] Die Richtdiagramme in den Bildern 1.15a und 1.16 können auch für den horizontalen Elementardipol herangezogen werden: Man erhält sein Horizontaldiagramm, wenn man die Diagrammebene in Bild 1.15a nun als Horizontalebene ($\vartheta = \pm 90°$), und das Vertikaldiagramm, wenn man die Diagrammebene in Bild 1.16 als Vertikalebene (φ = const) auffaßt.

1.8. Richtdiagramme des Elementardipols

die Antenne bevorzugt abstrahlt, ergeben sich höhere Feldstärken als bei Abstrahlung in eine Vollkugel.

Wird die Dipolantenne als Empfangsantenne eingesetzt, so werden die elektromagnetischen Wellen aus den Richtungen der größten Richtdiagrammwerte (in Bild 1.15a $\vartheta = 90°$ (270°)-Ebene) bevorzugt empfangen.

Wie aus den Bildern 1.15a und 1.16 zu sehen ist, ist die vertikale Antenne zur Abstrahlung in eine Fläche um einen Sender gut geeignet. Rundfunksender bevorzugen diese Abstrahlungsart. Anders sind die Verhältnisse bei Funkdiensten, die eine Verbindung zwischen zwei Orten herstellen, hier ist eine bessere Richtwirkung erwünscht. Eine Möglichkeit zur Verbesserung des beim Dipol erzielten Richteffektes ist bei Senderantennen besonders im Bereich der Kurzwellen ab etwa 3 MHz und höherer Frequenzen bei tragbarem technischem Aufwand die Kombination von Dipolen. Damit wird die Reichweite der Sender in einer bestimmten Richtung erhöht. Bei Empfangsantennen werden durch bessere Richtwirkung der Antenne Störungen durch andere Sender und durch reflektierte Wellen verringert. Gleichzeitig wird oft durch eine größere Wirkfläche der Antenne (s. Abschn. 3.17.) mehr Energie aus dem Wellenfeld ausgekoppelt und damit die Empfangsbedingungen verbessert.

2. KOMBINATIONEN VON DIPOLANTENNEN

Speist ein Sender eine Kombination von Antennen — die vorerst als Elementardipole aufgefaßt seien — so überlagern sich die von den einzelnen Antennen abgestrahlten Kugelwellen im Raum. Durch diese Interferenz entsteht die Richtwirkung der Antennenkombination. Dabei können die Einzeldipole mit Strömen beliebiger Phase und Amplitude entsprechend den geforderten Richtdiagrammen gespeist werden. Im folgenden sollen die charakteristischen Eigenschaften gerichteter Antennenstrahlung untersucht werden. Für die Kombinationen von Dipolantennen gibt es 5 Möglichkeiten der Anordnung, die in den B i l d e r n 2.1 a bis e gezeigt werden.

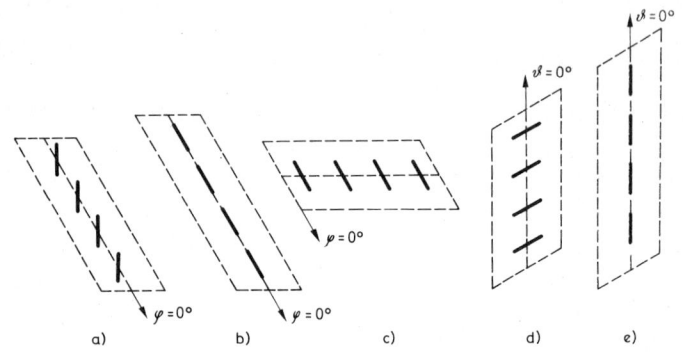

Bild 2.1 a) Horizontale Dipolzeile aus vertikalen Dipolen, b) horizontale Dipolspalte, c) horizontale Dipolzeile aus horizontalen Dipolen, d) vertikale Dipolzeile, e) vertikale Dipolspalte

2.1. Horizontale und vertikale Richtdiagramme zweier paralleler Dipolantennen, die mit gleichphasigen Strömen gleicher Amplitude gespeist werden

2.1.1. Horizontale Dipolzeile aus zwei vertikalen Dipolen

Der Empfangspunkt P der von der Antennenkombination in B i l d 2.2 abgestrahlten Wellen sei auf einem Punkt der die Antennen umgebenden Raumkugel in großer Entfernung r vom Mittelpunkt M angenommen. P hat die Kugelkoordinaten r, ϑ, φ. Wegen der großen Entfernung darf man für die Berechnung der von der Dipolzeile in P erzeugten elektrischen oder magnetischen Feldstärken an Stelle der genauen Entfernungen r_1 bzw. r_2 den Mittelwert r einsetzen, ohne einen meßbaren Fehler in den Amplituden zu machen. Weil aber für die Phasenwinkel kleinste Abstandsunterschiede ins Gewicht fallen, muß man die

2.1. Horizontale und vertikale Richtdiagramme (gleichph. Ströme)

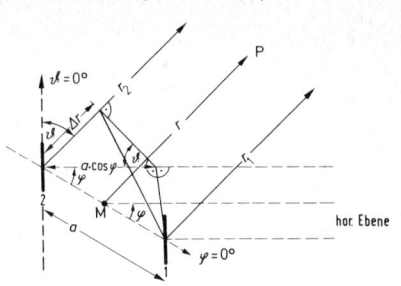

Bild 2.2 Horizontale Dipolzeile aus zwei vertikalen Dipolen

Entfernungsdifferenz $\Delta r = r_2 - r_1$ bei der Berechnung berücksichtigen. Der Phasenunterschied der Feldkomponenten der Einzeldipole im Punkt P ist dann

$$\beta = \frac{2\pi \Delta r}{\lambda_0}. \tag{79}$$

Aus Bild 2.2 erhält man aus $\sin\vartheta = \dfrac{\Delta r}{a \cdot \cos\varphi}$

$$\Delta r = a \cdot \cos\varphi \sin\vartheta. \tag{80}$$

Damit wird

$$\beta = \frac{2\pi a}{\lambda_0} \cos\varphi \cdot \sin\vartheta. \tag{81}$$

Die Einzelfeldvektoren der von den Dipolen abgestrahlten Wellen haben im Punkt P wegen der praktisch gleichen Entfernung ($r_1 \approx r_2 \approx r$) nach Gl. (77) gleiche Amplituden: $A_{1,2} = A_0 \cdot \sin\vartheta$. Unter Berücksichtigung der Phasenverschiebung β erhält man im Punkt P den komplexen Summenvektor des Wellenfeldes $\underline{\vec{A}} = \underline{\vec{A}}_1 + \underline{\vec{A}}_2$, der in B i l d 2.3 dargestellt ist. Weil beide Antennen mit

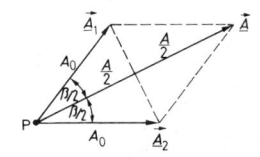

Bild 2.3 Addition der komplexen Feldvektoren

gleichen Strömen gespeist werden, ist in der Ebene $\vartheta = 90° \ A_1 = A_2 = A_0$. Damit wird die komplexe Summenfeldstärke

$$\underline{A} = \underline{A}_0 \cdot \sin\vartheta \left(e^{-j\frac{\beta}{2}} + e^{j\frac{\beta}{2}} \right). \tag{82}$$

2. Kombinationen von Dipolantennen

Unter der Annahme eines konstanten Abstandes r von der Dipolzeile ist A_0 konstant. Für die Richtcharakteristik der Antennenkombination genügt es hier, den Absolutwert A des komplexen Summenvektors des Wellenfeldes abhängig von φ und ϑ zu bestimmen. Damit lassen sich dann die Richtdiagramme der Antennenkombination zeichnen. Mit Bild 2.3 erhält man an Stelle von Gl. (82):

$$A = A_0 \cdot \sin \vartheta \cdot \left| 2 \cdot \cos \frac{\beta}{2} \right|$$

und die auf den Maximalwert bezogene Richtcharakteristik der horizontalen Dipolzeile aus zwei vertikalen Dipolen ist mit Gl. (81):

$$\frac{A}{A_0} = \underbrace{\sin \vartheta}_{\text{Einzel-dipol}} \cdot \underbrace{\left| 2 \cdot \cos \left(\frac{\pi a}{\lambda_0} \cos \varphi \cdot \sin \vartheta \right) \right|}_{\text{Gruppencharakteristik der Dipolzeile}}. \tag{83}$$

In Gl. (83) ist eine für Dipolgruppen wichtige Regel enthalten: Die Richtwirkung der Dipolgruppe — ausgedrückt durch die Richtcharakteristik — ist vom Produkt aus der Richtcharakteristik des Einzeldipols und eines Faktors, der die Kombination der Dipole berücksichtigt und *Gruppencharakteristik* oder *Richtfaktor* genannt wird, abhängig. Dieser Richtfaktor ist die Richtcharakteristik einer gedachten Punktquellenkombination [6], wobei die Punktquellen an den Stellen der Einzeldipole der Dipolkombination liegen.

Aus Gl. (83) sieht man, daß die zahlenmäßige Auswertung der Richtcharakteristik für alle Raumrichtungen $\frac{A}{A_0}$ als $f(\varphi, \vartheta)$ umständlich ist. Man beschränkt sich deshalb — abgesehen von Sonderfällen — auf die Auswertung in den bevorzugten Raumrichtungen, wie es bereits beim Einzeldipol ausgeführt wurde.

Die „horizontale Richtcharakteristik" beschreibt die von der Antennenkombination hervorgerufene Feldstärke als Funktion von φ für alle Punkte, die in einem konstanten Abstand r von der Antennenkombination in der Horizontalebene durch den „Antennenmittelpunkt" ($\vartheta = 90°$) liegen (vergl. Bild 1.5 a).[1]

Die „vertikale Richtcharakteristik" beschreibt die von der Antennenkombination in einer Meridianebene (meist $\varphi = 0°$ oder $\varphi = 90°$) hervorgerufene Feldstärke als $f(\vartheta)$ für alle Punkte, die in einem konstanten Abstand r von der Antennenkombination in dieser Ebene durch den Antennenmittelpunkt liegen.

---

[1] Unter „Antennenmittelpunkt" sei der Mittelpunkt der Raumkugel (Bild 1.5a) um die Antennenkombination verstanden, von dem die Strahlung des Fernfeldes auszugehen scheint. Bei symmetrischen Antennengebilden ist dieser Mittelpunkt meist mit dem räumlichen Mittelpunkt der Anordnung identisch.

2.1. Horizontale und vertikale Richtdiagramme (gleichph. Ströme)   49

Setzt man $\vartheta = \pm 90°$, so erhält man aus Gl. (83) die Richtcharakteristik der Dipolzeile aus zwei gleichphasig mit gleichen Stromamplituden gespeisten Dipolen in der Horizontalebene:

$$\frac{A}{A_0} = \left| 2 \cdot \cos\left(\frac{\pi a}{\lambda_0} \cdot \cos\varphi\right) \right|. \tag{84}$$

Die punktweise Berechnung oder die graphische Auswertung von $\frac{A}{A_0} = f(\varphi)$ liefert die Einzelwerte des Richtdiagramms von Gl. (84).

Die Richtwirkung der Dipolzeile nach Bild 2.2 läßt sich leicht erklären: In der Symmetrieebene durch den Antennenmittelpunkt M (Bild 2.2) zwischen den Dipolen sind $r_1 = r_2$, $\Delta r = 0$ und $\beta = 0$. Die Fernfelder addieren sich in dieser Ebene gleichphasig (Maximalwerte des Richtdiagramms).

Werden die Wegunterschiede Δr größer, bis z. B. $\Delta r = n \cdot \frac{\lambda_0}{2}$, mit $n = 1, 3, 5, 7, \ldots$, so wird $\beta = n \cdot \pi$, und die Felder heben sich gegenseitig auf (Nullstellen des Richtdiagramms). Zwischenwerte ergeben Richtdiagrammbereiche zwischen Maximalwerten und Nullstellen.

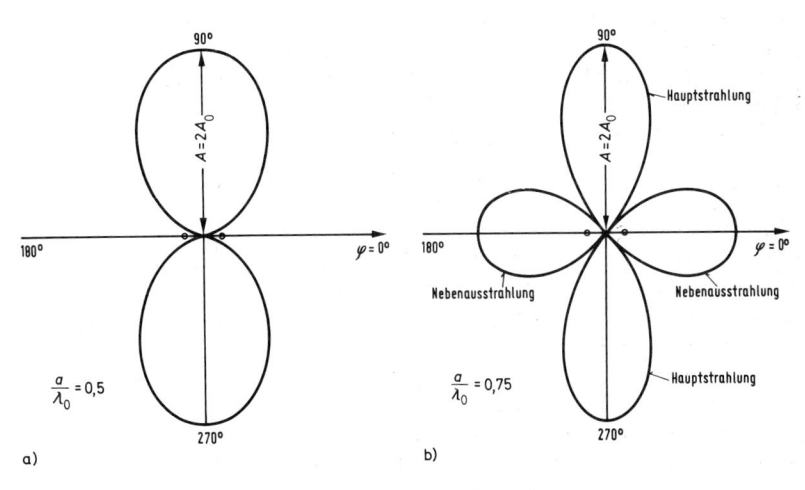

Bild 2.4

Die B i l d e r 2.4a und b zeigen zwei horizontale Richtdiagramme einer Dipolzeile nach Bild 2.2, deren Dipole mit gleichen Strömen phasengleich gespeist werden.

Bei Antennenabständen $\frac{a}{\lambda_0} < 0{,}5$ treten keine Nullstellen im Horizontaldiagramm auf. Ist $\frac{a}{\lambda_0} > 0{,}5$ bilden sich Nebenausstrahlungen, die bei $\frac{a}{\lambda_0} = 1$ gleiche Feldstärke wie die Hauptstrahlungen haben.

Für die horizontalen Richtdiagramme nach Gl. (84) gilt allgemein: Nullstellen treten auf für $\frac{\pi a}{\lambda_0} \cos \varphi = \pm n \cdot \frac{\pi}{2}$ mit $n = 1, 3, 5, 7, \ldots$, oder

$$\cos \varphi = \pm \frac{n \cdot \lambda_0}{2 \cdot a} \tag{85}$$

mit $\left| \frac{n \cdot \lambda_0}{2 \cdot a} \right| \leq 1$.

Maximalwerte ergeben sich in Gl. (84) aus: $\dfrac{d \frac{A}{2 A_0}}{d\varphi} = 0$.

$$\frac{d \frac{A}{2 A_0}}{d\varphi} = \sin\left(\frac{\pi a}{\lambda_0} \cos \varphi \right) \frac{\pi a}{\lambda_0} \cdot \sin \varphi = 0. \tag{86}$$

Null erhält man in Gl. (86) für $\sin\left(\frac{\pi a}{\lambda_0} \cos \varphi \right) = 0$ oder $\frac{\pi a}{\lambda_0} \cos \varphi = 0, \pm \pi, \pm 2\pi, \ldots$, d. h. für $\frac{\pi a}{\lambda_0} \cos \varphi = \pm n\pi$ oder $\cos \varphi = \pm \frac{n \cdot \lambda_0}{a}$ mit $n = 0, 1, 2, 3$ und $\left| \frac{n \cdot \lambda_0}{a} \right| \leq 1$. Die vertikale Richtcharakteristik für die horizontale Dipolzeile aus zwei vertikalen Dipolen wird meist für die Ebene $\varphi = 0°$ angegeben. Aus Gl. (83) ergibt sich dann:

$$\frac{A}{A_0} = \sin \vartheta \cdot \left| 2 \cdot \cos\left(\frac{\pi a}{\lambda_0} \sin \vartheta \right) \right|. \tag{87}$$

Der Ausdruck Gl. (87) kann auch so geschrieben werden:

$$\frac{A}{A_0} = \sin \vartheta \left| 2 \cdot \cos\left[\frac{\pi a}{\lambda_0} \cos(90° - \vartheta) \right] \right|. \tag{87a}$$

Man erkennt sofort, daß aus dem Ausdruck für das Horizontaldiagramm Gl. (84) – mit $\sin \vartheta$ multipliziert – ein gleichartiger Ausdruck, wie er in Gl. (87a) angegeben ist, entsteht, wenn man von den unterschiedlichen Winkelbezeichnungen absieht. Der Faktor $\sin \vartheta$ hat zur Folge, daß die Feldstärke in der Ebene $\varphi = 0°$ (Vertikaldiagramm) kleiner oder höchstens gleich der entsprechenden Feldstärke im horizontalen Richtdiagramm ist.

2.1. Horizontale und vertikale Richtdiagramme (gleichph. Ströme)

Vertikale Richtdiagramme der horizontalen Dipolzeile aus zwei vertikalen Dipolen nach Gln. (83), (87) und Bild 2.2 sind in den B i l d e r n 2.5 a–c dargestellt.

$\frac{a}{\lambda_0} = 0{,}25$
$\varphi = 0°$-Ebene
a)

$\frac{a}{\lambda_0} = 0{,}25$
$\varphi = 90°$-Ebene
b)

$\frac{a}{\lambda_0} = 0{,}75$
$\varphi = 0°$-Ebene
c)

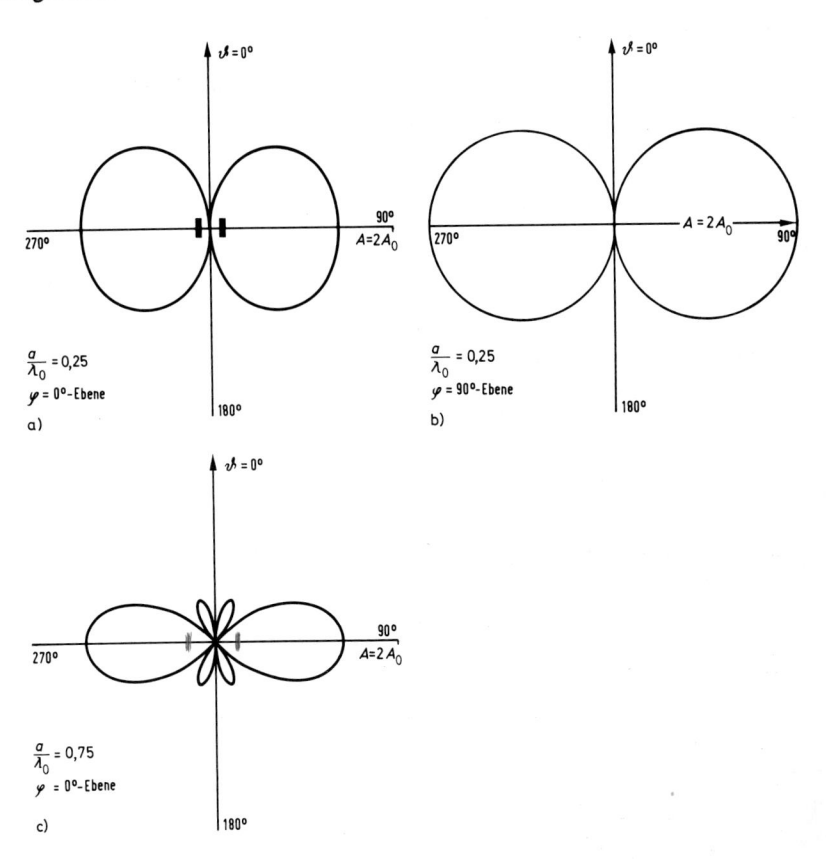

Bild 2.5 a–c) Vertikale Richtdiagramme der horizontalen Dipolzeile aus zwei vertikalen Dipolen, die gleichphasig mit Strömen gleicher Amplitude gespeist werden. Die Bilder zeigen auch die horizontalen Richtdiagramme der horizontalen Dipolzeile aus zwei horizontalen Dipolen, wenn man in den Bildern unter Berücksichtigung der entgegengesetzten Winkelzählrichtung $\vartheta = 180°$ durch $\varphi = 0°$ ersetzt. Die Horizontaldiagramme liegen in der $\vartheta = \pm 90°$-Ebene von Bild 2.6a

2.1.2. Horizontale Dipolzeile aus zwei horizontalen Dipolen

Für $\vartheta = 90°$ gilt nach B i l d 2.6a für Punkte P in der Horizontalebene $\sin \varphi = \frac{\Delta r}{a}$ oder $\Delta r = a \cdot \sin \varphi$. Mit $\beta = \frac{2 \pi \Delta r}{\lambda_0}$ oder $\beta = \frac{2 \pi a}{\lambda_0} \sin \varphi$ erhält man

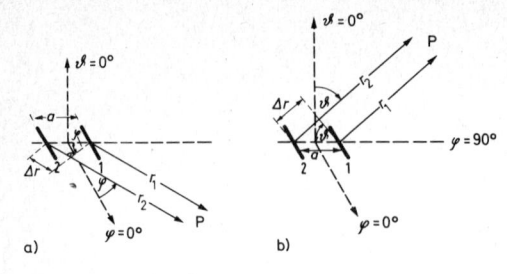

Bild 2.6 Horizontale Dipolzeile aus zwei horizontalen Dipolen. P in der $\vartheta = 90°$-Ebene. b) Horizontale Dipolzeile aus zwei horizontalen Dipolen. P in der $\varphi = 90°$-Ebene

nach Bild 2.3 die horizontale Richtcharakteristik ($\vartheta = \pm 90°$) der horizontalen Dipolzeile aus zwei horizontalen Dipolen:

$$\frac{A}{A_0} = \sin \varphi \left| 2 \cos \left(\frac{\pi a}{\lambda_0} \sin \varphi \right) \right|. \tag{88}$$

Dabei ist die Richtcharakteristik des horizontalen Einzeldipols analog zu Gl. (77):

$$A = A_0 \sin \varphi. \tag{88a}$$

Für die Vertikalebene ($\varphi = 90°$) erhält man für die von den Dipolen im Punkt P dieser Ebene eintreffenden Wellen nach B i l d 2.6b einen Wegunterschied von $\Delta r = a \cdot \sin \vartheta$ oder eine Phasendifferenz von $\beta = \dfrac{2 \pi a}{\lambda_0} \sin \vartheta$.

Die vertikale Richtcharakteristik wird damit:

$$\frac{A}{A_0} = \left| 2 \cos \left(\frac{\pi a}{\lambda_0} \sin \vartheta \right) \right|. \tag{89}$$

Die Bilder 2.4a und b sowie die Bilder 2.5a bis c zeigen horizontale und vertikale Richtdiagramme der betrachteten Dipolkombination.

Die allgemeine Richtcharakteristik für beliebige Schnittflächen des Kugelraumes um die Dipolzeile erhält man analog zu Bild 2.2 bzw. Bild 2.7a zu

$$\frac{A}{A_0} = \sin \varphi \left| 2 \cos \left(\frac{\pi a}{\lambda_0} \cdot \sin \varphi \cdot \sin \vartheta \right) \right|. \tag{90}$$

2.1.3. Horizontale Dipolspalte

Die Richtcharakteristik einer horizontalen Dipolspalte aus zwei Dipolen, die mit gleichen Strömen phasengleich gespeist werden, kann man mit Hilfe von B i l d 2.7a ableiten.

2.1. Horizontale und vertikale Richtdiagramme (gleichph. Ströme)

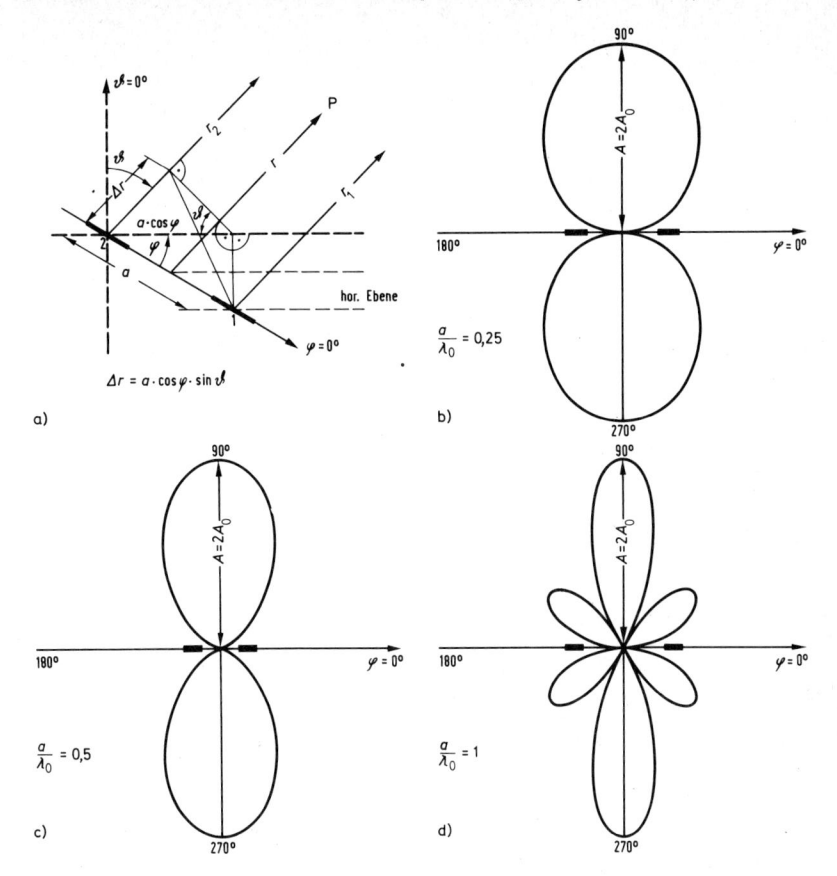

Bild 2.7 a) Horizontale Dipolspalte aus zwei Dipolen. b–d) Horizontale Richtdiagramme der horizontalen Dipolspalte aus zwei Dipolen, die gleichphasig mit Strömen gleicher Amplitude gespeist werden. ($\vartheta = \pm\,90°$-Ebene)

Die Richtcharakteristik des horizontalen Einzeldipols ist

$A = A_0 \sin \varphi$.

Aus Bild 2.7a erhält man auf die gleiche Weise wie bei Bild 2.2 die Phasendifferenz β der Einzelfelder in einem weit entfernten Punkt P:

$$\beta = \frac{2\pi a}{\lambda_0} \cos \varphi \cdot \sin \vartheta. \tag{91}$$

Mit Bild 2.3 ergibt sich dann für P an einer beliebigen Stelle des Kugelraumes:

$$\frac{A}{A_0} = \sin \varphi \left| 2 \cdot \cos \left(\frac{\pi a}{\lambda_0} \cos \varphi \cdot \sin \vartheta \right) \right|. \tag{92}$$

Für $\vartheta = \pm 90°$ erhält man daraus die horizontale Richtcharakteristik der horizontalen Dipolspalte aus zwei Dipolen:

$$\frac{A}{A_0} = \sin \varphi \left| 2 \cos \left(\frac{\pi a}{\lambda_0} \cos \varphi \right) \right|. \tag{93}$$

Nullstellen des horizontalen Richtdiagramms aus Gl. (93) liegen bei $\sin \varphi = 0$ für $\varphi = 0°, 180°$ und $\frac{\pi a}{\lambda} \cos \varphi = n \cdot \frac{\pi}{2}$ mit $n = 1, 3, 5, \ldots$ Für $\varphi = 90°$ erhält man aus Gl. (92) als Vertikaldiagramm einen Kreis mit $\frac{A}{A_0} = 2$.

In den B i l d e r n 2.7b–d sind Richtdiagramme der horizontalen Dipolspalte dargestellt.

2.1.4. Vertikale Dipolzeile

Es sollen zunächst die Wegdifferenzen der von den Einzeldipolen zum Punkt P gelangenden Wellen für den Fall der vertikalen Richtcharakteristik untersucht werden. (P in einer Meridianebene $\varphi = $ konst.) Nach B i l d 2.8 ist

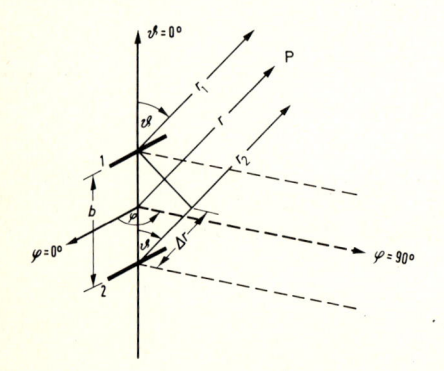

Bild 2.8 Vertikale Dipolzeile aus zwei Dipolen

$\cos \vartheta = \frac{\Delta r}{b}$ und $\Delta r = b \cos \vartheta$. Mit $\beta = \frac{2 \pi \Delta r}{\lambda_0}$ wird die Phasendifferenz β der Wellen im weit entfernten Punkt P:

$$\beta = \frac{2 \pi b}{\lambda_0} \cdot \cos \vartheta. \tag{94a}$$

2.1. Horizontale und vertikale Richtdiagramme (gleichph. Ströme)

Unter Berücksichtigung der Richtwirkung des Einzeldipols nach Gl. (88a) ist die vertikale Richtcharakteristik der Dipolzeile nach Bild 2.8

$$\frac{A}{A_0} = \underbrace{\sin \varphi}_{\text{Einzeldipol}} \cdot \underbrace{\left| 2 \cdot \cos\left(\frac{\pi b}{\lambda_0} \cos \vartheta\right) \right|}_{\text{Gruppencharakteristik}}. \tag{94}$$

Das vertikale Richtdiagramm für die Ebene $\varphi = 90°$ — auch „vertikales Hauptdiagramm" genannt — ergibt sich aus Gl. (94) durch punktweise Berechnung oder graphische Auswertung von

$$\frac{A}{A_0} = \left| 2 \cdot \cos\left(\frac{\pi b}{\lambda_0} \cos \vartheta\right) \right|. \tag{95}$$

Beim Vergleich von Gl. (95) mit Gl. (84) erkennt man, daß die vertikalen Richtdiagramme der vertikalen Dipolzeile den horizontalen Richtdiagrammen der gleichartigen horizontalen Dipolzeile entsprechen. Setzt man in Bild 2.4a—b ϑ an Stelle von φ und b an Stelle von a, so erhält man die gleichen Diagramme.

Das horizontale Richtdiagramm der vertikalen Dipolzeile in der Ebene $\vartheta = \pm 90°$ ergibt sich aus der Überlegung, daß die von beiden Dipolen ausgehenden Wellen zu einem beliebigen Punkt in der Horizontalebene gleiche Wege zurücklegen. Damit wird $\beta = 0$, und es ergibt sich:

$$\frac{A}{A_0} = 2 \sin \varphi. \tag{96}$$

Dies ist eine Richtcharakteristik eines Einzeldipols wie sie — ϑ durch φ ersetzt — als Richtdiagramm in Bild 1.15a dargestellt ist. Allerdings ist die Amplitude der Feldstärke, verglichen mit dem Einzeldipol, doppelt so groß.

2.1.5. Vertikale Dipolspalte

Für einen sehr weit entfernten Punkt P seien wieder gleiche Amplituden des von den Dipolen in B i l d 2.9a abgestrahlten Wellenfeldes angenommen. Der Wegunterschied $r_2 - r_1$ wirkt sich als Phasenunterschied β aus. Es ist $\Delta r = r_2 - r_1 = b \cos \vartheta$ und damit

$$\beta = \frac{2\pi \Delta r}{\lambda_0} = \frac{2\pi b}{\lambda_0} \cos \vartheta. \tag{97}$$

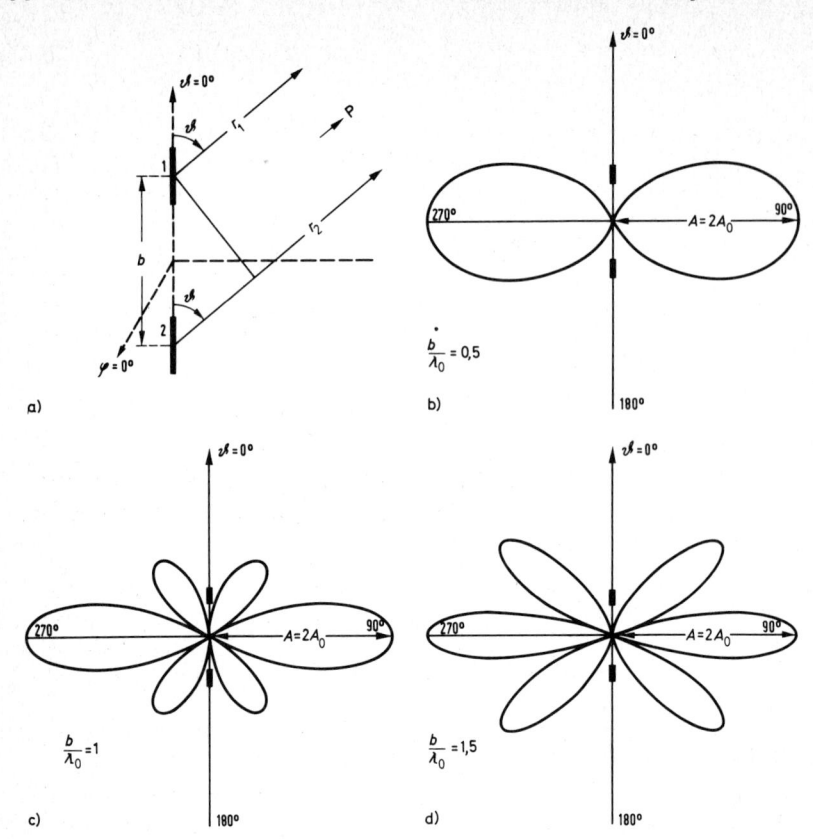

Bild 2.9 a) Vertikale Dipolspalte aus zwei Dipolen. b–d) Vertikales Richtdiagramm der vertikalen Dipolspalte aus zwei Dipolen, die gleichphasig mit Strömen gleicher Amplitude gespeist werden. Die Bilder zeigen auch die horizontalen Richtdiagramme der horizontalen Dipolspalte aus zwei Dipolen, wenn man in den Bildern $\vartheta = 90°$ unter Berücksichtigung der entgegengesetzten Winkelzählrichtung durch $\varphi = 90°$ und b durch a ersetzt (vergleiche Bilder 2.9b und c mit Bildern 2.7c und d).

Die Richtcharakteristik des Einzeldipols ist hier

$$\frac{A}{A_0} = \sin \vartheta \tag{98}$$

und die vertikale Richtcharakteristik der vertikalen Dipolspalte nach Bild 2.9a erhält man wieder durch geometrische Addition der Wellenfeldvektoren (Bild 2.3) aus:

2.2. Horizontale und vertikale Richtdiagramme (phasenversch. Ströme)

$$\frac{A}{A_0} = \sin \vartheta \left| 2 \cdot \cos\left(\frac{\pi b}{\lambda_0} \cos \vartheta\right) \right|. \quad \text{(vergleiche (87))} \tag{99}$$

Das horizontale Richtdiagramm der vertikalen Dipolspalte ist für die Ebene $\vartheta = \pm 90°$ ein Kreis, wobei wieder wie bei Gl. (92) doppelte Amplitude der Feldstärke vorhanden ist, wenn man mit dem horizontalen Richtdiagramm des Einzeldipols (Bild 1.16) vergleicht. Dies ist leicht einzusehen, denn die von den Dipolen ausgehenden Wellenfelder haben für alle Punkte auf der zwischen den Dipolen liegende Horizontalebene ($\vartheta = \pm 90°$) keine Wegunterschiede.

Das vertikale Richtdiagramm der vertikalen Dipolspalte kann aus Gl. (99) punktweise errechnet oder graphisch ermittelt werden (B i l d e r 2.9 b–d). Vergleiche Bilder 2.9 b und c mit Bildern 2.7 c und d.

2.2. Horizontale und vertikale Richtdiagramme zweier paralleler Dipolantennen, die mit phasenverschobenen Strömen gleicher Amplitude gespeist werden

Bisher wurden nur Dipolkombinationen betrachtet, bei denen die Einzeldipole mit Strömen gleicher Amplitude und gleicher Phase gespeist wurden. Durch die Wegunterschiede der von den Einzeldipolen ausgehenden Wellen zu weit entfernten Punkten P treten Interferenzen auf, durch die eine Richtwirkung der Dipolkombination entsteht.

Aus den in Bild 2.4 gezeigten Richtdiagrammen sieht man, daß bei den in Abschnitt 2.1. behandelten Dipolkombinationen das Richtdiagramm stets symmetrisch zu einer Spiegelebene ($\varphi = 0°$ bzw. $\vartheta = 0°$) war. Man kann dabei nicht zwischen Vorder- und Rückseite der Dipolkombination unterscheiden.

Speist man die Einzeldipole mit Strömen gleicher Amplitude aber verschiedener Phase, so kommt zum Phasenunterschied der Wellen durch unterschiedliche Weglänge zum Punkt P auch noch die Phasendifferenz β_0 der Speiseströme der Einzeldipole. Beide Phasenunterschiede beeinflussen das Richtdiagramm der Antenne. Hat man zwei phasenverschoben gespeiste Dipole, so ist die Gesamtphasendifferenz β der von den Dipolen ausgehenden Wellen bei einem Wegunterschied Δr im Punkt P:

$$\beta = \beta_0 + \frac{2\pi \Delta r}{\lambda_0}. \tag{100}$$

β_0 hat dabei positives Vorzeichen, wenn der Strom in der um Δr weiter von P entfernten Antenne um β_0 nacheilt. In den Bildern 2.2, 2.6, 2.7, 2.8 und 2.9 ist dies Antenne 2. Man kann ebenso sagen: β_0 hat positives Vorzeichen, wenn die Antenne 1 mit einem um β_0 voreilenden Strom gespeist wird.

Siehe dazu B i l d 2.10a.

2. Kombinationen von Dipolantennen

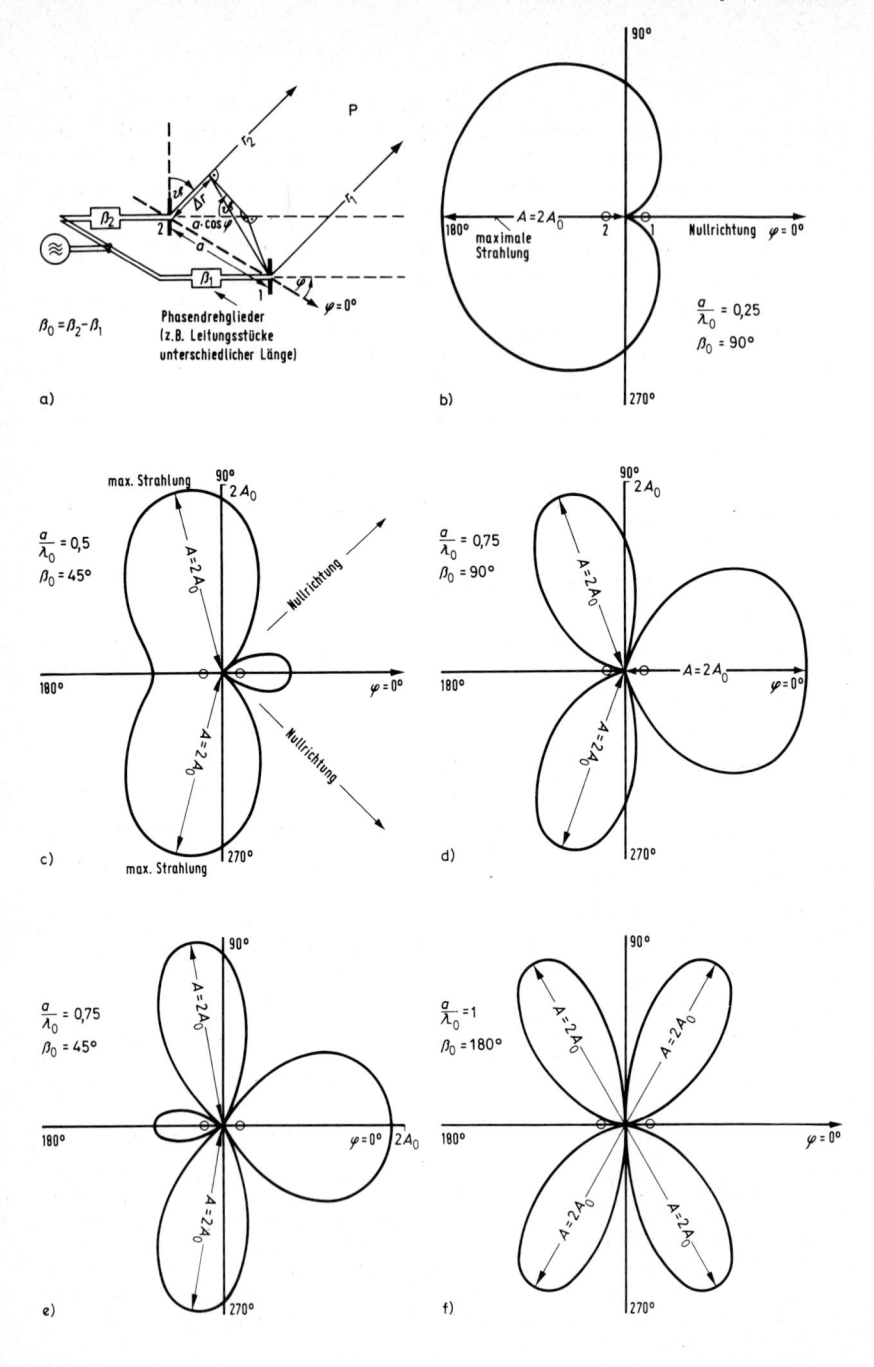

$\beta_0 = \beta_2 - \beta_1$

Phasendrehglieder (z.B. Leitungsstücke unterschiedlicher Länge)

a)

b) $\dfrac{a}{\lambda_0} = 0{,}25$; $\beta_0 = 90°$

c) $\dfrac{a}{\lambda_0} = 0{,}5$; $\beta_0 = 45°$

d) $\dfrac{a}{\lambda_0} = 0{,}75$; $\beta_0 = 90°$

e) $\dfrac{a}{\lambda_0} = 0{,}75$; $\beta_0 = 45°$

f) $\dfrac{a}{\lambda_0} = 1$; $\beta_0 = 180°$

2.2. Horizontale und vertikale Richtdiagramme (phasenversch. Ströme)

Bei Dipolabständen $\frac{a}{\lambda_0}$ bzw. $\frac{b}{\lambda_0}$ bis 0,5 und β_0 bis 90° sieht man aus den Diagrammen in den B i l d e r n 2.10b und c, daß der Dipol mit dem voreilenden Strom das Maximum der Abstrahlung in Richtung des „nacheilenden Dipols" verschiebt.

Ersetzt man in den Ausdrücken, die in Abschnitt 2.1. abgeleitet wurden, den dort aus der Wegdifferenz berechneten Phasenunterschied der Wellen durch Gl. (100), so erhält man aus Gl. (83) für die horizontale Dipolzeile aus zwei vertikalen Dipolen die um β_0 phasenverschoben gespeist werden:

$$\frac{A}{A_0} = \sin\vartheta \cdot \underbrace{\left| 2 \cdot \cos\left(\frac{\beta_0}{2} + \frac{\pi a}{\lambda_0}\cos\varphi\sin\vartheta\right) \right|}_{\text{Gruppencharakteristik}}. \qquad (101)$$

Einzeldipol

Das horizontale Richtdiagramm in der Ebene $\vartheta = \pm 90°$ ergibt sich aus Gl. (101):

$$\frac{A}{A_0} = \left| 2 \cdot \cos\left(\frac{\beta_0}{2} + \frac{\pi a}{\lambda_0}\cos\varphi\right) \right|. \qquad (102)$$

Das vertikale Richtdiagramm in der Ebene $\varphi = 0°$; (180°) erhält man aus Gl. (101):

$$\frac{A}{A_0} = \sin\vartheta \cdot \left| 2 \cdot \cos\left(\frac{\beta_0}{2} + \frac{\pi a}{\lambda_0}\sin\vartheta\right) \right|. \qquad (103)$$

Die Richtdiagramme nach Gl. (102) bzw. Gl. (103) kann man punktweise berechnen oder graphisch ermitteln.

Die B i l d e r 2.10b–1 zeigen Richtdiagramme der horizontalen Dipolzeile aus zwei vertikalen Dipolen, die um β_0 phasenverschoben gespeist werden.

Aus Bild 2.10b sieht man, daß diese Antennenanordnung eine Richtwirkung hat, die eine eindeutige Richtungsbestimmung erlaubt. Sie wird in der Peiltechnik angewendet.

Zeichnet man das horizontale und das vertikale Richtdiagramm (Bilder 2.10b, g) derselben Antennenkombination in perspektivischer Darstellung,

---

◀ Bild 2.10 a) Horizontale Dipolzeile aus zwei vertikalen Dipolen, phasenverschoben gespeist. b–f) Horizontale Richtdiagramme der horizontalen Dipolzeile aus zwei vertikalen Dipolen, die mit phasenverschobenen Strömen gleicher Amplitude gespeist werden ($\vartheta = \pm 90°$-Ebene). Die Bilder zeigen auch die vertikalen Richtdiagramme der horizontalen Dipolzeile aus zwei phasenverschoben gespeisten horizontalen Dipolen, wenn man in den Bildern $\varphi = 90°$ unter Berücksichtigung der entgegengesetzten Winkelzählrichtung durch $\vartheta = 0°$ ersetzt. Die Vertikaldiagramme liegen in der $\varphi = 90°$-Ebene von Bild 2.6b

2. Kombinationen von Dipolantennen

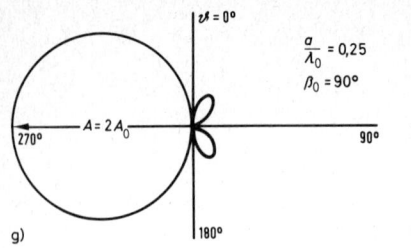

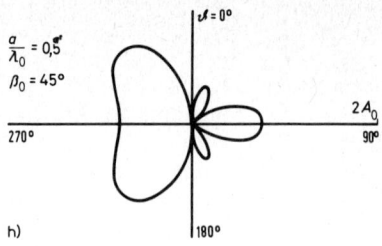

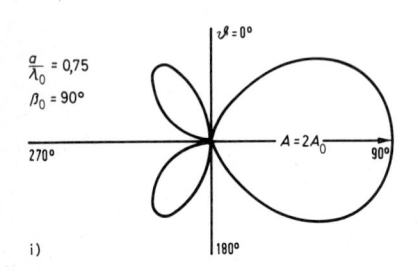

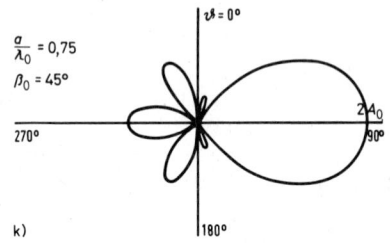

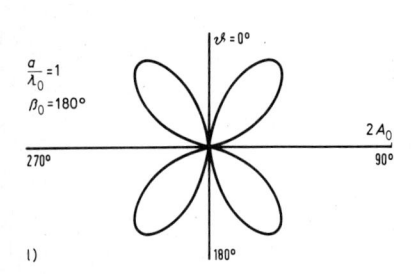

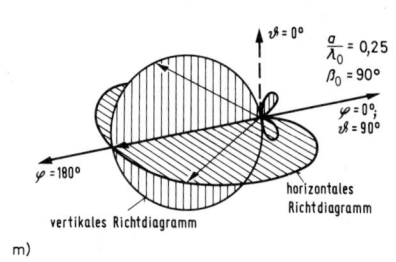

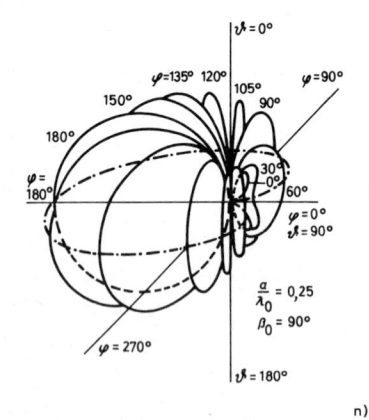

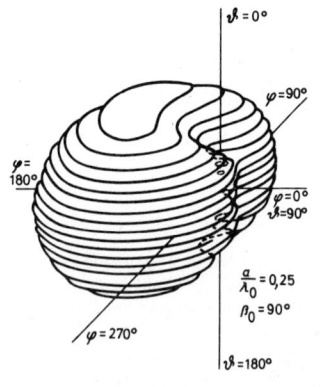

2.2. Horizontale und vertikale Richtdiagramme (Phasen versch. Ströme) 61

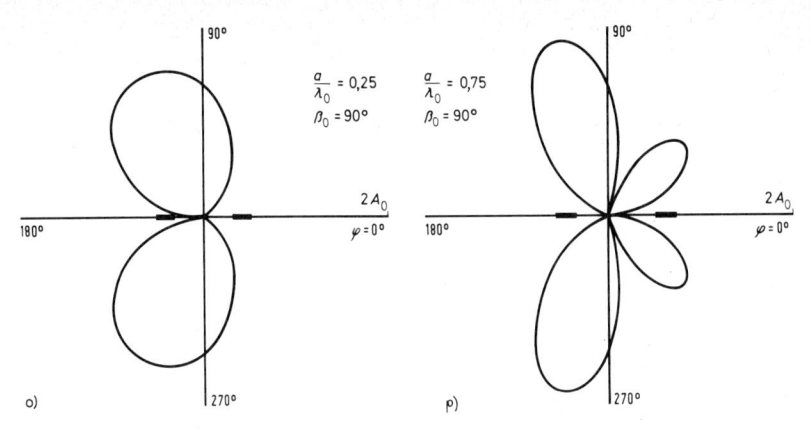

o) $\frac{a}{\lambda_0} = 0{,}25$, $\beta_0 = 90°$

p) $\frac{a}{\lambda_0} = 0{,}75$, $\beta_0 = 90°$

Bild 2.10 g–l) Vertikale Richtdiagramme der horizontalen Dipolzeile aus zwei vertikalen Dipolen, die mit phasenverschobenen Strömen gleicher Amplitude gespeist werden ($\varphi = 0°$-Ebene). Die Bilder zeigen auch die horizontalen Richtdiagramme der horizontalen Dipolzeile aus zwei phasenverschoben gespeisten horizontalen Dipolen, wenn man in den Bildern unter Berücksichtigung der entgegengesetzten Winkelzählrichtung $\vartheta = 180°$ durch $\varphi = 0°$ ersetzt. Die Horizontaldiagramme liegen in der $\vartheta = \pm 90°$-Ebene von Bild 2.6a.
m–n) Perspektivische Raumdiagramme. o–p) Horizontale Richtdiagramme der horizontalen Dipolspalte aus zwei Dipolen, die mit phasenverschobenen Strömen gleicher Amplitude gespeist werden ($\vartheta = \pm 90°$-Ebene). Die Bilder zeigen auch die vertikalen Richtdiagramme der vertikalen Dipolspalte aus zwei Dipolen, wenn man unter Berücksichtigung der entgegengesetzten Winkelzählrichtung φ durch ϑ und a durch b ersetzt

so erhält man das „perspektivische Raumdiagramm" der Antennenkombination, wie es in Bild 2.10m gezeigt ist. In B i l d 2.10n ist das Raumdiagramm durch viele Schnitte in horizontalen und vertikalen Ebenen ergänzt, so daß ein räumlicher Eindruck der Feldstärkeverteilung um die betrachtete Antennenkombination entsteht.

Für die horizontale Dipolspalte nach Bild 2.7a erhält man bei phasenverschobener Speisung der Dipole aus Gl. (92) und mit $\Delta r = a \cos \varphi \sin \vartheta$ und

$$\beta = \beta_0 + \frac{2\pi \Delta r}{\lambda_0} \quad \text{oder}$$

$$\beta = \beta_0 + \frac{2\pi a}{\lambda_0} \cos \varphi \sin \vartheta \tag{104a}$$

die Richtcharakteristik:

$$\frac{A}{A_0} = \sin \varphi \left| 2 \cdot \cos \left(\frac{\beta_0}{2} + \frac{\pi a}{\lambda_0} \cdot \cos \varphi \cdot \sin \vartheta \right) \right|. \tag{104}$$

Für die Ebene $\vartheta = \pm 90°$ erhält man das horizontale Richtdiagramm der horizontalen Dipolspalte aus Gl. (93):

$$\frac{A}{A_0} = \sin \varphi \cdot \left| 2 \cdot \cos \left(\frac{\beta_0}{2} + \frac{\pi a}{\lambda_0} \cos \varphi \right) \right| \qquad (105)$$

Für $\varphi = \pm 90°$ erhält man das vertikale Richtdiagramm aus

$$\frac{A}{A_0} = \left| 2 \cdot \cos \left(\frac{\beta_0}{2} \right) \right|. \qquad (106)$$

Gl. (106) ist unabhängig von ϑ, das vertikale Richtdiagramm ist ein Kreis, dessen Radius von β_0 abhängt.

Gl. (105) erhält man aus Gl. (102) durch Multiplikation mit $\sin \varphi$. Horizontale Richtdiagramme der horizontalen Dipolspalte sind in den B i l d e r n 2.10o–p gezeichnet.

Hat man bei der vertikalen Dipolzeile nach Bild 2.8 phasenverschoben gespeiste Dipole, so erhält man mit $\Delta r = b \cos \vartheta$ und

$$\beta = \beta_0 + \frac{2\pi \Delta r}{\lambda_0} \text{ oder } \beta = \beta_0 + \frac{2\pi b}{\lambda_0} \cdot \cos \vartheta \qquad (107\,a)$$

das Richtdiagramm nach Einsetzen von Gl. (107a) in Gl. (94) aus:

$$\frac{A}{A_0} = \sin \varphi \left| 2 \cdot \cos \left(\frac{\beta_0}{2} + \frac{\pi b}{\lambda_0} \cos \vartheta \right) \right|. \qquad (107)$$

Das horizontale Richtdiagramm ($\vartheta = \pm 90°$) der vertikalen Dipolzeile erhält man aus:

$$\frac{A}{A_0} = \sin \varphi \left| 2 \cos \left(\frac{\beta_0}{2} \right) \right|. \qquad (108)$$

Dieses Diagramm entspricht dem eines horizontalen Dipols (Bild 1.15a), jedoch mit um den Faktor $2 \cos \left(\frac{\beta_0}{2} \right)$ veränderter Feldstärke. In Bild 1.15a ist noch φ an Stelle von ϑ zu setzen.

Das vertikale Richtdiagramm in der Ebene $\varphi = 90°; (180°)$ erhält man nach Einsetzen von Gl. (107a) in Gl. (95) aus:

$$\frac{A}{A_0} = \left| 2 \cdot \cos \left(\frac{\beta_0}{2} + \frac{\pi b}{\lambda_0} \cos \vartheta \right) \right|. \qquad (109)$$

2.2. Horizontale und vertikale Richtdiagramme (phasenversch. Ströme)

Das Diagramm entspricht dem horizontalen Richtdiagramm der horizontalen Dipolzeile Gl. (102), wenn man ϑ an Stelle von φ und b an Stelle von a setzt. Die Richtdiagramme nach Gl. (109) sind dann aus den Bildern 2.10b–f zu entnehmen.

Für die vertikale Dipolspalte nach Bild 2.9a wird nach Einsetzen von Gl. (107a) in Gl. (99):

$$\frac{A}{A_0} = \sin\vartheta \cdot \left| 2 \cdot \cos\left(\frac{\beta_0}{2} + \frac{\pi b}{\lambda_0}\cos\vartheta\right) \right|, \tag{110}$$

woraus man das vertikale Richtdiagramm der vertikalen Dipolspalte erhält. Wie bei Gl. (105) entsteht Gl. (110) durch Multiplikation von Gl. (109) mit $\sin\vartheta$. Vergleicht man Gl. (110) mit Gl. (105), so erkennt man, daß sich dieselben Diagramme (Bilder 2.10o–p) ergeben, wenn man an Stelle von φ und a in Gl. (105), ϑ und b in Gl. (110) setzt.

Das horizontale Richtdiagramm der vertikalen Dipolspalte ist in der Ebene $\vartheta = \pm 90°$ ein Kreis wie Gl. (106), dessen Radius (Feldstärkewert) von der Phasenverschiebung der Antennenströme abhängt.

Speist man die Dipole der horizontalen Dipolzeile aus zwei horizontalen Dipolen (Bild 2.6) mit Strömen gleicher Amplitude aber um β_0 phasenverschoben, so wird aus Gl. (88) die horizontale Richtcharakteristik für die Ebene $\vartheta = \pm 90°$:

$$\frac{A}{A_0} = \sin\varphi \left| 2 \cdot \cos\left(\frac{\beta_0}{2} + \frac{\pi a}{\lambda_0}\sin\varphi\right) \right|. \tag{111}$$

Aus Gl. (89) erhält man für die Ebene $\varphi = 90°$ die vertikale Richtcharakteristik:

$$\frac{A}{A_0} = \left| 2 \cdot \cos\left(\frac{\beta_0}{2} + \frac{\pi a}{\lambda_0}\sin\vartheta\right) \right| \tag{112}$$

und aus Gl. (90) ergibt sich die allgemeine Richtcharakteristik der horizontalen Dipolzeile aus zwei horizontalen Dipolen für beliebige $\varphi = $ const bzw. $\vartheta = $ const des Kugelraumes um die Antenne:

$$\frac{A}{A_0} = \sin\varphi \left| 2 \cdot \cos\left(\frac{\beta_0}{2} + \frac{\pi a}{\lambda_0}\sin\varphi\sin\vartheta\right) \right|. \tag{113}$$

In den Bildern 2.10g–l und b–f sind horizontale und vertikale Richtdiagramme der horizontalen Dipolzeile aus zwei horizontalen Dipolen dargestellt.

Vergleicht man z. B. das Richtdiagramm von Gl. (101) mit dem von Gl. (113) oder von Gl. (93) mit dem von Gl. (99) oder von Gl. (109) mit dem von Gl. (112), so erkennt man, daß eine Antennenkombination bei einer Drehung im freien

Kugelraum ihr Richtdiagramm „mitdreht". Es ändern sich deshalb in den abgeleiteten Ausdrücken nur die im Raum festliegenden Koordinaten-, Winkel- und Abstandsbezeichnungen. Man kann die für eine bestimmte Antennenkombination gefundenen Richtdiagramme auch bei Drehung der Antennenkombination beibehalten, wenn man die Koordinaten- bzw. Winkelbezeichnungen der Diagramme entsprechend der Drehung abändert.

Man kann z. B. die Diagramme der horizontalen Dipolzeile aus zwei vertikalen Dipolen für den Fall der horizontalen Dipolzeile aus zwei gleichartigen horizontalen Dipolen — gleichen Dipolabstand und gleichen Speisestrom-Phasenunterschied β_0 vorausgesetzt — verwenden, wenn man das Horizontaldiagramm nun als Vertikaldiagramm benutzt und die Bezeichnungen φ und ϑ vertauscht. Der Unterschied cos φ in Gl. (101) und sin φ in Gl. (113) kommt daher, daß die $\varphi = 0°$-Achse einmal senkrecht zur Dipolachse und einmal in der Dipolachse liegt. Ebenso könnten die in Bild 2.4 und Bild 2.5 gezeigten Richtdiagramme vertauscht werden.

2.3. Dipole vor oder über einer leitenden Fläche

Bringt man einen Dipol vor oder über einer sehr großflächigen leitenden Wand an, so kann sich die abgestrahlte Welle nur in der Kugelraumhälfte, in der sich die Antenne befindet, ausbreiten. Dabei kann die Dipolachse parallel zur Wand ausgerichtet sein oder senkrecht auf der Wand stehen.

Im folgenden sollen die sich daraus ergebenden Möglichkeiten untersucht werden.

2.3.1. Dipol vor einer leitenden Wand (Dipolachse parallel zur Wand)

Im Abstand $\frac{a}{2}$ vor einer sehr großen leitenden Wand (B i l d 2.11) sei ein Dipol angeordnet, dessen Achse parallel zur Wand ausgerichtet ist. Er sei von

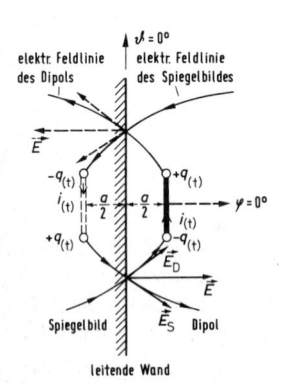

Bild 2.11 Vertikaler Dipol vor einer leitenden Wand (elektrisches Feld)

2.3. Dipole vor oder über einer leitenden Fläche

einem Strom mit der Amplitude I durchflossen. Der Dipol strahle eine Kugelwelle aus, die von der Wand reflektiert wird. Die reflektierte Welle ist wieder eine Kugelwelle, für die man sich vorstellen kann, sie gehe von einem Spiegelbild des Dipols aus, das ein im Abstand $\frac{a}{2}$ hinter der leitenden Wand liegender Dipol ist. Dieser „Spiegeldipol" hat die gleiche Größe wie der wirkliche Dipol und wird von einem Strom entgegengesetzter Richtung aber gleicher Amplitude I, wie im wirklichen Dipol, durchflossen.

In Wirklichkeit fließt der Strom, von dem die reflektierte Welle ausgeht, auf der leitenden Wand.

Die Zulässigkeit der Annahme eines „Spiegeldipols" soll an der Erfüllung der Grenzbedingungen geprüft werden, die für das Verschwinden elektrischer Feldkomponenten tangential zur Wand und magnetischer Feldkomponenten senkrecht zur Wand gelten. Bild 2.11 zeigt einen Momentanzustand der Dipolladungen und der von ihnen ausgehenden elektrischen Feldlinien. Die Feldvektoren $\vec{E}_s$ des Spiegeldipolfeldes und $\vec{E}_D$ des Dipolfeldes addieren sich geometrisch zu einem Vektor $\vec{E}$, der senkrecht auf der leitenden Wand steht. Damit ist eine Grenzbedingung erfüllt, denn es existieren keine Tangentialkomponenten des elektrischen Feldes in der Wand. Dies ist erreicht durch die umgekehrte Stromrichtung und dementsprechende Ladungsverteilung im Spiegelbild des wirklichen Dipols.

Die magnetischen Feldlinien um Dipol und Spiegelbild sind als Momentanbilder in Bild 2.12 dargestellt.

Weil die Ströme in Dipol und Spiegelbild entgegengesetzt fließen, haben die magnetischen Feldlinien entgegengesetzten Umlaufsinn. Die magnetischen Feldvektoren $\vec{H}_D$ und $\vec{H}_s$ addieren sich geometrisch zum Summenvektor $\vec{H}$, der tangential zur Wand liegt. Damit ist auch die Grenzbedingung für magnetische Felder erfüllt, denn es existiert keine Feldkomponente senkrecht zur leitenden Wand.

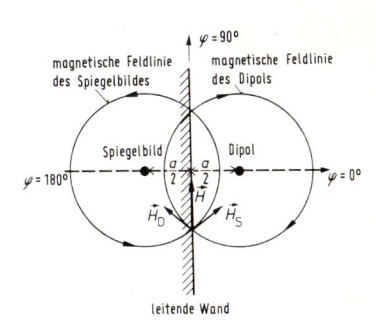

Bild 2.12 Vertikaler Dipol vor einer leitenden Wand (magnetisches Feld)

Für elektrostatische Felder gilt die Regel, daß eine Ladung $+q$ vor einer leitenden Wand als Spiegelbild hinter der Wand eine Ladung mit entgegengesetztem Vorzeichen $-q$ besitzt.

2. Kombinationen von Dipolantennen

Diese Regel gilt auch für Dipole.

Die Welle, die von einem Dipol im Abstand $\frac{a}{2}$ vor einer leitenden Wand hinreichender Größe ausgeht, kann auch von einer Dipolzeile aus zwei Dipolen erzeugt werden, wenn sie einen Abstand a haben und in ihnen Ströme gleicher Amplitude aber mit der Phasendifferenz $\beta_0 = \pi$ fließen. Deshalb gelten für die Berechnung der Richtdiagramme des Dipols vor einer leitenden Wand im Abstand $\frac{a}{2}$ die bereits abgeleiteten Ausdrücke für die Dipolzeile aus zwei Dipolen.

Ist der Dipol vor einer senkrechten Wand senkrecht angebracht, so hat man den Fall der horizontalen Dipolzeile aus zwei vertikalen Dipolen. Mit $\beta_0 = \pi$ erhält man aus Gl. (102) das horizontale Richtdiagramm als zeichnerische Darstellung von

$$\frac{A}{A_0} = \left| 2 \cdot \cos\left(\frac{\pi}{2} + \frac{\pi a}{\lambda_0} \cos\varphi\right) \right|. \tag{114}$$

An Stelle von Gl. (114) kann man auch schreiben:

$$\frac{A}{A_0} = \left| 2 \cdot \sin\left(\frac{\pi a}{\lambda_0} \cos\varphi\right) \right|. \tag{115}$$

Weil hier eine hinreichend große leitende Wand die Ausbreitung eines Wellenfeldes auf der Seite des Spiegelbildes — das ja nur eine gedachte Strahlungsquelle darstellt — verhindert, wird das Richtdiagramm nur für die Halbebene berechnet, in der sich der Dipol befindet.

B i l d 2.13 zeigt, daß eine Nullstelle des Diagramms — unabhängig vom Abstand $\frac{a}{2}$ von der Wand in die Richtungen $\varphi = 90°$ und $\varphi = 270°$ fällt.

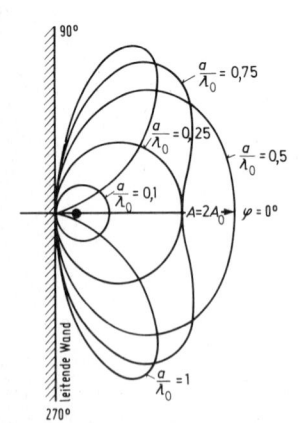

Bild 2.13 Horizontale Richtdiagramme des vertikalen Dipols vor einer leitenden Wand

2.3. Dipole vor oder über einer leitenden Fläche

Je näher der Dipol an der Wand liegt, je kleiner also $\frac{a}{\lambda_0}$ wird, desto kleiner wird $\frac{A}{A_0}$. Dipol und Spiegelbild erzeugen Wellen mit gegenphasigen Feldstärken. Wenn die Quellen der Einzelwellen dicht beieinanderliegen, haben die Feldstärken der beiden Wellen an jedem Punkt P des Kugelraumes etwa gleiche Amplituden. Weil aber wegen des kleinen Abstandes der Quellen die Phasendifferenz der in P eintreffenden Wellen — abgesehen von den genannten Nullstellen — nur sehr wenig von 180° abweicht, wird ihre Summenfeldstärke sehr klein. Wenn $\frac{a}{\lambda_0} = 1$ wird, entsteht eine weitere Nullstelle für $\varphi = 0°$.

Das vertikale Richtdiagramm erhält man nach Gl. (103) mit $\beta_0 = \pi$ für die Ebene $\varphi = 0°$ aus:

$$\frac{A}{A_0} = \sin\vartheta \left| 2 \cdot \cos\left(\frac{\pi}{2} + \frac{\pi a}{\lambda_0}\sin\vartheta\right) \right|. \qquad (116)$$

An Stelle von Gl. (116) kann man auch schreiben:

$$\frac{A}{A_0} = \sin\vartheta \cdot \left| -2 \cdot \sin\left(\frac{\pi a}{\lambda_0}\sin\vartheta\right) \right|. \qquad (117)$$

Man erhält Nullstellen für $\vartheta = 0°$, 180° und $\frac{\pi a}{\lambda_0}\sin\vartheta = 0, \pi, 2\pi, \ldots$ In den B i l d e r n 2.14a und b sind einige vertikale Richtdiagramme nach Gl. (117) dargestellt.

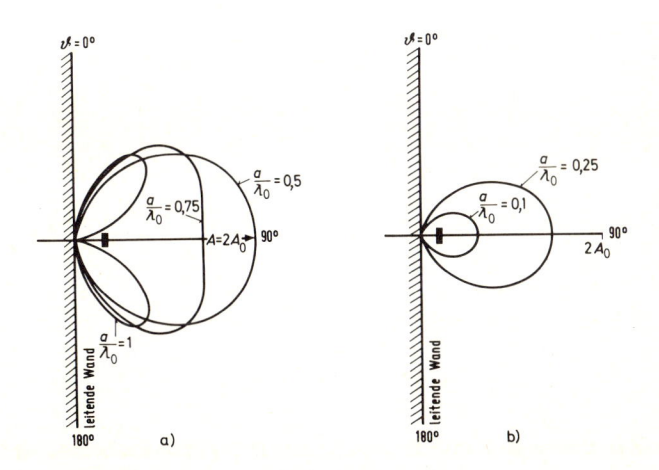

Bild 2.14 a–b) Vertikale Richtdiagramme des vertikalen Dipols vor einer leitenden Wand

2.3.2. Dipol über einer leitenden Ebene (Dipolachse parallel zur Ebene)

Ist der Dipol über einer horizontal verlaufenden Ebene angeordnet (Bild 2.15 a), so hat man den Fall der vertikalen Dipolzeile und man erhält mit $\beta_0 = \pi$ nach Gl. (107) die Richtdiagramme aus:

$$\frac{A}{A_0} = \sin \varphi \left| 2 \cdot \cos\left(\frac{\pi}{2} + \frac{\pi b}{\lambda_0} \cos \vartheta\right) \right|. \tag{118}$$

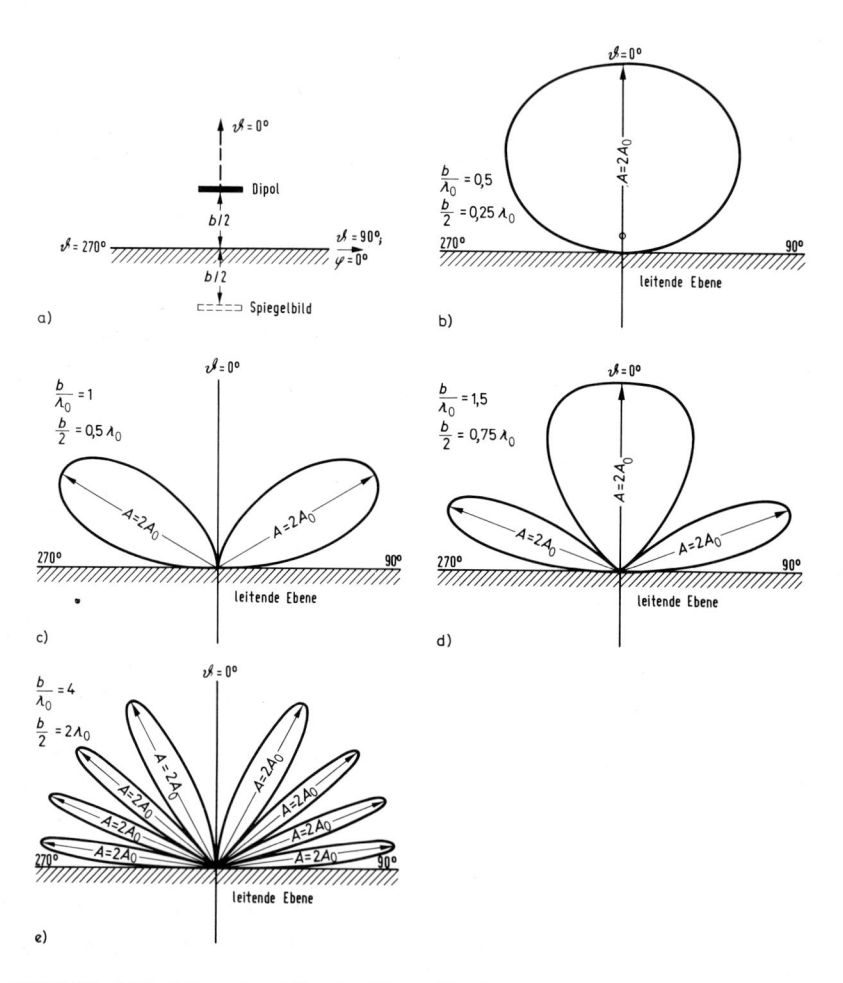

Bild 2.15 a) Dipol über einer leitenden Ebene, Dipolachse parallel zur Ebene. b–e) Vertikale Richtdiagramme des horizontalen Dipols über einer leitenden Ebene. Die Vertikaldiagramme liegen in der $\varphi = 90°$-Ebene von Bild 2.15 a

2.3. Dipole vor oder über einer leitenden Fläche

Aus Gl. (118) sieht man, daß sich für $\vartheta = \pm 90°$ eine Nullstelle des Horizontaldiagramms ergibt, wie es für eine leitende Ebene sein muß.
Das vertikale Richtdiagramm erhält man mit $\beta_0 = \pi$ aus Gl. (118) für die Ebene $\varphi = \pm 90°$:

$$\frac{A}{A_0} = \left| 2 \cdot \cos\left(\frac{\pi}{2} + \frac{\pi b}{\lambda_0} \cos\vartheta\right) \right| \tag{119}$$

oder

$$\frac{A}{A_0} = \left| -2 \cdot \sin\left(\frac{\pi b}{\lambda_0} \cos\vartheta\right) \right|. \tag{120}$$

In den B i l d e r n 2.15b–e sind einige vertikale Richtdiagramme für den Dipol einer leitenden Ebene (Dipolachse parallel zur Ebene) für verschiedene Werte von $\frac{b/2}{\lambda_0}$ gezeigt.

2.3.3. Dipol über einer leitenden Ebene (Dipolachse senkrecht zur Ebene)

B i l d 2.16a zeigt einen Dipol $\frac{b}{2}$ über einer leitenden Fläche mit seinem Spiegelbild, das sich im gleichen Abstand $\frac{b}{2}$ unter der Fläche befindet.

Das Spiegelbild des Dipols kann wieder als Strahlungsquelle der von der Fläche reflektierten Welle angesehen werden.
B i l d 2.16b zeigt das Momentanbild der Dipolladungen und der Ladungen seines Spiegelbildes mit den dazugehörenden Feldlinien.
Wie in der Elektrostatik bewirken die Ladungen des Dipols vor der leitenden Wand entgegengesetzte „Spiegelladungen" im gleichen Abstand hinter der Wand. Aus dem Ladungsbild erkennt man, daß hier die Ströme im Dipol und im Spiegelbild in gleicher Richtung fließen. Die Amplituden der Ströme im Dipol und in seinem Spiegelbild seien gleich groß angenommen.
Damit werden die Grenzbedingungen für die hinreichend große leitende Ebene erfüllt: Die elektrischen Summenfeldvektoren der von den Dipolen ausgehenden Wellen stehen senkrecht auf der Ebene. Überträgt man Bild 1.3 in Bild 2.16b so sieht man, daß auch die Bedingung für die Summenvektoren der magnetischen Felder der Wellen in der Nähe der leitenden Ebene erfüllt ist: Sie verlaufen tangential zur leitenden Ebene. Man sieht, daß ein Dipol, der im Abstand $\frac{b}{2}$ senkrecht zu einer hinreichend großen leitenden Ebene ausgerichtet ist, so wirkt wie eine Dipolspalte aus zwei Dipolen, deren Abstand b ist. Die Dipole der Dipolspalte werden dabei von gleichphasigen Strömen gleicher Größe durchflossen.

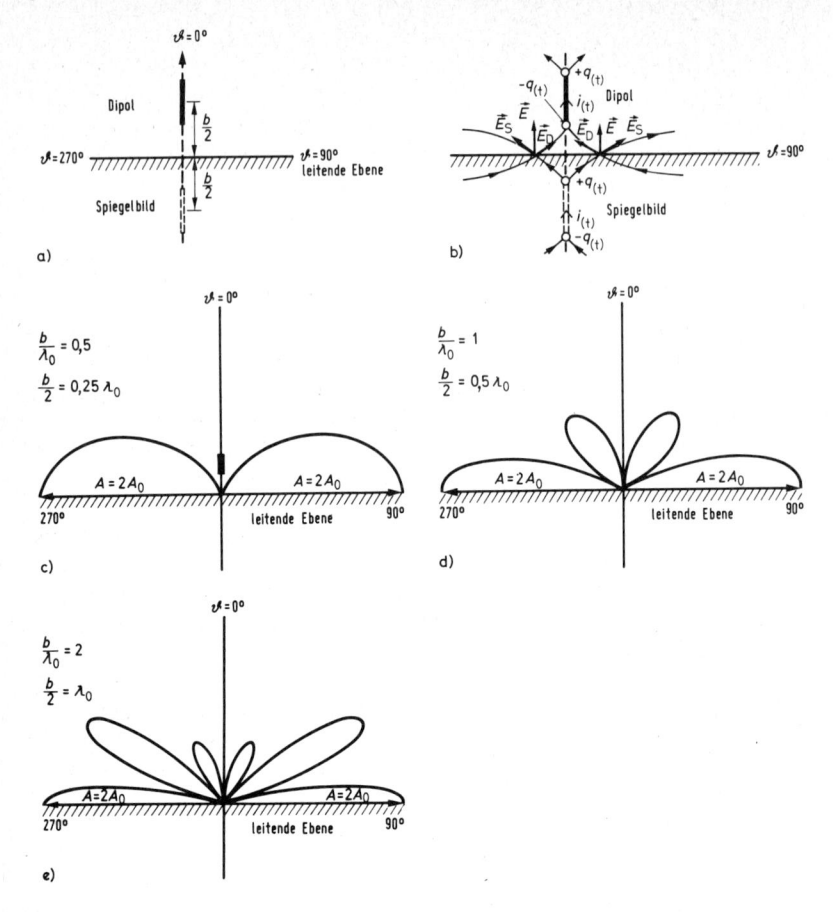

Bild 2.16 a) Dipol über einer leitenden Ebene, Dipolachse senkrecht zur Ebene. b) Momentanbild der Dipol-Ladung und der elektrischen Feldlinien des Dipols über einer leitenden Ebene. c–e) Vertikale Richtdiagramme des vertikalen Dipols über einer horizontalen Ebene. Diese Bilder zeigen auch die horizontalen Richtdiagramme des horizontalen Dipols vor einer vertikalen Wand, wenn man in den Bildern $\vartheta = 0°$ durch $\varphi = 0°$ unter Berücksichtigung der entgegengesetzten Winkelzählrichtung und b durch a ersetzt. Diese Diagramme sind „rotationssymmetrisch" zur Dipolachse

Ist der senkrechte Dipol über einer horizontalen Ebene angebracht, hat man den Fall der vertikalen Dipolspalte, deren vertikales Richtdiagramm man aus Gl. (99) erhält.

Hat man einen horizontalen Dipol, der senkrecht vor einer vertikalen Ebene angebracht ist, so entspricht dies einer horizontalen Dipolspalte aus zwei Dipolen und man erhält deren horizontales Richtdiagramm aus Gl. (93).

2.4. Dipolspalte und Dipolzeile mit mehr als zwei Dipolen

Die Richtdiagramme nach den Gln. (99) und (93) liegen jeweils auf der Seite der Dipole, weil auf der Seite der Spiegelbilder keine wirkliche Welle existieren kann.

In den B i l d e r n 2.16c—e sind horizontale Richtdiagramme des horizontalen Dipols vor einer vertikalen Wand und vertikale Richtdiagramme des vertikalen Dipols über einer horizontalen Ebene aufgezeichnet.

2.4. Dipolspalte und Dipolzeile mit mehr als zwei Dipolen

Viele Antennen bestehen aus Kombinationen von mehr als zwei Dipolen, die als Dipolspalte oder Dipolzeile (Bild 2.1) angeordnet sein können. Durch die Variation der Dipolabstände, der Stromamplituden in den Einzeldipolen und der Phasenverschiebung der Dipolströme gegeneinander kann man die Richtdiagramme dieser Antennen — d. h. die Lage der Diagramm-Maxima und der Nullstellen — für die Erfüllung vielfältiger Forderungen der Funktechnik verändern.

Aus der Betrachtung der bisher behandelten Richtdiagramme zweier Dipole erkennt man, daß sich die Richtwirkung dieser Antennenkombinationen, verglichen mit dem Einzeldipol, erhöht. Bei gleichphasig gespeisten Dipolen wird die Strahlung vorwiegend senkrecht zu einer gedachten Ebene, in der die Dipole liegen, gebündelt [20].

Bei nicht gleichphasig gespeisten Dipolen ist eine Bündelung der Strahlung in der Richtung der Ebene, in der die Dipole liegen, erreichbar. Das gilt auch für Richtantennen aus mehr als zwei Dipolen, die in den folgenden Abschnitten untersucht werden sollen. Wie bisher sollen vorerst Antennenkombinationen aus Elementardipolen betrachtet werden.

2.4.1. Dipolspalte mit mehr als zwei Dipolen

Nach Gl. (77) ist die vertikale Richtcharakteristik eines vertikalen Dipols $\frac{A}{A_0} = \sin \vartheta$. Das gilt für jeden Einzeldipol der in B i l d 2.17 gezeigten vertikalen Dipolspalte. Das Zusammenwirken der Einzeldipole wird im „Gruppencharakteristik-Faktor" V berücksichtigt, so daß nun die vertikale Richtcharakteristik der Dipolkombination

$$\frac{A}{A_0} = \sin \vartheta \cdot V \qquad (121)$$

wird.

Der Faktor V der vertikalen Dipolspalte soll anhand von Bild 2.17a abgeleitet werden.

2. Kombinationen von Dipolantennen

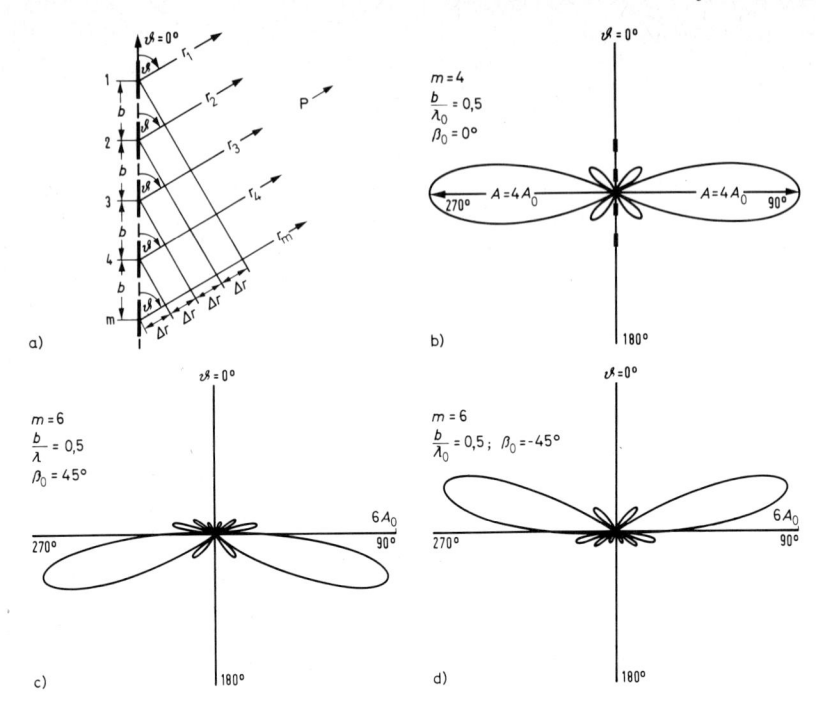

Bild 2.17 a) Vertikale Dipolspalte. b–d) Vertikale Richtdiagramme vertikaler Dipolspalten, die gleichphasig oder phasenverschoben mit Strömen gleicher Amplitude gespeist werden. Die Bilder zeigen auch die horizontalen Richtdiagramme horizontaler Dipolspalten, wenn man in den Bildern bei Berücksichtigung der entgegengesetzten Winkelzählung ϑ durch φ, m durch n und b durch a ersetzt

Alle Dipole der Spalte sollen gleichen Abstand b haben und vorerst mit Strömen gleicher Amplitude und Phase gespeist sein. Die Abstände der Dipole vom weit entfernten Punkt P sind $r_1, r_2, r_3, \ldots, r_m$. Weil sich $r_1 \ldots r_m$ bei großer Entfernung von P nur geringfügig unterscheiden, kann man annehmen, daß die Amplituden der von den Dipolen kommenden Wellen in P gleich groß sind. Die Wegunterschiede bewirken aber eine Phasendifferenz, die nicht vernachlässigt werden kann.

Aus Bild 2.17a sieht man, daß der Wegunterschied zwischen r_m und r_1 gleich $(m-1) \cdot \Delta r$ ist. Zwischen r_4 und r_1 ist der Unterschied $(m-2) \cdot \Delta r$ usw. Durch die Wegunterschiede wird mit Gl. (97) die Phasenverschiebung der Welle vom Dipol m gegen die Welle vom Dipol 1:

$$\beta_m = (m-1) \cdot \beta.$$

2.4. Dipolspalte und Dipolzeile mit mehr als zwei Dipolen

Mit $\Delta r = b \cos \vartheta$ wird

$$\beta_m = (m-1) \cdot \frac{2\pi b}{\lambda_0} \cos \vartheta. \tag{122}$$

Zur Berechnung der Wirkung der Phasenverschiebungen der einzelnen Dipolwellen auf Grund der Wegunterschiede denken wir uns die Beträge der Feldstärken der Einzelwellen im Punkt P konstant = 1 gesetzt.
Dann kann man mit B i l d 2.18 in komplexer Form ansetzen:

$$\underline{V} = \left(1 + e^{j\beta} + e^{j2\beta} + e^{j3\beta} + \ldots + e^{j(m-1)\beta}\right). \tag{123}$$

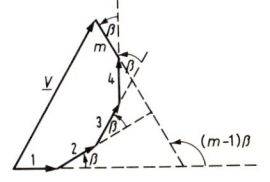

Bild 2.18 Zur Berechnung des Gruppencharakteristik-Faktors

Multipliziert man Gl. (123) mit $\left(1 - e^{j\beta}\right)$, so erhält man:

$$\underline{V}\left(1 - e^{j\beta}\right) = \left(1 + e^{j\beta} + e^{j2\beta} + e^{j3\beta} + \ldots + e^{j(m-1)\beta} - \right.$$
$$\left. - e^{j\beta} - e^{j2\beta} - e^{j3\beta} - e^{j4\beta} - \ldots - e^{j \cdot m \cdot \beta}\right)$$

und daraus $\underline{V}\left(1 - e^{j\beta}\right) = \left(1 - e^{jm\beta}\right)$ oder

$$\underline{V} = \frac{1 - e^{jm\beta}}{1 - e^{j\beta}}. \tag{124}$$

Den Betrag dieses komplexen Ausdruckes erhält man aus

$$V = |\sqrt{\underline{V} \cdot \underline{V}^*}| = \left|\sqrt{\left(\frac{1 - e^{jm\beta}}{1 - e^{j\beta}}\right) \cdot \left(\frac{1 - e^{-jm\beta}}{1 - e^{-j\beta}}\right)}\right| =$$

$$= \left|\sqrt{\frac{2 - (e^{jm\beta} + e^{-jm\beta})}{2 - (e^{j\beta} + e^{-j\beta})}}\right| = \left|\sqrt{\frac{2 - 2 \cdot \cos(m \cdot \beta)}{2 - 2 \cdot \cos \beta}}\right| =$$

$$= \left|\sqrt{\frac{\frac{1}{2}(1 - \cos(m\beta))}{\frac{1}{2}(1 - \cos \beta)}}\right| = \left|\frac{\sin\left(m \cdot \frac{\beta}{2}\right)}{\sin \frac{\beta}{2}}\right|.$$

$$V = \left| \frac{\sin \frac{m\beta}{2}}{\sin \frac{\beta}{2}} \right| . \tag{125}$$

Mit Gl. (97) wird aus Gl. (125):

$$V = \left| \frac{\sin \left(\frac{m\pi b}{\lambda_0} \cdot \cos \vartheta \right)}{\sin \left(\frac{\pi b}{\lambda_0} \cdot \cos \vartheta \right)} \right| . \tag{126}$$

Dies ist der Gruppencharakteristik-Faktor der vertikalen Dipolspalte aus m Dipolen nach Bild 2.17a. Die Einzeldipole der Dipolspalte sind mit Strömen gleicher Amplitude phasengleich gespeist. Im folgenden wird V einfach wieder wie in Abschnitt 2.1. *Gruppencharakteristik* genannt. Mit der Richtcharakteristik des Einzeldipols erhält man die Richtcharakteristik der vertikalen Dipolspalte zu

$$\frac{A}{A_0} = \sin \vartheta \cdot V$$

oder

$$\frac{A}{A_0} = \sin \vartheta \left| \frac{\sin \left(\frac{m\pi b}{\lambda_0} \cdot \cos \vartheta \right)}{\sin \left(\frac{\pi b}{\lambda_0} \cdot \cos \vartheta \right)} \right| . \tag{127}$$

Für $\vartheta = 90°$ erhält man $\frac{A}{A_0} = \frac{0}{0}$, also einen unbestimmten Wert. Zur Ermittlung des Grenzwertes $\lim\limits_{\vartheta \to 90°} \frac{A}{A_0}$ kann nach DE L'HOSPITAL die Zähler- und die Nennerfunktion jeweils für sich allein differenziert und in der neuen Funktion $\vartheta = 90°$ gesetzt werden [17]. Der Grenzwert von Gl. (127) für $\vartheta = 90°$ wird danach:

$$\lim_{\vartheta \to 90°} \frac{A}{A_0} = \frac{m \cdot \cos \left(\frac{m\pi b}{\lambda_0} \cos 90° \right)}{\cos \left(\frac{\pi b}{\lambda_0} \cos 90° \right)} = m . \tag{128}$$

Bei $\vartheta = 90°$ ist die Feldstärke $A = m \cdot A_0$, also m-mal so groß wie die von einer Dipolwelle erzeugte Feldstärke.

2.4. Dipolspalte und Dipolzeile mit mehr als zwei Dipolen

Das horizontale Richtdiagramm ist für alle Werte φ konstant. Nimmt man die Ebene $\vartheta = 90°$ und denkt sich diese Ebene durch die Mitte der Dipolspalte nach Bild 2.17a gelegt, so ist das horizontale Richtdiagramm in dieser Ebene nach Gl. (128) aus

$$\frac{A}{A_0} = m \tag{129}$$

ein Kreis.

Jeder Dipol der Dipolspalte soll nun mit Strömen gleicher Amplitude, aber derart phasenverschoben gespeist werden, daß jeder Dipol einen zum Nachbardipol um β_0 phasenverschobenen Strom führt. Das Vorzeichen von β_0 sei, wie bereits im Abschnitt 2.2. vereinbart, positiv, wenn die Dipole mit größerem Abstand vom Punkt P gegenüber ihrem näher an P liegenden Nachbardipol um β_0 nacheilenden Strom führen. Dann wird

$$\beta = \beta_0 + \frac{2\pi b}{\lambda_0} \cdot \cos\vartheta,$$

so daß Gl. (127) übergeht in

$$\frac{A}{A_0} = \sin\vartheta \cdot \left| \frac{\sin\left[m\left(\frac{\beta_0}{2} + \frac{\pi b}{\lambda_0}\cos\vartheta\right)\right]}{\sin\left(\frac{\beta_0}{2} + \frac{\pi b}{\lambda_0}\cos\vartheta\right)} \right|. \tag{130}$$

In den Bildern 2.17b–d sind Vertikaldiagramme vertikaler Dipolspalten nach Gl. (130) gezeigt. Man sieht, daß die Hauptstrahlrichtung der Dipolspalte bei phasenverschobener Speisung der Dipole zu den „nacheilenden Dipolen" hin gedreht ist.

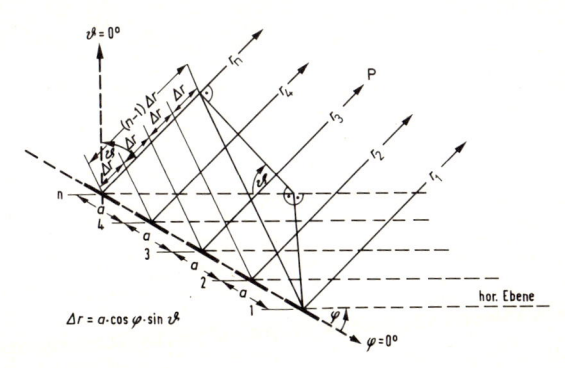

Bild 2.19 Horizontale Dipolspalte

Die horizontale Dipolspalte aus n Dipolen zeigt B i l d 2.19. Die Einzeldipole der Dipolspalte seien vorerst wieder mit Strömen gleicher Amplitude und gleicher Phase gespeist.

Im Abschnitt 2.1.3. wurde für die Wegdifferenz der Dipolwellen zweier benachbarter Dipole zum Punkt P gefunden:

$$\Delta r = a \cdot \cos\varphi \cdot \sin\vartheta.$$

Daraus erhält man die Phasendifferenz β der in P eintreffenden Dipolwellen:

$$\beta = \frac{2\pi a}{\lambda_0} \cos\varphi \cdot \sin\vartheta.$$

Nach Einsetzen von β in Gl. (125) erhält man für n Dipole unter Berücksichtigung der Richtcharakteristik des horizontalen Einzeldipols die Richtcharakteristik der horizontalen Dipolspalte:

$$\frac{A}{A_0} = \sin\varphi \left| \frac{\sin\frac{n\pi a}{\lambda_0} \cdot \cos\varphi \cdot \sin\vartheta}{\sin\frac{\pi a}{\lambda_0} \cdot \cos\varphi \cdot \sin\vartheta} \right|. \qquad (131)$$

Bei Speisung der Einzeldipole der Dipolspalte mit um jeweils β_0 phasenverschobenen Strömen gleicher Amplitude muß man in Gl. (131)

$$\beta = \beta_0 + \frac{2\pi a}{\lambda_0} \cdot \cos\varphi \cdot \sin\vartheta$$

einsetzen und erhält:

$$\frac{A}{A_0} = \sin\varphi \cdot \left| \frac{\sin\left[n\left(\frac{\beta_0}{2} + \frac{\pi a}{\lambda_0} \cos\varphi \cdot \sin\vartheta\right)\right]}{\sin\left(\frac{\beta_0}{2} + \frac{\pi a}{\lambda_0} \cos\varphi \cdot \sin\vartheta\right)} \right|. \qquad (131\,\text{a})$$

Das horizontale Richtdiagramm der horizontalen Dipolspalte erhält man für die $\vartheta = 90°$-Ebene nach Gl. (131 a) aus:

$$\frac{A}{A_0} = \sin\varphi \cdot \left| \frac{\sin\left[n\left(\frac{\beta_0}{2} + \frac{\pi a}{\lambda_0} \cos\varphi\right)\right]}{\sin\left(\frac{\beta_0}{2} + \frac{\pi a}{\lambda_0} \cos\varphi\right)} \right|. \qquad (132)$$

2.4. Dipolspalte und Dipolzeile mit mehr als zwei Dipolen 77

Bei gleichphasiger Speisung der Einzeldipole ergibt sich das vertikale Richtdiagramm der horizontalen Dipolspalte für die $\varphi = 90°$-Ebene nach Gl. (131) aus:

$$\frac{A}{A_0} = \left| \frac{\sin\left(\dfrac{n\pi a}{\lambda_0} \cdot 0 \cdot \sin\vartheta\right)}{\sin\left(\dfrac{\pi a}{\lambda_0} \cdot 0 \cdot \sin\vartheta\right)} \right| = \frac{0}{0}. \qquad (133)$$

Eine Grenzwertbetrachtung wie bei Gl. (127) führt auf $\lim\limits_{\varphi \to 90°} \dfrac{A}{A_0} = n$,

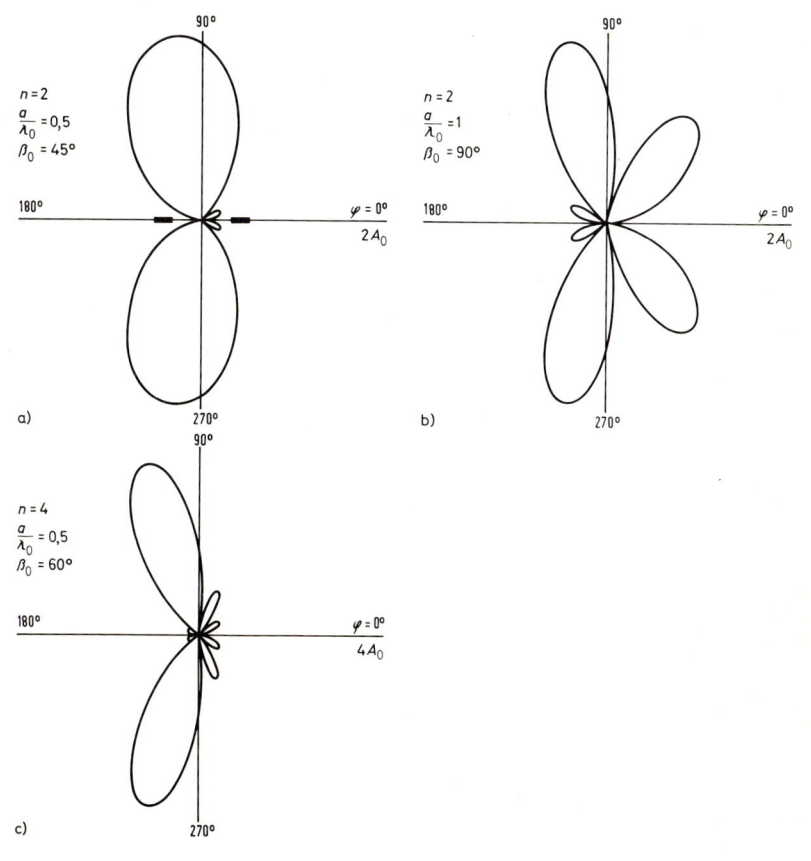

a) $n=2$, $\dfrac{a}{\lambda_0} = 0{,}5$, $\beta_0 = 45°$

b) $n=2$, $\dfrac{a}{\lambda_0} = 1$, $\beta_0 = 90°$

c) $n=4$, $\dfrac{a}{\lambda_0} = 0{,}5$, $\beta_0 = 60°$

Bild 2.20 a–c) Horizontale Richtdiagramme der horizontalen Dipolspalte aus n Dipolen, die phasenverschoben mit Strömen gleicher Amplitude gespeist werden. Diese Bilder zeigen auch die vertikalen Richtdiagramme vertikaler Dipolspalten, wenn man in den Bildern unter Berücksichtigung der entgegengesetzten Winkelzählrichtung φ durch ϑ, n durch m und a durch b ersetzt

d. h. in der Ebene $\varphi = 90°$; (270°) ist das vertikale Richtdiagramm der horizontalen Dipolspalte aus n Dipolen ein Kreis mit

$$A = A_0 \cdot n. \tag{134}$$

Bei phasenverschobener Speisung ist β_0 wie in Gl. (131a) zu berücksichtigen.
In den Bildern 2.20a—c sind horizontale Richtdiagramme der horizontalen Dipolspalte gezeigt.
Ersetzt man in den B i l d e r n 2.20a—c φ durch ϑ, n durch m und a durch b, so erhält man Richtdiagramme der vertikalen Dipolspalte von denen einige in den Bildern 2.17b—d dargestellt sind.

2.4.2. Dipolzeile mit mehr als zwei Dipolen

Eine horizontale Dipolzeile aus n vertikalen Dipolen ist in B i l d 2.21 gezeigt. Die Dipole seien phasengleich mit Strömen gleicher Amplitude gespeist. Mit Gl. (80) wird für den n-ten Dipol der Wegunterschied zum weit entfernten Punkt P (bezogen auf den Dipol 1):

$$(n-1) \cdot \Delta r = (n-1)a \cdot \cos\varphi \cdot \sin\vartheta. \tag{135}$$

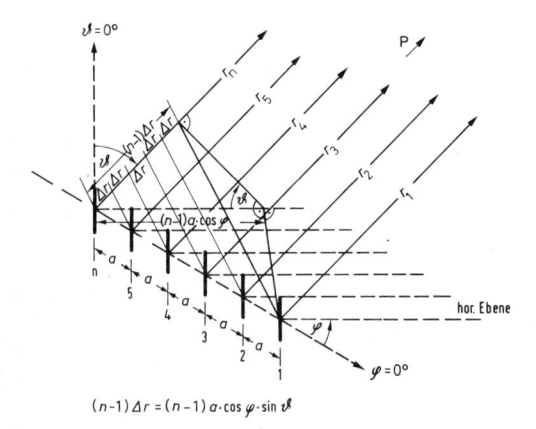

Bild 2.21 Horizontale Dipolzeile aus vertikalen Dipolen

Für den $(n-1)$-ten Dipol wird der Wegunterschied

$$(n-2) \cdot \Delta r = (n-2) \cdot a \cdot \cos\varphi \sin\vartheta$$

und so weiter.

2.4. Dipolspalte und Dipolzeile mit mehr als zwei Dipolen

Während man die Feldstärkeamplituden der in P eintreffenden Wellen konstant annehmen kann, bestimmen die Phasenunterschiede β der Wellen im jeweiligen Punkt P die Form des Richtdiagramms der Antennenkombination. Die vom Dipol 2 in P ankommende Dipolwelle hat gegen die vom Dipol 1 kommende Welle die Phasenverschiebung $\beta = \dfrac{2\pi a}{\lambda_0} \cdot \cos\varphi \sin\vartheta$. Die Welle, die vom Dipol n in P ankommt, hat gegen die vom Dipol 1 kommende Welle die Phasenverschiebung $(n-1)\cdot\beta = \dfrac{(n-1)\cdot 2\pi a}{\lambda_0} \cdot \cos\varphi \sin\vartheta$. Für alle in P ankommenden Wellen der horizontalen Dipolzeile kann man wieder wie in Bild 2.18 die Feldvektoren zeichnen und erhält, wie in Abschnitt 2.4.1. den Faktor V aus Gl. (125), die Gruppencharakteristik.

Berücksichtigt man die vertikale Richtcharakteristik des einzelnen Vertikaldipols Gl. (77) und setzt $\beta = \dfrac{2\pi a}{\lambda_0} \cos\varphi \sin\varphi$ in Gl. (125) ein, so erhält man das Richtdiagramm der horizontalen Dipolzeile, deren Dipole mit Strömen gleicher Amplitude gleichphasig gespeist werden, aus:

$$\frac{A}{A_0} = \sin\vartheta \left| \frac{\sin\left(\dfrac{n\pi a}{\lambda_0}\cdot\cos\varphi\cdot\sin\vartheta\right)}{\sin\left(\dfrac{\pi a}{\lambda_0}\cdot\cos\varphi\cdot\sin\vartheta\right)} \right|. \qquad (136)$$

Das horizontale Richtdiagramm ergibt sich für $\vartheta = \pm 90°$ aus

$$\frac{A}{A_0} = \left| \frac{\sin\left(\dfrac{n\pi a}{\lambda_0}\cdot\cos\varphi\right)}{\sin\left(\dfrac{\pi a}{\lambda_0}\cos\varphi\right)} \right|. \qquad (137)$$

Für $\varphi = 90°$ erhält man aus Gl. (137) wie bei Gl. (127) $\dfrac{A}{A_0} = \dfrac{0}{0}$. Durch eine Grenzwertbetrachtung Gl. (128) erhält man Gl. (134). Die maximale Feldstärke tritt also senkrecht zur Dipolzeile auf und ist $A = A_0 \cdot n$.

Das vertikale Richtdiagramm der horizontalen Dipolzeile erhält man z. B. für die $\varphi = 90°$-Ebene aus:

$$\left(\frac{A}{A_0}\right)_{\varphi=90°} = \sin\vartheta\,\frac{\sin 0}{\sin 0}. \qquad (138)$$

Eine Grenzwertbetrachtung für Gl. (138) führt auf

$$\lim_{\varphi\to 90°}\left(\frac{A}{A_0}\right) = n\cdot\sin\vartheta. \qquad (139)$$

2. Kombinationen von Dipolantennen

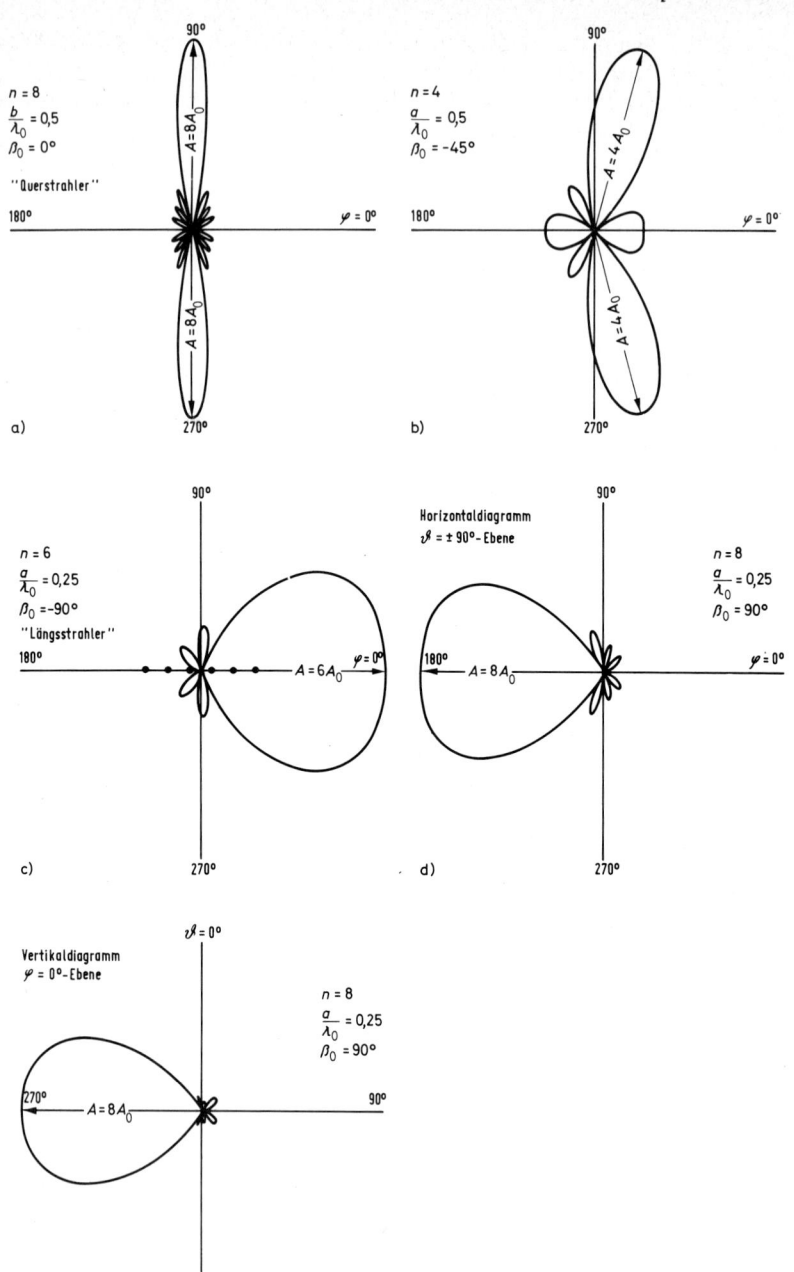

a)
$n = 8$
$\frac{b}{\lambda_0} = 0{,}5$
$\beta_0 = 0°$
"Querstrahler"

b)
$n = 4$
$\frac{a}{\lambda_0} = 0{,}5$
$\beta_0 = -45°$

c)
$n = 6$
$\frac{a}{\lambda_0} = 0{,}25$
$\beta_0 = -90°$
"Längsstrahler"

d)
Horizontaldiagramm
$\vartheta = \pm 90°$-Ebene

$n = 8$
$\frac{a}{\lambda_0} = 0{,}25$
$\beta_0 = 90°$

e)
Vertikaldiagramm
$\varphi = 0°$-Ebene

$n = 8$
$\frac{a}{\lambda_0} = 0{,}25$
$\beta_0 = 90°$

2.4. Dipolspalte und Dipolzeile mit mehr als zwei Dipolen

Dies ist die mit der Anzahl der Einzeldipole der Dipolzeile multiplizierte Richtcharakteristik des vertikalen Einzeldipols.
Bei Speisung der Dipole mit um jeweils β_0 phasenverschobenen Strömen gleicher Amplitude geht Gl. (136) über in:

$$\frac{A}{A_0} = \sin\vartheta \left| \frac{\sin\left[n\cdot\left(\frac{\beta_0}{2} + \frac{\pi a}{\lambda_0}\cos\varphi\cdot\sin\vartheta\right)\right]}{\sin\left(\frac{\beta_0}{2} + \frac{\pi a}{\lambda_0}\cos\varphi\cdot\sin\vartheta\right)} \right|. \qquad (140)$$

Die B i l d e r 2.22 a–e zeigen Richtdiagramme der horizontalen Dipolzeile mit n vertikalen Dipolen.
Die vertikale Dipolzeile mit m Dipolen ist in B i l d 2.23 a dargestellt. Die horizontalen Einzeldipole haben eine Richtcharakteristik nach Gl. (88 a).
Führen die Einzeldipole Ströme gleicher Amplitude mit gleicher Phase, so erhält man für den Faktor V aus Gl. (125) und $\beta = \frac{2\pi b}{\lambda_0}\cos\vartheta$:

$$V = \left| \frac{\sin\left(\frac{m\pi b}{\lambda_0}\cdot\cos\vartheta\right)}{\sin\left(\frac{\pi b}{\lambda_0}\cdot\cos\vartheta\right)} \right|. \qquad (141)$$

Die Richtcharakteristik der vertikalen Dipolzeile mit m Dipolen, die mit Strömen gleicher Amplitude und gleicher Phase gespeist werden, ist:

$$\frac{A}{A_0} = \sin\varphi\cdot V$$

oder $\frac{A}{A_0} = \sin\varphi \left| \frac{\sin\left(\frac{m\pi b}{\lambda_0}\cdot\cos\vartheta\right)}{\sin\left(\frac{\pi b}{\lambda_0}\cdot\cos\vartheta\right)} \right|.$ (142)

◄ Bild 2.22 a–c) Horizontale Richtdiagramme der horizontalen Dipolzeile aus n vertikalen Dipolen, die phasenverschoben mit Strömen gleicher Amplitude gespeist werden. Bild 2.22c zeigt das Horizontaldiagramm eines „Längsstrahlers". Eine Dipolzeile wirkt dann als Längsstrahler, wenn die Phase des Stromes im jeweiligen Einzeldipol der Phase einer gedachten Freiraumwelle, die mit Lichtgeschwindigkeit in der Hauptstrahlrichtung entlang der Dipolzeile laufe, am Ort des jeweils betrachteten Dipols entspricht. Ist β_0 die Phasendifferenz zwischen den Strömen in benachbarten Einzeldipolen und a der Abstand der Dipole, so ist die „Längsstrahlerbedingung" erfüllt für: $\beta_0 = \frac{2\pi a}{\lambda_0}$. d–e) Horizontales und vertikales Richtdiagramm der horizontalen Dipolzeile aus $n = 8$ vertikalen Dipolen, die mit Strömen gleicher Amplitude so phasenverschoben gespeist werden, daß die Antennenkombination als Längsstrahler wirkt

a) $\vartheta = 0°$

b) $m = 8$, $\dfrac{b}{\lambda_0} = 0{,}5$, $\beta_0 = 0°$

c) $m = 6$, $\dfrac{b}{\lambda_0} = 0{,}25$, $\beta_0 = 90°$
"Längsstrahler"

d) $m = 6$, $\dfrac{b}{\lambda_0} = 0{,}125$, $\beta_0 = -45°$

e) $m = 6$, $\dfrac{b}{\lambda_0} = 0{,}5$, $\beta_0 = 180°$

Bild 2.23 a) Vertikale Dipolzeile. b–e) Vertikale Richtdiagramme der vertiaklen Dipolzeile, deren Dipole mit Strömen gleicher Amplitude gleichphasig (Bild 2.23b) oder phasenverschoben gespeist werden. Die Bilder zeigen auch die horizontalen Richtdiagramme der horizontalen Dipolzeile aus vertikalen Dipolen, wenn man in den Bildern unter Berücksichtigung der entgegengesetzten Winkelzählrichtung ϑ durch φ, m durch n und b durch a ersetzt

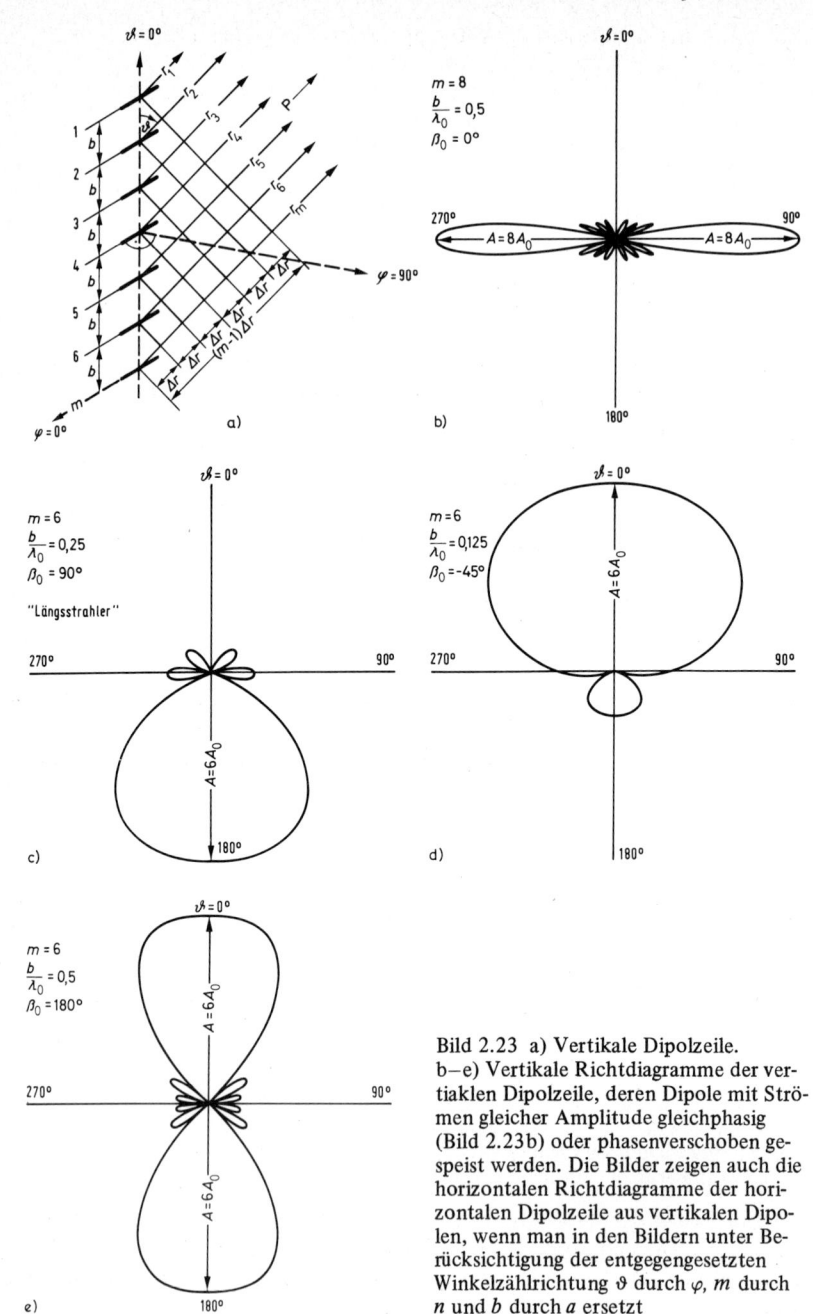

2.4. Dipolspalte und Dipolzeile mit mehr als zwei Dipolen

Bei um β_0 phasenverschobener Speisung der Einzeldipole erhält man wie bei Gl. (130):

$$\underbrace{\frac{A}{A_0} = \sin\varphi}_{\text{Einzeldipol}} \cdot \underbrace{\left| \frac{\sin\left[n\left(\frac{\beta_0}{2} + \frac{\pi b}{\lambda_0}\cos\vartheta\right)\right]}{\sin\left(\frac{\beta_0}{2} + \frac{\pi b}{\lambda_0}\cos\vartheta\right)} \right|}_{\text{Gruppencharakteristik}}. \qquad (143)$$

Die horizontale Richtcharakteristik der vertikalen Dipolzeile mit gleichphasig gespeisten Dipolen erhält man für die Ebene $\vartheta = \pm 90°$ aus (142):

$$\frac{A}{A_0} = \sin\varphi \cdot \frac{0}{0}.$$

Eine Grenzwertbetrachtung nach DE L'HOSPITAL ergibt

$$\lim_{\vartheta \to 90°}\left(\frac{A}{A_0}\right) = m \cdot \sin\varphi. \qquad (144)$$

Dies ist die mit der Anzahl der Einzeldipole multiplizierte Richtcharakteristik des horizontalen Einzeldipols.

Die vertikale Richtcharakteristik der vertikalen Dipolzeile ist bei gleichphasiger Speisung der Einzeldipole für die Ebene $\varphi = 90°$:

$$\frac{A}{A_0} = \left| \frac{\sin\left(\frac{m\pi b}{\lambda_0}\cdot\cos\vartheta\right)}{\sin\left(\frac{\pi b}{\lambda_0}\cos\vartheta\right)} \right|. \qquad (145)$$

Für $\vartheta = 90°$ ergibt sich aus einer Grenzwertbetrachtung für Gl. (145):

$$\lim_{\vartheta \to 90°}\left(\frac{A}{A_0}\right) = m.$$

Dies ist der Maximalwert der vertikalen Richtcharakteristik.

Die in den B i l d e r n 2.23 b–e gezeigten Richtdiagramme sind Auswertungs-Beispiele der Richtcharakteristik der vertikalen Dipolzeile Gl. (142) bzw. Gl. (143). Vergleicht man das Richtdiagramm Bild 2.23b mit dem von Bild 2.22a, so erkennt man, daß sich das Richtdiagramm bei Drehung der Antenne mitdreht.

84 2. Kombinationen von Dipolantennen

Erweitert man die Bilder 2.6a, b zu einer horizontalen Dipolzeile mit n horizontalen Dipolen, so kommt man zu der in B i l d 2.24 gezeigten Anordnung. Speist man die Einzeldipole mit Strömen gleicher Amplitude aber um jeweils

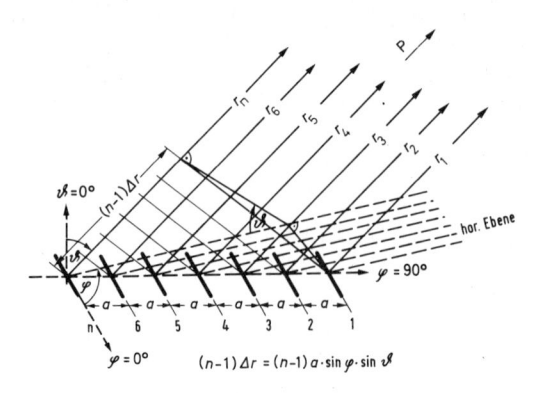

Bild 2.24 Horizontale Dipolzeile aus horizontalen Dipolen

β_0 phasenverschoben, so erhält man mit den Gln. (125) und (88a) die Richtcharakteristik der horizontalen Dipolzeile mit n horizontalen Dipolen:

$$\frac{A}{A_0} = \sin\varphi \left| \frac{\sin\left[n\left(\frac{\beta_0}{2} + \frac{\pi a}{\lambda_0}\sin\varphi \cdot \sin\vartheta\right)\right]}{\sin\left(\frac{\beta_0}{2} + \frac{\pi a}{\lambda_0}\sin\varphi \cdot \sin\vartheta\right)} \right|. \qquad (146)$$

Für das Vorzeichen von β_0 gilt das in Abschnitt 2.2. Gesagte.
Die B i l d e r 2.25a–f zeigen als Beispiele Richtdiagramme der horizontalen Dipolzeile nach Gl. (146).

2.4.3. Kombination von Dipolspalten und Dipolzeilen zur Dipolwand

Dipolwände werden im Kurzwellen- und im UKW-Bereich eingesetzt, wenn besonders hohe Bündelung der Strahlung gefordert wird. Hier sollen als Beispiele die Ausdrücke für die Richtcharakteristiken zweier einfacher Dipolwände aufgestellt werden. (Weiterführende Literatur [11], [18], [19].)
B i l d 2.26 zeigt eine Dipolwand aus vertikalen Dipolen, in B i l d 2.27 ist eine Dipolwand aus horizontalen Dipolen dargestellt.
Die vertikalen Einzeldipole der Dipolwand nach Bild 2.26 seien mit Strömen gleicher Amplitude und gleicher Phase gespeist. Man erhält die Richtcharakteristik der Dipolwand durch Multiplikation der Ausdrücke für die Richtcharakteristik der Einzelantenne mit den Gruppencharakteristiken von Dipolzeile und

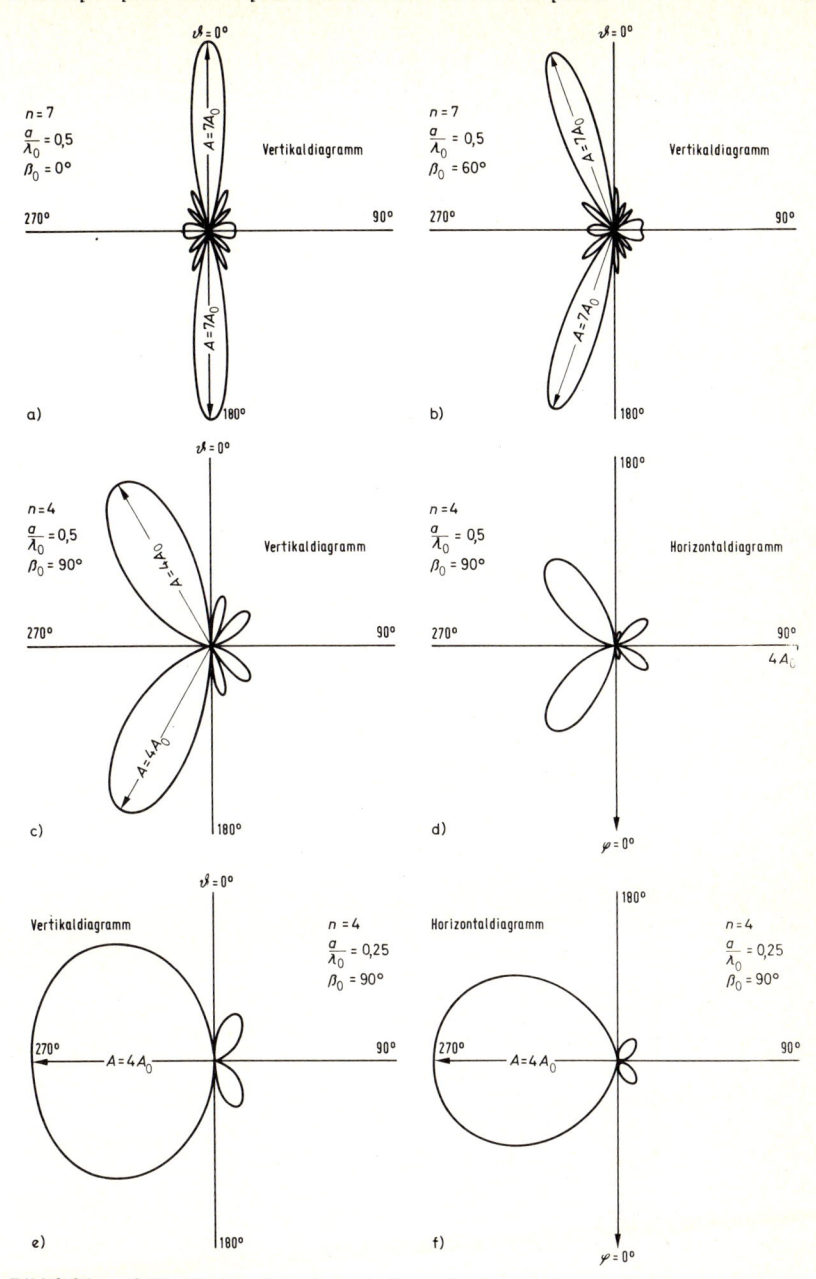

2.4. Dipolspalte und Dipolzeile mit mehr als zwei Dipolen 85

Bild 2.25 a–f) Vertikale und horizontale Richtdiagramme der horizontalen Dipolzeile aus n horizontalen Dipolen

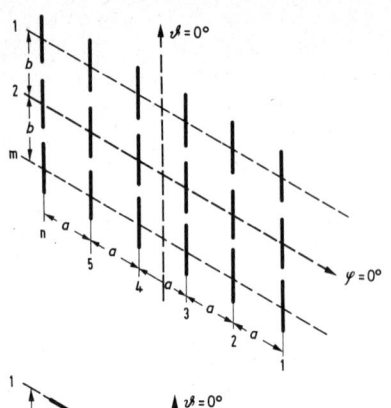

Bild 2.26 Dipolwand aus $n \cdot m$ vertikalen Dipolen

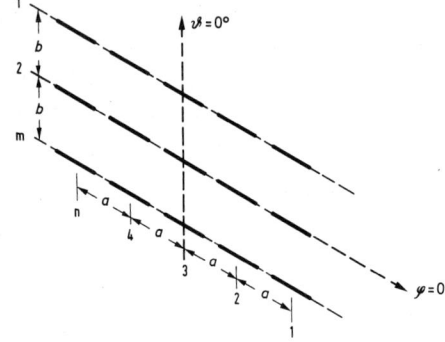

Bild 2.27 Dipolwand aus $n \cdot m$ horizontalen Dipolen

Dipolspalte, aus denen sich die Dipolwand zusammensetzt: „Prinzip der Multiplikation der Richtcharakteristiken" [6, S. 66].

Dieses Prinzip besagt etwas vereinfacht: Die Richtcharakteristik einer Richtantenne aus Einzelantennen mit Einzelcharakteristiken, die in dieselbe Richtung orientiert sind, ist gleich dem Produkt aus der Richtcharakteristik der Einzelantenne und den Gruppencharakteristiken der Antennenanordnungen, aus denen die Richtantenne aufgebaut ist.

Hier werden der Ausdruck für die Richtcharakteristik des vertikalen Einzeldipols Gl. (77) mit der Gruppencharakteristik der vertikalen Dipolspalte Gl. (126) und der Gruppencharakteristik der horizontalen Dipolzeile aus Gl. (136) multipliziert. Man erhält für die Richtcharakteristik der Dipolwand aus vertikalen Dipolen nach Bild 2.26:

$$\frac{A}{A_0} = \sin \vartheta \left| \frac{\sin\left(\dfrac{m\pi b}{\lambda_0} \cdot \cos \vartheta\right)}{\sin\left(\dfrac{\pi b}{\lambda_0} \cdot \cos \vartheta\right)} \right| \cdot \left| \frac{\sin\left(\dfrac{n\pi a}{\lambda_0} \cdot \cos \varphi \cdot \sin \vartheta\right)}{\sin\left(\dfrac{\pi a}{\lambda_0} \cdot \cos \varphi \cdot \sin \vartheta\right)} \right| . \quad (147)$$

2.4. Dipolspalte und Dipolzeile mit mehr als zwei Dipolen

Speist man die Einzeldipole mit Strömen gleicher Amplituden aber gegeneinander phasenverschoben, so sind die Ausdrücke aus den Gln. (130) und (140) in Gl. (147) zu verwenden. Man kann bei phasenverschobener Speisung der Einzeldipole der Dipolwand deren Richtdiagramm gegenüber der $\varphi = 90°$-Richtung schwenken. Eine Schwenkung ist auch möglich, wenn die Dipole einer Dipolwandhälfte phasenverschoben gegenüber den Dipolen der anderen Hälfte gespeist werden [11, S. 417].

Für eine Dipolwand aus horizontalen Einzeldipolen nach Bild 2.27 erhält man analog zu Gl. (147) aus den Gln. (88a), (131) und (141) die Richtcharakteristik:

$$\frac{A}{A_0} = \underbrace{|\sin \varphi|}_{\text{Einzeldipol}} \cdot \underbrace{\left|\frac{\sin\left(\frac{n\pi a}{\lambda_0} \cdot \cos\varphi \cdot \sin\vartheta\right)}{\sin\left(\frac{\pi a}{\lambda_0} \cdot \cos\varphi \cdot \sin\vartheta\right)}\right|}_{\text{Hor. Dipolspalte aus } n \text{ Dipolen}} \cdot \underbrace{\left|\frac{\sin\left(\frac{m\pi b}{\lambda_0} \cdot \cos\vartheta\right)}{\sin\left(\frac{\pi b}{\lambda_0} \cdot \cos\vartheta\right)}\right|}_{\text{Vert. Dipolzeile aus } m \text{ Dipolen}}. \quad (148)$$

Aus Gl. (147) erhält man für die $\varphi = 90°$; $(270°)$-Ebene das vertikale Richtdiagramm aus:

$$\frac{A}{A_0} = |\sin\vartheta| \left|\frac{\sin\left(\frac{m\pi b}{\lambda_0} \cdot \cos\vartheta\right)}{\sin\left(\frac{\pi b}{\lambda_0} \cdot \cos\vartheta\right)}\right| \cdot \left|\frac{\sin\left(\frac{n\pi a}{\lambda_0} \cdot 0 \cdot \sin\vartheta\right)}{\sin\left(\frac{\pi a}{\lambda_0} \cdot 0 \cdot \sin\vartheta\right)}\right|. \quad (149)$$

Aus der Grenzwertbetrachtung ergibt sich das vertikale Richtdiagramm der Dipolwand nach Bild 2.26 in der $\varphi = \pm 90°$-Ebene aus:

$$\lim_{\varphi \to 90°} \frac{A}{A_0} = |\sin\vartheta| \left|\frac{\sin\left(\frac{m\pi b}{\lambda_0} \cdot \cos\vartheta\right)}{\sin\left(\frac{\pi b}{\lambda_0} \cdot \cos\vartheta\right)}\right| \cdot n. \quad (150)$$

Nach einer Grenzwertbetrachtung für die $\vartheta = \pm 90°$-Ebene erhält man aus Gl. (147) die horizontale Richtcharakteristik der Dipolwand:

$$\lim_{\vartheta \to 90°} \frac{A}{A_0} = m \cdot \left|\frac{\sin\left(\frac{n\pi a}{\lambda_0} \cdot \cos\varphi\right)}{\sin\left(\frac{\pi a}{\lambda_0} \cdot \cos\varphi\right)}\right|. \quad (151)$$

Für $\varphi = 90°$ (270°) und $\vartheta = 90°$ (270°) erhält man den Maximalwert der Feldstärke des Richtdiagramms der Dipolwand zu:

$$\frac{A}{A_0} = m \cdot n. \tag{152}$$

Die maximal erreichbare Feldstärke ist also $m \cdot n$-mal so groß wie die Feldstärke A_0, die ein Dipol in P hervorrufen kann.

Aus Gl. (148) erhält man auf gleiche Weise für die $\varphi = 90°$ (270°)-Ebene das vertikale Richtdiagramm der Dipolwand aus horizontalen Dipolen nach Bild 2.27 aus:

$$\lim_{\varphi \to 90°} \frac{A}{A_0} = n \cdot \left| \frac{\sin\left(\frac{m\pi b}{\lambda_0} \cdot \cos \vartheta\right)}{\sin\left(\frac{\pi b}{\lambda_0} \cdot \cos \vartheta\right)} \right|. \tag{153}$$

Das horizontale Richtdiagramm ergibt sich für die $\vartheta = 90°$ (270°)-Ebene aus:

$$\lim_{\vartheta \to 90°} \frac{A}{A_0} = \sin \varphi \cdot \left| \frac{\sin\left(\frac{n\pi a}{\lambda_0} \cdot \cos \varphi\right)}{\sin\left(\frac{\pi a}{\lambda_0} \cdot \cos \varphi\right)} \right| \cdot m. \tag{154}$$

Die maximale Feldstärke tritt in den Richtungen $\varphi = 90°$ (270°) und $\vartheta = 90°$ (270°) auf und ist wie bei Gl. (152):

$$\frac{A}{A_0} = m \cdot n. \tag{155}$$

Die B i l d e r 2.28a–d zeigen Richtdiagramme der Dipolwände nach Bild 2.26 und Bild 2.27.

Aus diesen Richtdiagrammen sieht man, daß bei gleichphasiger Speisung der Einzeldipole der Dipolwand die Hauptstrahlrichtungen senkrecht zu den Dipolwänden nach beiden Seiten gerichtet sind. Benötigt man nur eine Abstrahlrichtung, so bringt man hinter der Dipolwand eine gleichartig aus $m \cdot n$ Dipolen aufgebaute Reflektorwand an. Auch hier gilt das Prinzip von der Multiplikation der Ausdrücke für die Richtcharakteristik des Einzeldipols und der Gruppencharakteristiken der Elemente der nun dreidimensionalen Antennenanordnung [6, S. 66].

Wendet man dieses Prinzip auf die in B i l d 2.29 dargestellte Dipolwand mit Reflektoren an, so muß zu Gl. (147) noch der Faktor der Gruppencharakteristik einer horizontalen Dipolzeile aus zwei Dipolen (dem „Reflektordipol"

2.4. Dipolspalte und Dipolzeile mit mehr als zwei Dipolen

a)
$m = 4$
$n = 4$
$\frac{a}{\lambda_0} = \frac{1}{2}$
$\frac{b}{\lambda_0} = \frac{1}{2}$
$\beta_0 = 0°$
$\vartheta = 90°$-Ebene
$A = 16 A_0$

Horizontaldiagramm

b)
$m = 4$
$n = 4$
$\frac{a}{\lambda_0} = \frac{1}{2}$
$\frac{b}{\lambda_0} = \frac{1}{2}$
$\beta_0 = 0°$
$\varphi = 90°$-Ebene

Vertikaldiagramm

$A = 16 A_0$

c)
$m = 3$
$n = 4$
$\frac{a}{\lambda_0} = \frac{1}{2}$
$\frac{b}{\lambda_0} = \frac{1}{2}$
$\beta_0 = 0°$
$\vartheta = 90°$-Ebene
$A = 12 A_0$

Horizontaldiagramm

d)
$m = 3$ $\beta_0 = 0°$
$n = 4$
$\frac{a}{\lambda_0} = \frac{1}{2}$
$\frac{b}{\lambda_0} = \frac{1}{2}$
$\varphi = 90°$-Ebene

Vertikaldiagramm

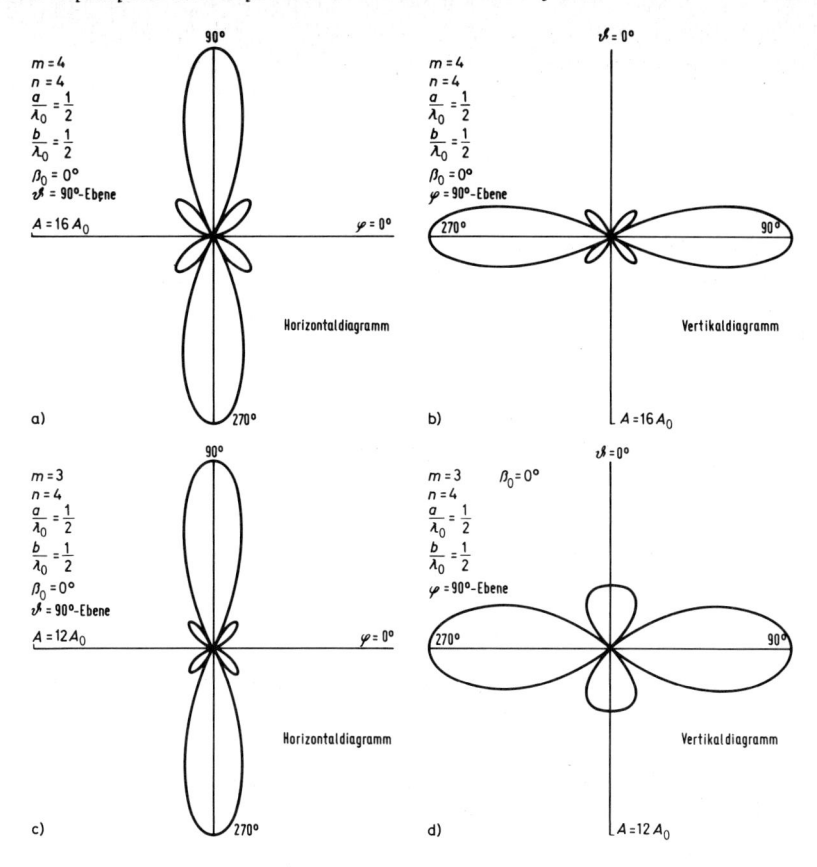

$A = 12 A_0$

Bild 2.28 a) Dipolwand aus gleichphasig gespeisten Vertikaldipolen (Horizontaldiagramm). b) Dipolwand aus gleichphasig gespeisten Vertikaldipolen (Vertikaldiagramm). c) Dipolwand aus gleichphasig gespeisten Horizontaldipolen (Horizontaldiagramm). d) Vertikaldiagramm

Bild 2.29 Dipolwand aus vertikalen Dipolen mit Reflektoren

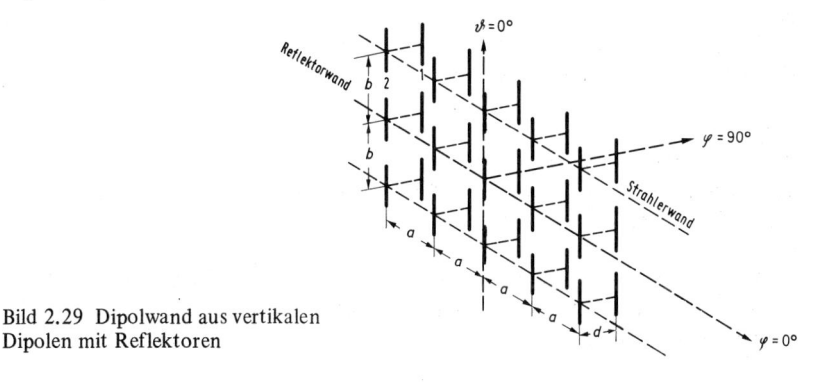

und dem „Strahlerdipol") hinzugefügt werden. Dieser Faktor wird oft *Reflektorfaktor R* genannt. Der Reflektorfaktor wurde bereits in den Gln. (83) und (101) abgeleitet. Weil aber in Bild 2.29 die Reflektordipole in der $\varphi = -90°$-Richtung hinter den Strahlerdipolen liegen, ist im Reflektorfaktor nach den Gln. (83) und (101) wegen der 90°-Drehung (vergl. Bild 2.10a) an Stelle von $\cos \varphi$ nun $\sin \varphi$ zu schreiben. Die Richtcharakteristik der Dipolwand aus vertikalen Dipolen mit Reflektoren nach Bild 2.29 ergibt sich aus:

$$\underbrace{\frac{A}{A_0} = \sin \vartheta}_{\text{Einzeldipol}} \cdot \underbrace{\left| \frac{\sin\left(\dfrac{m\pi b}{\lambda_0} \cdot \cos \vartheta\right)}{\sin\left(\dfrac{\pi b}{\lambda_0} \cdot \cos \vartheta\right)} \right|}_{m \text{ Elemente übereinander}} \cdot \underbrace{\left| \frac{\sin\left(\dfrac{n\pi a}{\lambda_0} \cdot \cos \varphi \cdot \sin \vartheta\right)}{\sin\left(\dfrac{\pi a}{\lambda_0} \cdot \cos \varphi \cdot \sin \vartheta\right)} \right|}_{n \text{ Elemente nebeneinander}} \times$$

$$\times \underbrace{\left| 2 \cos\left(\frac{\beta_0}{2} + \frac{\pi d}{\lambda_0} \sin \varphi \sin \vartheta\right) \right|}_{\text{Reflektorfaktor}}. \qquad (157)$$

Günstigste Richtwirkung erhält man bei der Dipolzeile aus zwei Dipolen, wenn diese den Abstand $\dfrac{d}{\lambda_0} = 0{,}25$ haben und Ströme gleicher Amplitude führen, die eine Phasenverschiebung von $\beta_0 = 90°$ haben (vergl. auch Bild 2.10b). Der Reflektordipol (2) in Bild 2.29 muß einen um $\beta_0 = -90°$ voreilenden Strom gegenüber dem Strom im Strahlerdipol (1) führen. Damit kann man den Reflektorfaktor schreiben:

$$R = \left| 2 \cdot \cos\left[\frac{\pi}{4} \cdot (-1 + \sin \varphi \cdot \sin \vartheta)\right] \right|. \qquad (157a)$$

Eine Speisung der Dipole der Reflektorwand ist nicht unbedingt erforderlich, da sie im Strahlungsfeld der Strahlerdipole bei einem Abstand von $\dfrac{d}{\lambda_0} = 0{,}25$ etwa mit der richtigen Phasendifferenz erregt werden.

Die B i l d e r 2.30a–b zeigen Richtdiagramme einer Dipolwand mit Reflektoren nach Bild 2.29.

Stattet man eine Dipolwand mit horizontalen Dipolen nach Bild 2.27 mit einer gleichartigen Reflektorwand aus horizontalen Dipolen im Abstand d (B i l d 2.31) aus, so muß Gl. (148) noch um den „Reflektorfaktor" erweitert werden.

2.4. Dipolspalte und Dipolzeile mit mehr als zwei Dipolen

$m = 6$
$n = 6$
$\frac{a}{\lambda_0} = 0{,}25$
$\frac{b}{\lambda_0} = 0{,}25$
$\frac{d}{\lambda_0} = 0{,}25$
$A = 72\, A_0$
$\beta_0 = -90°$

Horizontaldiagramm
$\vartheta = \pm 90°$-Ebene

$m = 6$
$n = 6$
$\frac{a}{\lambda_0} = 0{,}25$
$\frac{b}{\lambda_0} = 0{,}25$
$\frac{d}{\lambda_0} = 0{,}25$
$A = 72\, A_0$
$\beta_0 = -90°$

Vertikaldiagramm
$\varphi = 90°$-Ebene

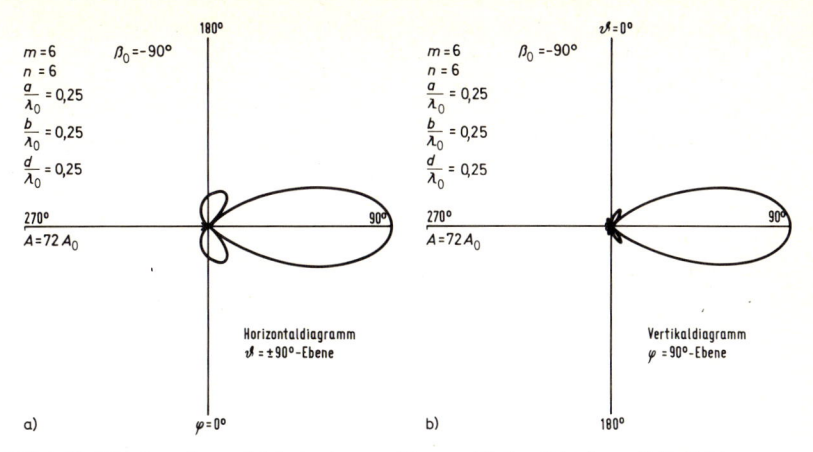

a)   b)

Bild 2.30 Dipolwand aus gleichphasig gespeisten vertikalen Dipolen mit Reflektoren, die um $\beta_0 = -90°$ phasenverschoben gespeist werden. a) Horizontaldiagramm, b) Vertikaldiagramm

Der Reflektorfaktor entspricht der Gruppencharakteristik der horizontalen Dipolzeile aus zwei horizontalen Dipolen Gl. (113), wobei an Stelle von a der Abstand d zu setzen ist. Man erhält dann die Richtcharakteristik der Dipolwand aus horizontalen Dipolen mit Reflektoren:

$$\frac{A}{A_0} = \sin\varphi \left| \frac{\sin\left(\dfrac{n\pi a}{\lambda_0} \cdot \cos\varphi \cdot \sin\vartheta\right)}{\sin\left(\dfrac{\pi a}{\lambda_0} \cdot \cos\varphi \cdot \sin\vartheta\right)} \right|$$

$$\cdot \left| \frac{\sin\left(\dfrac{m\pi b}{\lambda_0} \cdot \cos\vartheta\right)}{\sin\left(\dfrac{\pi b}{\lambda_0} \cdot \cos\vartheta\right)} \right| \cdot \left| 2 \cdot \cos\left(\frac{\beta_0}{2} + \frac{\pi d}{\lambda_0} \sin\varphi \sin\vartheta\right) \right|.$$
(158)

Bei analogem Aufbau der vertikalen und horizontalen Dipolwände mit Reflektoren (vergl. Bild 2.29 und Bild 2.31) ist das horizontale Richtdiagramm der Dipolwand nach Bild 2.29 gleich dem vertikalen Richtdiagramm der Dipolwand nach Bild 2.31. Ebenso ist das horizontale Richtdiagramm der Dipolwand nach Bild 2.31 gleich dem vertikalen Richtdiagramm der Dipolwand nach Bild 2.29. In den Bildern 2.30a–b muß man dabei nur die Winkel φ und ϑ entsprechend vertauschen.

Bild 2.31 Dipolwand aus horizontalen Dipolen mit Reflektoren

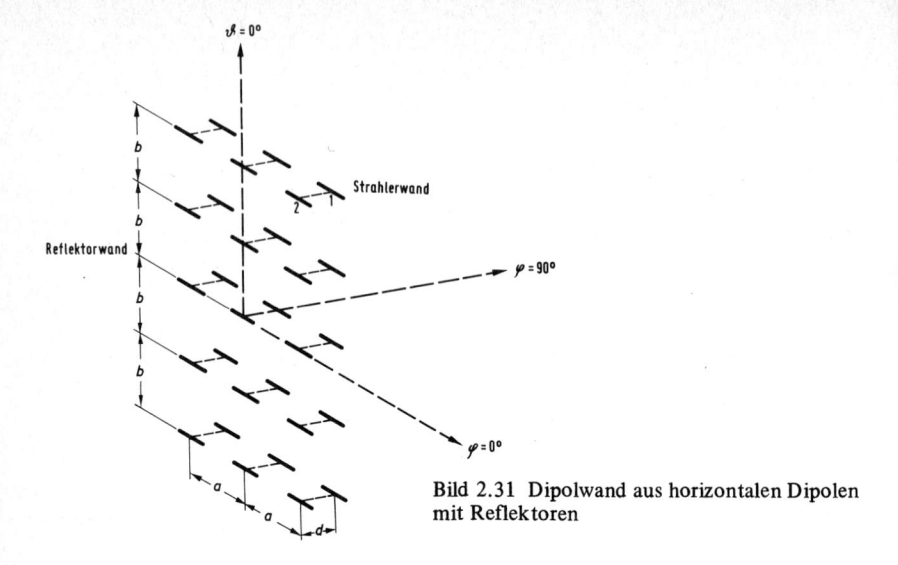

2.4.4. Dipolgerade

Man kann sich vorstellen, daß die in Abschnitt 2.4.2. behandelte horizontale Dipolzeile bei hohen Frequenzen aus sehr vielen sehr kleinen Dipolen aufgebaut werden kann, so daß sich eine mit Dipolen belegte Fläche der Breite a und der Höhe dy ergibt, wie es in B i l d 2.32 dargestellt ist. Dabei ist dy ein sehr kleiner Wert. Eine solche Anordnung wird auch *Dipolgerade* genannt.

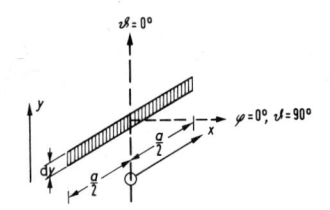

Bild 2.32 Horizontale Dipolzeile aus infinitesimalen Dipolen (Dipolgerade)

Die Dipole der in Bild 2.32 gezeichneten, mit infinitesimalen Dipolen belegten Dipolzeile sollen vorerst Ströme gleicher Amplitude und gleicher Phase führen.
B i l d 2.33 zeigt die Dipolzeile in der Horizontalebene $\vartheta = \pm 90°$. Aus Bild 2.33 findet man den Wegunterschied $\Delta r(x)$ der Wellen, die vom Dipol an der Stelle $x = 0$ und vom Dipol an der Stelle x ausgehen, beim Eintreffen im Aufpunkt P:

$$\Delta r(x) = x \cdot \sin\varphi. \tag{159}$$

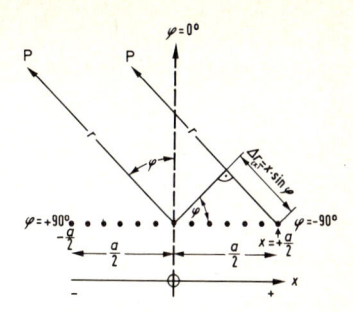

2.4. Dipolspalte und Dipolzeile mit mehr als zwei Dipolen

Bild 2.33 Dipolgerade in der Horizontalebene $\vartheta = \pm 90°$

Damit wird die für die Richtwirkung der Dipolgeraden wichtige Phasenverschiebung der Wellen in P:

$$\beta(x) = \frac{2\pi \, \Delta r(x)}{\lambda_0}$$

oder $\beta(x) = \dfrac{2\pi}{\lambda_0} \cdot x \cdot \sin\varphi.$ \hfill (159a)

Jeder vertikale Dipol der betrachteten horizontalen Dipolzeile erzeugt im Fernfeld ein Feld mit der sehr kleinen Amplitude $d\underline{A}$. (Ein kleiner Dipol strahlt auch nur sehr wenig Energie ab.) Nach Gl. (77) wird:

$$d\underline{A} = d\underline{A}_0 \sin\vartheta. \hspace{2cm} (160)$$

Da jeder infinitesimale Dipol einen anderen Wegunterschied zum Aufpunkt P hat, kommen die von den Dipolen abgestrahlten Wellen phasenverschoben in P an. Die Addition der Einzelfeldvektoren liefert die Gesamtfeldstärke in P. $d\underline{A}_0$ ist eine konstante Größe, die dem Strombelag S^* der Antenne proportional ist. Man kann deshalb für eine jeweils gleiche Strecke dx auf der Dipolzeile setzen:

$$dA_0 \sim S^* \cdot dx.$$

Mit dem Proportionalitätsfaktor k, der auch die vertikale Ausdehnung dy der infinitesimalen Dipole enthalten soll, wird:

$$dA_0 = k \cdot S^* \cdot dx. \hspace{2cm} (161)$$

dA_0 ist der Maximalwert der Feldstärke der Welle des infinitesimalen Dipols, die in Richtung $\vartheta = \pm 90°$ (Horizontalebene) ausgestrahlt wird und im Abstand r vom Dipol im Aufpunkt ankommt.

Von einem Dipol an der Stelle x wird in P ein Feldanteil

$$d\underline{A}(x) = dA_0 \, e^{j\beta(x)} \sin\vartheta$$

erzeugt. Oder mit Gl. (161):

$$d\underline{A}(x) = k \cdot S^* \cdot \sin\vartheta \cdot e^{j\frac{2\pi}{\lambda_0} \cdot x \cdot \sin\varphi} dx. \tag{162}$$

Bei der Berechnung des Horizontaldiagramms wird wegen $\vartheta = 90°$ sin $\vartheta = 1$. Die von der horizontalen Dipolzeile aus infinitesimalen Dipolen erzeugte Summenfeldstärke in einem Punkt P der Horizontalebene ergibt sich nun aus:

$$\underline{A} = \int_{-\frac{a}{2}}^{+\frac{a}{2}} d\underline{A} \quad \text{oder} \quad \underline{A} = k \cdot S^* \int_{-\frac{a}{2}}^{+\frac{a}{2}} e^{j\frac{2\pi}{\lambda_0} \cdot x \cdot \sin\varphi} dx. \tag{163}$$

Aus (163) erhält man

$$\underline{A} = k \cdot S^* \cdot \frac{1}{j\frac{2\pi}{\lambda_0} \cdot \sin\varphi} \cdot e^{j\frac{2\pi}{\lambda_0} \cdot x \cdot \sin\varphi} \Bigg|_{-\frac{a}{2}}^{+\frac{a}{2}}$$

und $\underline{A} = k \cdot S^* \cdot \dfrac{1}{j\frac{2\pi}{\lambda_0} \cdot \sin\varphi} \left(e^{j\frac{2\pi}{\lambda_0} \cdot \frac{a}{2} \cdot \sin\varphi} - e^{-j\frac{2\pi}{\lambda_0} \cdot \frac{a}{2} \cdot \sin\varphi} \right)$

daraus

$$\underline{A} = k \cdot S^* \cdot \frac{1}{j\frac{2\pi}{\lambda_0} \cdot \sin\varphi} \cdot 2 \cdot j \cdot \sin\left(\frac{2\pi}{\lambda_0} \cdot \frac{a}{2} \cdot \sin\varphi\right)$$

und endlich

$$A = k \cdot S^* \cdot a \left| \frac{\sin\left(\frac{\pi a}{\lambda_0} \cdot \sin\varphi\right)}{\frac{\pi a}{\lambda_0} \cdot \sin\varphi} \right|. \tag{164}$$

In Gl. (164) ist $k \cdot S^* \cdot a$ der Maximalwert der Feldstärke, der in der Richtung $\varphi = 0°$ im Abstand r von der Dipolgeraden auftritt. Darin sind die Feldstärken der Wellenfelder aller infinitesimalen Dipole der Dipolgeraden (Bild 2.32) enthalten. Deshalb setzen wir hier

$$A_0 = k \cdot S^* \cdot a. \tag{165}$$

2.4. Dipolspalte und Dipolzeile mit mehr als zwei Dipolen

Mit Gl. (165) in Gl. (164) erhält man:

$$\frac{A}{A_0} = \left| \frac{\sin\left(\frac{\pi a}{\lambda_0} \cdot \sin\varphi\right)}{\frac{\pi a}{\lambda_0} \cdot \sin\varphi} \right| = \left| \frac{\sin z}{z} \right|. \tag{166}$$

Die horizontale Richtcharaktersitik der Dipolzeile aus infinitesimalen Dipolen (Dipolgerade) ist nach Gl. (166) durch die in B i l d 2.34 dargestellte Funktion $\frac{\sin z}{z}$ gegeben.

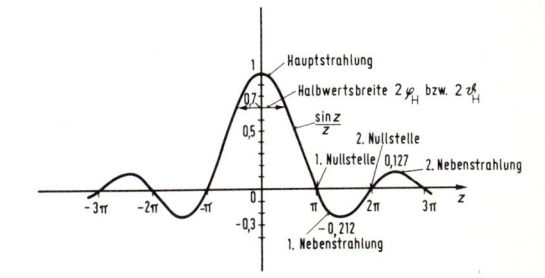

Bild 2.34 Funktion $\frac{\sin z}{z}$

In Gl. (166) ist

$$z = \frac{\pi a}{\lambda_0} \sin\varphi. \tag{167}$$

In den B i l d e r n 2.35 a–c sind die horizontalen Richtdiagramme der Dipolgeraden nach Bild 2.32 gezeigt. Dabei ist vorausgesetzt, daß alle Elementardipole der Dipolgeraden Ströme gleicher Amplitude und Phase führen. Die Richtdiagramme erhält man durch punktweise Berechnung nach Gl. (166) oder durch Abgreifen der Werte für $z = f(\varphi)$ aus Bild 2.34.

Die Richtdiagramme in den Bildern 2.35 a–c haben bei $\varphi = 0°$ und $\varphi = 180°$ ihren Maximalwert. Eine Grenzwertbetrachtung ergibt für diese Winkel aus Gl. (166):

$$\frac{A}{A_0} = 1.$$

Dies sind die Hauptstrahlrichtungen der Antenne.

Ein wichtiger Wert des Richtdiagramms der Antenne ist die *Halbwertsbreite* der Hauptstrahlung für die die Winkel $2\varphi_H$ für das Horizontaldiagramm (bzw. $2\vartheta_H$ für das Vertikaldiagramm) eingeführt seien (Bilder 2.35). Für die Rich-

96 2. Kombinationen von Dipolantennen

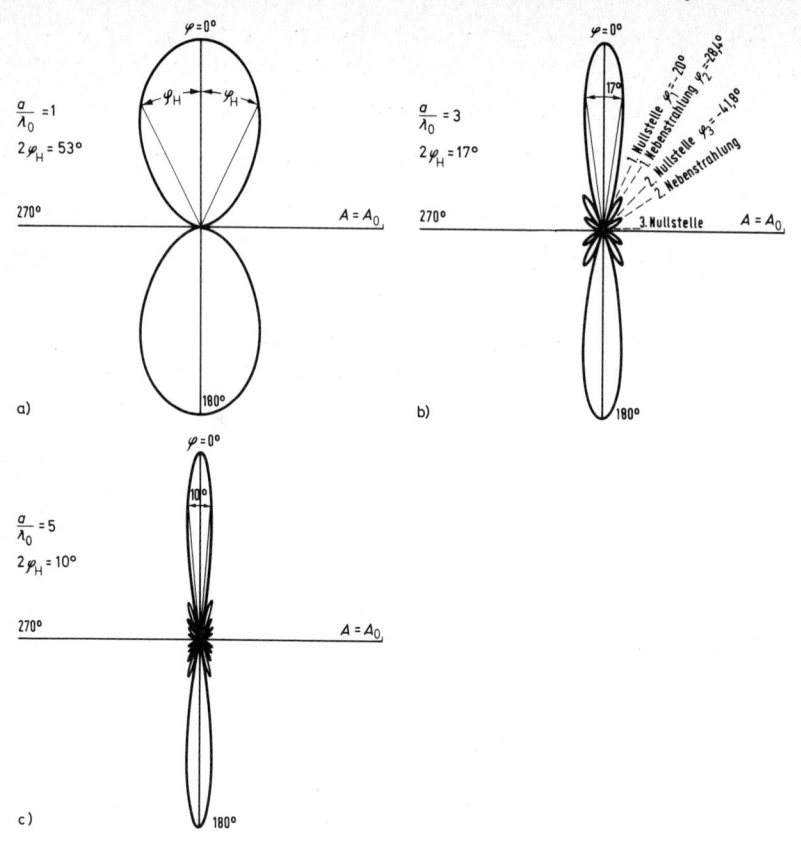

Bild 2.35 a–c) Horizontale Richtdiagramme der Dipolgeraden mit konstantem Strombelag

tungen der Halbwertsbreite sind die Feldstärken auf den Wert $\frac{1}{\sqrt{2}}$ ihres Maximalwertes in der Hauptstrahlrichtung abgesunken: $\frac{A}{A_0} = \frac{1}{\sqrt{2}}$. Aus Gl. (72) sieht man, daß dabei die Strahlungsdichte auf die Hälfte der Strahlungsdichte in der Hauptstrahlrichtung abgesunken ist.

Richtantennen werden in der Praxis meist durch die Angaben von 2 φ_H, 2 ϑ_H und das Verhältnis der größten Nebenstrahlung zur Hauptstrahlung beschrieben.

Aus den in den Bildern 2.35 a–c gezeigten Richtdiagrammen der Dipolgeraden kann man ein Grundgesetz der Antennentechnik erkennen: Mit steigender Zahl der Antennen einer Antennenzeile (dies entspricht hier einer steigen-

2.4. Dipolspalte und Dipolzeile mit mehr als zwei Dipolen

den Breite a der Dipolgeraden) wird die Halbwertsbreite kleiner, d. h. die Richtwirkung der Antenne wird besser. Bei einer Antennenzeile darf der Dipolabstand aber nicht größer als $\frac{\lambda_0}{2}$ sein, weil sonst die Nebenausstrahlungen ansteigen und die Größe der Hauptstrahlung erreichen können (vergl. dazu Bilder 2.4a und 2.4b).

Man kann das Grundgesetz auch anders ausdrücken: Die Halbwertsbreite einer Antenne ist etwa proportional zu $\frac{1}{\frac{a}{\lambda_0}}$ oder zu $\frac{c_0}{a \cdot f}$: Die Halbwertsbreite ist umgekehrt proportional zur Frequenz und zur Antennenbreite.

Aus Bild 2.34 kann man bei den Punkten der Halbwertsbreite ablesen:

$$z = 0{,}44\,\pi$$

oder mit Gl. (167) wird

$$\sin \varphi_H = 0{,}44\,\frac{\lambda_0}{a}\,. \tag{168}$$

Für die Richtdiagramme in den Bildern 2.35a–c erhält man:

Bild 2.35a: $\quad \frac{a}{\lambda_0} = 1 \quad\quad \sin \varphi_H = 0{,}44 \quad\quad 2\,\varphi_H = 53°$

Bild 2.35b: $\quad \frac{a}{\lambda_0} = 3 \quad\quad \sin \varphi_H = 0{,}147 \quad\quad 2\,\varphi_H = 17°$

Bild 2.35c: $\quad \frac{a}{\lambda_0} = 5 \quad\quad \sin \varphi_H = 0{,}088 \quad\quad 2\,\varphi_H = 10°$

Auch die Nullstellen des Richtdiagramms sind aus Bild 2.34 abzulesen: 1. Nullstelle bei

$$z = \frac{\pi a}{\lambda_0}\sin \varphi_1 = \pm\pi$$

oder $\sin \varphi_1 = \pm \frac{\lambda_0}{a}$ (169)

Für die Richtdiagramme der Bilder 2.35a–c erhält man dann erste Nullstellen:

Bild 2.35a: $\quad \frac{a}{\lambda_0} = 1 \quad\quad \varphi_1 = \pm 90°$

Bild 2.35b: $\dfrac{a}{\lambda_0} = 3$ $\varphi_1 = \pm 20°$

Bild 2.35c: $\dfrac{a}{\lambda_0} = 5$ $\varphi_1 = \pm 11{,}5°$.

Wenn $\dfrac{a}{\lambda} < 1$, d. h. $\dfrac{\lambda_0}{a} > 1$ ist, gibt es keine Nullstelle, denn $\sin \varphi_1$ muß $\leqq 1$ sein. Wenn $a = \lambda_0$ ist, gibt es keine Nebenausstrahlung, d. h. das Richtdiagramm hat neben den „Hauptstrahlkeulen" keine „Nebenzipfel". Bei $a > \lambda_0$ treten Nebenzipfel auf, weil für $\varphi > \varphi_1$ die Funktion in Bild 2.34 wieder ein Maximum durchläuft, das die 1. Nebenstrahlung darstellt.

Diese Nebenstrahlung hat einen Maximalwert von etwa $\dfrac{A}{A_0} = 0{,}21$ wie man aus Bild 2.34 entnehmen kann. Das Maximum der 1. Nebenstrahlung liegt bei $z = \pm 1{,}43 \pi$. Damit erhält man

$$\sin \varphi_2 = \pm 1{,}43 \dfrac{\lambda_0}{a}. \qquad (170)$$

Ist $\dfrac{a}{\lambda_0} \geqq 2$, so erhält man nach Bild 2.34 eine zweite Null-Richtung (Nullstelle) bei $\varphi = \varphi_3$. Dabei ist $z = \pm 2\pi$ und

$$\sin \varphi_3 = \pm 2 \dfrac{\lambda_0}{a}. \qquad (171)$$

Bei $\dfrac{a}{\lambda_0} = 3$ wird $\varphi_2 = \pm 28{,}46°$ und $\varphi_3 = \pm 41{,}8°$.

Bei $\dfrac{a}{\lambda_0} = 5$ wird $\varphi_2 = \pm 16{,}62°$ und $\varphi_3 = \pm 23{,}6°$.

Im Winkelbereich $\varphi > \varphi_3$ tritt nach Bild 2.34 eine weitere Nebenstrahlung mit einem Maximalwert $\dfrac{A}{A_0} = 0{,}13$ auf. Je größer a wird, desto größer wird die Zahl der Nebenzipfel und der Nullstellen des Richtdiagramms.

Aus Bild 2.34 kann man ablesen, daß die Nullrichtungen des Richtdiagramms bei $z = \pm n \cdot \pi$ liegen ($n = 1, 2, 3, 4, \ldots$). Zwischen zwei Nullrichtungen liegt stets eine Nebenstrahlung, deren Maximalwert $\dfrac{A}{A_0}$ aus Bild 2.34 abgelesen werden kann. Man sieht, daß die Amplituden der Nebenstrahlungen mit wachsendem n abnehmen.

Speist man die Elementardipole der Dipolgeraden mit Strömen gleicher Amplitude aber derart phasenverschoben, daß sich die Phase der Ströme pro-

2.4. Dipolspalte und Dipolzeile mit mehr als zwei Dipolen

portional zu x ändert (Bild 2.33), so kann man jedem Elementardipol eine Speisestrom-Phasenverschiebung zum Strom im Nachbardipol von

$$\beta_0(x) = \rho \cdot x \tag{172}$$

zuordnen. ρ ist ein Proportionalitätsfaktor mit der Einheit $\dfrac{\text{Grad}}{\text{Längeneinheit}}$.

Man wählt positive Werte von $\beta_0(x)$ für die Dipole, die weiter von P entfernt sind als der Dipol bei $x = 0$. Negative $\beta_0(x)$ werden für die näher an P liegenden Dipole eingesetzt. In Bild 2.33 wird dies mit dem Vorzeichen von x erfüllt. Mit Gl. (159a) erhält man die Gesamt-Phasenverschiebung (bezogen auf $x = 0$) der vom Dipol an der Stelle x ausgehenden Welle in P:

$$\beta_{\text{ges}}(x) = \beta(x) + \beta_0(x) = \frac{2\pi}{\lambda_0} \cdot x \cdot \sin\varphi + \rho \cdot x$$

oder $\beta_{\text{ges}}(x) = x \cdot \left(\dfrac{2\pi}{\lambda_0} \sin\varphi + \rho \right)$. (173)

Ersetzt man in Gl. (162) $\beta(x)$ durch $\beta_{\text{ges}}(x)$ und integriert, so erhält man:

$$\underline{A} = k \cdot S^* \int_{-\frac{a}{2}}^{+\frac{a}{2}} e^{jx\left(\frac{2\pi}{\lambda_0} \cdot \sin\varphi + \rho\right)} \, dx. \tag{174}$$

Wie bei Gl. (164) erhält man das horizontale Richtdiagramm der Dipolgeraden – für den Fall der Speisung mit Strömen gleicher Amplituden, deren Phase sich aber längs der Antenne proportional zu x ändert – aus:

$$\frac{A}{A_0} = \left| \frac{\sin\left(\dfrac{\pi a}{\lambda_0} \cdot \sin\varphi + \dfrac{\rho \cdot a}{2}\right)}{\left(\dfrac{\pi a}{\lambda_0} \cdot \sin\varphi + \dfrac{\rho \cdot a}{2}\right)} \right| = \left| \frac{\sin z}{z} \right|. \tag{175}$$

Auch hier kann man wieder die in Bild 2.34 dargestellte Funktion $\dfrac{\sin z}{z}$ verwenden.
Es ist:

$$z = \frac{\pi a}{\lambda_0} \sin\varphi + \frac{\rho \cdot a}{2}. \tag{176}$$

Der Summand $\frac{\rho \cdot a}{2}$ gibt die Phasenverschiebung der Ströme an den Antennenrändern $\pm \frac{a}{2}$ bezogen auf die Phase des Stromes in der Antennenmitte bei $x = 0$ an (Bild 2.33). Für die Vorzeichen von $\frac{\rho \cdot a}{2}$ gilt das für β_0 Gesagte.

Die Hauptstrahlrichtung der Dipolgeraden liegt bei $z = 0$, d. h.

$$\sin \varphi_0 = -\frac{\rho \cdot \lambda_0}{2 \pi}. \tag{177}$$

Setzt man $\frac{\rho \cdot a}{2} = \frac{\pi}{2}$, d. h. $\pm 90°$ Phasenverschiebung an den Antennenrändern gegen die Antennenmitte (oder 180° Phasendifferenz der Antennenränder gegeneinander) und wählt $\frac{a}{\lambda_0} = 2$, so erhält man $\sin \varphi_0 = -\frac{1}{4}$, d. h. $\varphi_0 = -14,48°$:
Die Hauptstrahlrichtung ist entsprechend Bild 2.33 nach rechts verschoben.

Eine kurze Überlegung bestätigt die Richtigkeit des Ergebnisses: Nach der getroffenen Vereinbarung ist für positive Werte von x (bzw. $+\frac{a}{2}$) $\beta_0(x)$ positiv.

Die Phase des Stromes eilt nach. Für negative Werte von x (bzw. $-\frac{a}{2}$) hat $\beta_0(x)$ negatives Vorzeichen, d. h. die Phase des Stromes eilt vor. Der Antennenteil mit voreilendem Strom dreht die Hauptstrahlrichtung in Richtung auf den Antennenteil mit nacheilendem Strom. Das ist im Richtdiagramm des B i l d e s 2.36a zu sehen.

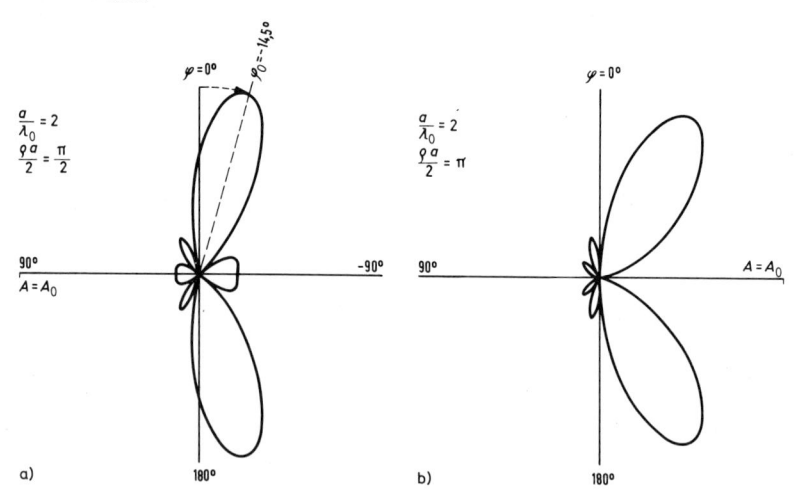

Bild 2.36 a–b) Horizontaldiagramme der Dipolgeraden mit konstantem Strombelag, wobei sich die Phase der Ströme proportional zur Koordinate x (Bild 2.33) ändert

2.4. Dipolspalte und Dipolzeile mit mehr als zwei Dipolen

B i l d 2.36b zeigt das Richtdiagramm der Dipolgeraden bei größerer Phasenverschiebung der Speiseströme.

Dimensioniert man $\frac{a}{\lambda_0}$ und $\frac{\rho \cdot a}{2}$ so, daß die Hauptstrahlrichtung in der Achse $\varphi = \pm 90°$ liegt, so hat man einen *Längsstrahler* (vergl. Bilder 2.22c–e). Bei $\varphi_0 = 90°$ muß $\sin \varphi_0 = 1$ werden. Aus Gl. (177) erhält man mit $\sin \varphi_0 =$

$$-\frac{\rho \cdot a \cdot \lambda_0}{2 \cdot a \cdot \pi} = 1$$

$$\frac{\pi \cdot a}{\lambda_0} = -\frac{\rho \cdot a}{2}. \tag{178}$$

Diese Forderung ist z. B. erfüllt mit $\frac{\rho \cdot a}{2} = -\pi$ und $\frac{a}{\lambda_0} = 1$.

Wenn die Dipolgerade als Längsstrahler wirken soll, ist bei einer Antennenbreite $a = \lambda_0$ die erforderliche Phasendifferenz der Ströme an den Antennenenden $= 2\pi$. Die Phasen der Ströme längs der Antenne sind dann so verteilt, daß sie mit den Phasen der Felder einer gedachten ebenen Welle übereinstimmen, die mit Lichtgeschwindigkeit längs der Antenne in Richtung der Antennenelemente mit nacheilenden Strömen läuft. Bei den angenommenen Werten $\frac{a}{\lambda_0} = 1$ und $\frac{\rho \cdot a}{2} = -\pi$ läuft die gedachte Welle in Richtung abnehmender x, also in Bild 2.33 nach links.

Mit Gl. (178) ist dann die Richtcharakteristik der horizontalen Dipolzeile aus infinitesimalen Dipolen (Dipolgerade) nach Gl. (175):

$$\frac{A}{A_0} = \left| \frac{\sin\left(\frac{\pi a}{\lambda_0} \sin \varphi - \frac{\pi a}{\lambda_0}\right)}{\left(\frac{\pi a}{\lambda_0} \sin \varphi - \frac{\pi a}{\lambda_0}\right)} \right| \quad \text{oder}$$

$$\frac{A}{A_0} = \left| \frac{\sin\left[\frac{\pi a}{\lambda_0}(\sin \varphi - 1)\right]}{\frac{\pi a}{\lambda_0}(\sin \varphi - 1)} \right| = \left| \frac{\sin z}{z} \right| \tag{179}$$

Aus Bild 2.34 erhält man $\frac{A}{A_0}$, wenn man $z = \frac{\pi a}{\lambda_0}(\sin \varphi - 1)$ setzt. Für $\frac{\rho \cdot a}{2} = -2\pi$ und $\frac{a}{\lambda_0} = 2$ erhält man das horizontale Richtdiagramm aus Gl. (179), das in B i l d 2.37a gezeigt ist.

2. Kombinationen von Dipolantennen

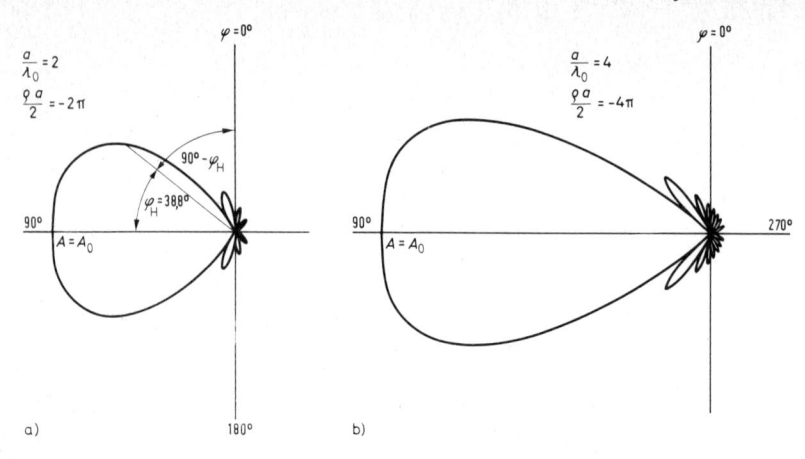

Bild 2.37 a–b) Horizontaldiagramme der Dipolgeraden mit konstantem Strombelag. Hier bewirkt die lineare Phasenänderung längs der x-Achse, daß die Antenne ein „Längsstrahler" wird

Die Halbwertsbreite der Hauptstrahlung ($2\,\varphi_H$) erhält man wieder aus Bild 2.34 für $z = -0{,}44\,\pi$. Den Winkel ($90° - \varphi_H$) in Bild 2.37a erhält man aus:

$$-0{,}44\,\pi = \frac{\pi a}{\lambda_0}\,[\sin(90° - \varphi_H) - 1] \tag{180}$$

Daraus ergibt sich

$$-0{,}44\,\pi = \frac{\pi a}{\lambda_0}\,(\cos\varphi_H - 1) = \frac{\pi a}{\lambda_0}\left(-2\sin^2\frac{\varphi_H}{2}\right).$$

Schließlich wird daraus

$$\sin\frac{\varphi_H}{2} = 0{,}47\,\sqrt{\frac{\lambda_0}{a}}. \tag{180a}$$

B i l d 2.37b zeigt ein weiteres Richtdiagramm einer Dipolgeraden als Längsstrahler.

2.4.5. Stabstrahler

Die vertikale Dipolspalte aus infinitesimalen (Elementar-) Dipolen zeigt B i l d 2.38.

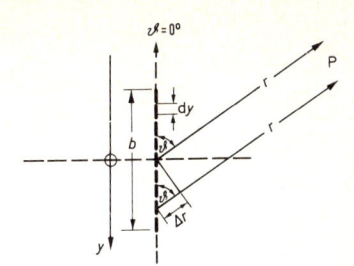

2.4. Dipolspalte und Dipolzeile mit mehr als zwei Dipolen

Bild 2.38 Vertikale Dipolspalte aus Elementardipolen (Stabstrahler)

Denkt man die infinitesimalen Dipole so aneinandergereiht, daß ihre „Enden" einander berühren, so kann man die Anordnung durch einen Stab ersetzen. Deshalb nennt man eine derartige Dipolspalte *Stabstrahler*.

Wir nehmen zuerst an, daß die Dipole der vertikalen Dipolspalte von Strömen gleicher Amplitude und Phase durchflossen werden. Die von den Elementardipolen der Länge dy ausgesandten Wellen haben in einem weit entfernten Punkt P zwar gleiche Feldstärke, aber infolge der Wegdifferenzen $\Delta r(y)$ nach P Phasendifferenzen, deren Berücksichtigung für die Summenfeldstärke A in P wichtig ist.

Analog zu Gl. (159) erhält man

$$\Delta r(y) = y \cos \vartheta. \tag{181}$$

Damit erhält man die Phasenverschiebung

$$\beta(y) = \frac{2\pi \Delta r(y)}{\lambda_0} \quad \text{oder}$$

$$\beta(y) = \frac{2\pi y}{\lambda_0} \cdot \cos \vartheta. \tag{182}$$

Die Feldstärke dA ist die von der Welle eines Elementardipols hervorgerufene Feldstärke in P.

Mit Gl. (77) erhält man

$$d\underline{A} = dA_0 \, e^{j\beta(y)} \sin \vartheta \quad \text{und}$$

$$d\underline{A} = dA_0 \, e^{j\frac{2\pi y}{\lambda_0} \cos \vartheta} \sin \vartheta. \tag{183}$$

dA_0 ist darin das Feldstärkemaximum der von einem infinitesimalen Dipol in Richtung $\vartheta = \pm 90°$ ausgehenden Welle im Abstand r vom Dipol. dA_0 ist direkt proportional dem im Dipol fließenden Strom I_0 und der Länge des Dipols dy. Deshalb kann man mit dem Proportionalitätsfaktor k' schreiben:

$$dA_0 = k' \cdot I_0 \cdot dy. \tag{184}$$

Die Summenfeldstärke der Wellen aller Elementardipole des Stabstrahlers in P erhält man aus:

$$\underline{A} = \int_{-\frac{b}{2}}^{+\frac{b}{2}} d\underline{A} = \int_{-\frac{b}{2}}^{+\frac{b}{2}} k' I_0 \cdot e^{j\frac{2\pi y}{\lambda_0} \cdot \cos \vartheta} \sin \vartheta \, dy \qquad (185)$$

oder

$$\underline{A} = k' I_0 \cdot \sin \vartheta \cdot \int_{-\frac{b}{2}}^{+\frac{b}{2}} e^{j\frac{2\pi y}{\lambda_0} \cdot \cos \vartheta} dy. \qquad (186)$$

Wie bei Gl. (163) ergibt sich daraus:

$$A = k' \cdot I_0 \cdot b \cdot \sin \vartheta \left| \frac{\sin\left(\frac{\pi b}{\lambda_0} \cdot \cos \vartheta\right)}{\frac{\pi b}{\lambda_0} \cdot \cos \vartheta} \right|. \qquad (187)$$

Analog zu Gl. (165) ist hier

$$A_0 = k' \cdot I_0 \cdot b. \qquad (187a)$$

Damit erhält man das vertikale Richtdiagramm des Stabstrahlers, dessen Elementardipole mit Strömen gleicher Amplitude und Phase gespeist werden, aus:

$$\frac{A}{A_0} = \sin \vartheta \cdot \left| \frac{\sin\left(\frac{\pi b}{\lambda_0} \cdot \cos \vartheta\right)}{\frac{\pi b}{\lambda_0} \cdot \cos \vartheta} \right| = \sin \vartheta \cdot \left| \frac{\sin z}{z} \right|. \qquad (188)$$

Das Horizontaldiagramm des Stabstrahlers ist ein Kreis. Multipliziert man die Werte für $z = \frac{\pi b}{\lambda_0} \cos \vartheta$ aus Bild 2.34 mit $\sin \vartheta$, so erhält man die Werte des Richtdiagramms nach Gl. (188). Der Faktor $\sin \vartheta \leq 1$ verkleinert die Halbwertsbreite $2\vartheta_H$ des Vertikaldiagramms verglichen mit Gl. (166).

Mit $\vartheta = (90° - \vartheta_H)$ in Gl. (188) erhält man nach der Definition der Halbwertsbreite in Abschnitt 2.4.4.:

$$\frac{1}{\sqrt{2}} = \sin(90° - \vartheta_H) \left| \frac{\sin\left[\frac{\pi b}{\lambda_0} \cdot \cos(90° - \vartheta_H)\right]}{\frac{\pi b}{\lambda_0} \cdot \cos(90° - \vartheta_H)} \right| \qquad (189)$$

2.4. Dipolspalte und Dipolzeile mit mehr als zwei Dipolen

$$\frac{1}{\sqrt{2}} = \cos\vartheta_H \left| \frac{\sin\left(\frac{\pi b}{\lambda_0} \cdot \sin\vartheta_H\right)}{\frac{\pi b}{\lambda_0} \cdot \sin\vartheta_H} \right| = \cos\vartheta_H \left| \frac{\sin z}{z} \right|. \tag{189a}$$

Bei langen Stabstrahlern ($b \gg \lambda_0$) wird ϑ_H sehr klein, so daß $\cos\vartheta_H = 1$ gesetzt werden kann. Aus Bild 2.34 erhält man die Halbwertsbreite für $z = 0{,}44\,\pi$ und wie bei Gl. (168) gilt für den langen Stabstrahler:

$$\sin\vartheta_H = 0{,}44\,\frac{\lambda_0}{b}. \tag{190}$$

Bei kürzeren Stabstrahlern ist wegen des Faktors $\cos\vartheta_H \leqq 1$ die Halbwertsbreite $2\vartheta_H$ etwas kleiner als nach Gl. (190) berechnet. In den B i l d e r n 2.39 a–b sind vertikale Richtdiagramme des Stabstrahlers, dessen Elementardipole mit Strömen gleicher Amplitude und Phase gespeist werden, dargestellt.

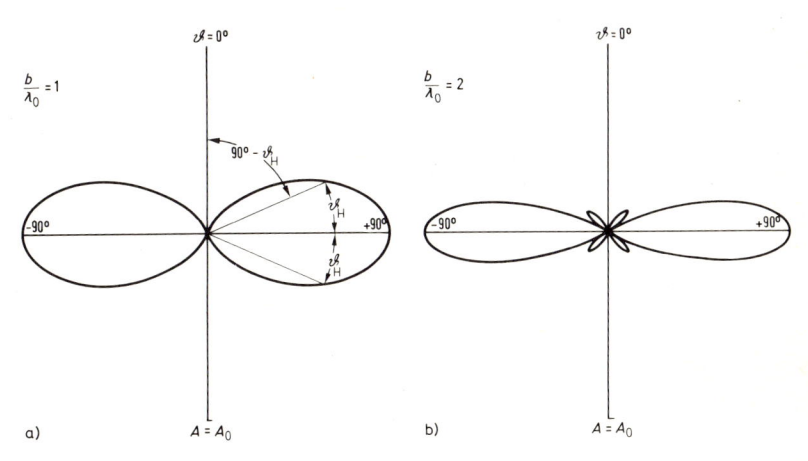

Bild 2.39 a–b) Vertikale Richtdiagramme des Stabstrahlers bei gleichmäßiger Stromverteilung

Speist man die Elementardipole so, daß die Stromamplituden zwar gleich sind, die Ströme aber eine kontinuierliche Phasenänderung längs des Stabes aufweisen, so ist entsprechend zu den Gln. (173) und (182):

$$\beta_{ges}(y) = y \cdot \left(\frac{2\pi}{\lambda_0} \cdot \cos\vartheta + \rho\right) \tag{191}$$

und wie Gl. (175) erhält man für den Stabstrahler, dessen Antennenelemente mit Strömen gleicher Amplitude aber phasenverschoben gespeist werden, aus Gl. (188) die vertikale Richtcharakteristik:

$$\frac{A}{A_0} = \sin\vartheta \left| \frac{\sin\left(\frac{\pi b}{\lambda_0}\cdot\cos\vartheta + \frac{\rho\cdot b}{2}\right)}{\left(\frac{\pi b}{\lambda_0}\cdot\cos\vartheta + \frac{\rho\cdot b}{2}\right)} \right| \quad (192)$$

2.4.6. Flächenstrahler

In den vorhergehenden Abschnitten 2.4.4. und 2.4.5. wurden die Richtcharakteristiken linearer Antennen-Anordnungen untersucht. Die dort durchgeführten Ableitungen können leicht auf den Fall des Flächenstrahlers nach B i l d 2.40 erweitert werden.

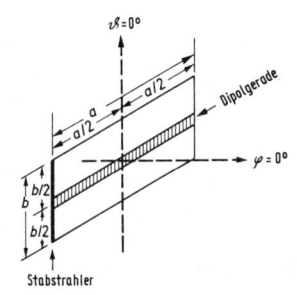

Bild 2.40 Flächenstrahler

Dort ist eine Rechteckfläche der Breite a und der Höhe b mit infinitesimalen Dipolen kontinuierlich belegt angenommen. Der Strom in den gedachten Elementardipolen des Flächenstrahlers soll konstant und phasengleich sein.

Wendet man wie in Gl. (147) für den Flächenstrahler das Prinzip der Multiplikation der Richtcharakteristiken an, so erhält man aus der Richtcharakteristik für die Dipolgerade Gl. (166) und der Richtcharakteristik für den Stabstrahler Gl. (188) die Richtcharakteristik des Flächenstrahlers [6, S. 119]:

$$\frac{A}{A_0^*} = \sin\vartheta \cdot \underbrace{\left| \frac{\sin\left(\frac{\pi b}{\lambda_0}\cdot\cos\vartheta\right)}{\frac{\pi b}{\lambda_0}\cdot\cos\vartheta} \right|}_{\substack{\text{Einzel-}\\\text{dipol}}} \cdot \underbrace{\left| \frac{\sin\left(\frac{\pi a}{\lambda_0}\cdot\sin\varphi\right)}{\frac{\pi a}{\lambda_0}\cdot\sin\varphi} \right|}_{\text{Gruppencharakteristik}}. \quad (193)$$

2.5. Einfluß der Stromverteilung auf das Richtdiagramm

A_0^* enthält hier die Flächenfaktoren $a \cdot b$, wie aus den Gln. (165) und (187a) zu ersehen ist.

Das horizontale Richtdiagramm des Flächenstrahlers in der Fläche $\vartheta = \pm 90°$ erhält man nach Gl. (193) aus:

$$\frac{A}{A_0^*} = \left| \frac{\sin\left(\dfrac{\pi a}{\lambda_0} \cdot \sin\varphi\right)}{\dfrac{\pi a}{\lambda_0} \cdot \sin\varphi} \right|. \tag{194}$$

Dieser Ausdruck ist bei gleichem Strombelag der Elementardipole um den in A_0^* enthaltenen Faktor b von Gl. (166) verschieden. Man erhält also um den Faktor b größere Werte in einem Richtdiagramm, das sich aus der Funktion $\dfrac{\sin z}{z}$ in Bild 2.34 ermitteln läßt (vergl. Bilder 2.35a–c).

Das vertikale Richtdiagramm erhält man für $\varphi = 0°$ aus

$$\frac{A}{A_0^*} = \sin\vartheta \cdot \left| \frac{\sin\left(\dfrac{\pi b}{\lambda_0} \cdot \cos\vartheta\right)}{\dfrac{\pi b}{\lambda_0} \cdot \cos\vartheta} \right|. \tag{195}$$

Dieser Ausdruck ist bei gleichem Strombelag der Elementatdipole von Gl. (188) durch den Faktor a, der in A_0^* enthalten ist, verschieden, d. h. das Richtdiagramm (vergl. Bilder 2.39a–b) hat bei gleicher Form um den Faktor a größere Werte.

Aus den Gln. (194) und (195) lassen sich die Einzelheiten der Richtdiagramme wie die Halbwertsbreiten $2\,\varphi_H$ und $2\,\vartheta_H$, die Nullstellen und Nebenzipfel – wie vorher gezeigt – berechnen. Will man an Stelle der sich aus Gl. (193) ergebenden beiden Hauptstrahlrichtungen, die senkrecht auf der Antennenfläche stehen, nur eine Hauptstrahlrichtung haben, so kann man dies durch Anbringen einer Reflektorwand hinter dem Flächenstrahler erreichen. Die Wirkung der Reflektorwand wird wie bei den Gln. (157) und (158) durch einen Reflektorfaktor zu Gl. (193) berücksichtigt.

2.5. Einfluß der Stromverteilung auf das Richtdiagramm der Antennenkombination

2.5.1. Richtdiagramm einer Dipolzeile, deren Dipole mit gleichphasigen Strömen verschiedener Amplitude gespeist werden

Viele der bisher abgebildeten Richtdiagramme haben neben ihren „Hauptstrahlungskeulen" Nebenausstrahlungen (Nebenzipfel), deren Größe nicht gegen die Abstrahlung in die Hauptstrahlrichtungen vernachlässigbar sind. Soll die Antenne nur in die Hauptstrahlrichtungen strahlen, stören die Abstrahlungen in die Nebenzipfel des Richtdiagramms.

Im folgenden wird gezeigt, wie durch geeignete Stromverteilung auf die Einzelantennen einer Antennengruppe diese Nebenausstrahlungen zu einem Minimum gemacht werden können. Es sei vorerst angenommen, daß die Ströme in den einzelnen Elementardipolen der Antennengruppe gleichphasig seien. Dann sind die Hauptstrahlungskeulen der Richtdiagramme der bisher behandelten linearen Antennenanordnungen stets senkrecht zur Fläche gerichtet, in der die Antennen liegen („Querstrahler"). Als erstes Beispiel soll eine horizontale Dipolzeile aus drei vertikalen Dipolen betrachtet werden. Sind die Einzeldipole mit Strömen gleicher Amplitude und Phase gespeist, so erhält man das horizontale Richtdiagramm mit $n = 3$ nach Gl. (137) aus:

$$\frac{A}{A_0} = \left| \frac{\sin\left(\frac{3\pi a}{\lambda_0} \cdot \cos\varphi\right)}{\sin\left(\frac{\pi a}{\lambda_0} \cdot \cos\varphi\right)} \right| . \tag{196}$$

Mit $\sin 3x = \sin x \, (-1 + 4\cos^2 x)$ und $-1 + 4\cos^2 x = 1 + 2\cos 2x$ ergibt sich aus Gl. (196):

$$\frac{A}{A_0} = \left| 1 + 2\cos\left(\frac{2\pi a}{\lambda_0}\cos\varphi\right) \right| . \tag{197}$$

Das horizontale Richtdiagramm für Gl. (197) ist in B i l d 2.41 c gezeigt.

Nun sollen die Stromamplituden auf die drei Dipole der Dipolzeile (B i l d e r 2.41 a und 2.41 b) so verteilt sein, daß die Ströme zwar gleichphasig sind, aber Dipol 1 und Dipol 3 einen Strom der Amplitude $x \cdot I$ führen, während im Dipol 2 ein Strom mit der Amplitude I fließt. x ist dabei eine rationale Zahl, die das Verhältnis der Ströme in Dipol 1 und 3 zum Strom im Mitteldipol 2 angibt. Nach Gl. (48) ist die Feldstärke der vom Dipol abgestrahlten Welle dem Antennenstrom proportional, so daß sich die Summenamplitude der drei Dipolwellen im Fernfeld-Punkt P nach Gl. (197) und Bild 2.41 b schreiben läßt:

$$A = \left| A_0 + 2A_0 \cdot x \cdot \cos\left(\frac{2\pi a}{\lambda_0} \cdot \cos\varphi\right) \right| \quad \text{oder}$$

$$\frac{A}{A_0} = \left| 1 + 2 \cdot x \cdot \cos\left(\frac{2\pi a}{\lambda_0} \cdot \cos\varphi\right) \right| . \tag{198}$$

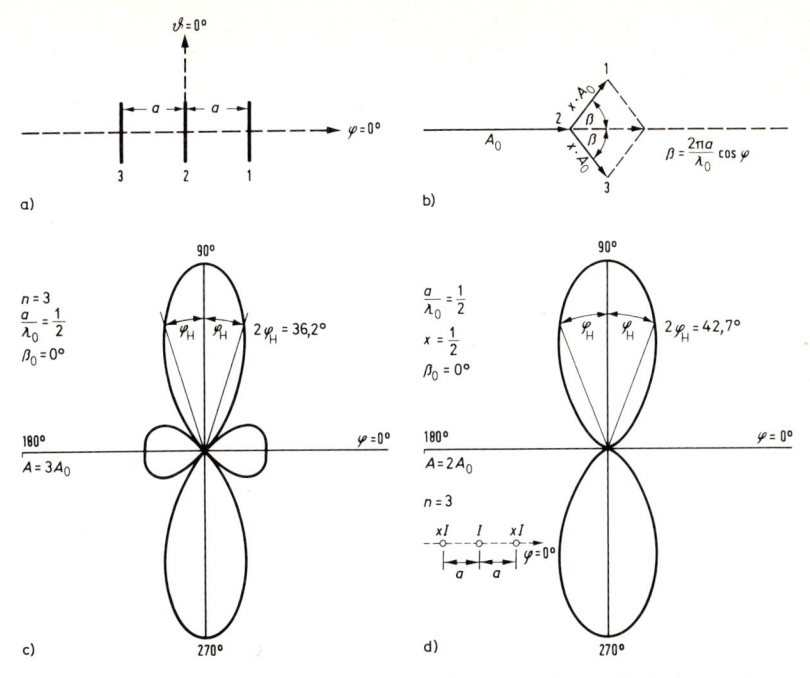

2.5. Einfluß der Stromverteilung auf das Richtdiagramm

Bild 2.41 a) Horizontale Dipolzeile aus drei vertikalen Dipolen. b) Feldvektoren der Dipolzeile in Bild 2.41 a. c–d) Horizontale Richtdiagramme der horizontalen Dipolzeile aus 3 vertikalen Dipolen, die phasengleich mit Strömen gleicher Amplitude (Bild 2.41 c) bzw. mit Strömen verschiedener Amplitude (Bild 2.41 a) gespeist werden

x soll nun so bestimmt werden, daß die Nebenausstrahlungen der Antennenkombination ein Minimum werden. Für $\varphi_0 = 90°$ erhält man die Feldstärkemaxima der Hauptkeulen:

$$A_{max} = A_0 + 2 \cdot x \cdot A_0. \tag{199}$$

Die Nebenzipfel des horizontalen Richtdiagramms liegen nach Bild 2.41 c bei $\varphi = 0°$ und $\varphi = 180°$.

Setzt man dies in Gl. (198) ein, so erhält man die Amplituden der Nebenzipfel zu:

$$A_{0°, 180°} = A_0 \cdot \left| 1 + 2 \cdot x \cdot \cos\left(\frac{2\pi a}{\lambda_0}\right) \right|. \tag{200}$$

Für $\dfrac{a}{\lambda_0} = \dfrac{1}{2}$ ergibt sich daraus z. B.

$$A_{0°, 180°} = A_0 \cdot |1 - 2x|$$

macht man $x = \dfrac{1}{2}$, so wird $A_{0°, 180°} = 0$, d. h. die Nebenausstrahlungen verschwinden, wie es im Richtdiagramm des B i l d e s 2.41 d zu sehen ist. Die Halbwertsbreite $2\,\varphi_H$ des horizontalen Richtdiagramms erhält man für

$$\dfrac{A_{max}}{\sqrt{2}}.$$

Mit den Gln. (198), (199) und Bild 2.41 d wird

$$\dfrac{A_0 + 2 \cdot x \cdot A_0}{\sqrt{2}} = A_0 \cdot \left| 1 + 2 \cdot x \cdot \cos\left[\dfrac{2\pi a}{\lambda_0} \cdot \cos(90° - \varphi_H)\right] \right|$$

oder $\dfrac{1 + 2 \cdot x}{\sqrt{2}} = \left| 1 + 2 \cdot x \cdot \cos\left(\dfrac{2\pi a}{\lambda_0} \cdot \sin\varphi_H\right) \right|$ \hfill (201)

z. B. mit $\dfrac{a}{\lambda_0} = \dfrac{1}{2}$ und $x = \dfrac{1}{2}$ (Nebenzipfel = 0) wird daraus

$0{,}414 = \cos(\pi \cdot \sin\varphi_H)$ und $\varphi_H = 21{,}35°$.

Die Halbwertsbreite ist dann $2\,\varphi_H = 42{,}7°$.

Vergleicht man die Halbwertsbreite in Bild 2.41 d mit der Halbwertsbreite des Richtdiagramms in Bild 2.41 c, so erkennt man, daß die Halbwertsbreite bei gleichgroßen Strömen in den drei Dipolen mit $2\,\varphi_H = 36{,}2°$ kleiner ist als der soeben errechnete Wert $2\,\varphi_H = 42{,}7°$. Man „erkauft" sich das Verschwinden der Nebenzipfel also mit einem Anstieg der Halbwertsbreite der Hauptstrahlungskeulen. Dies bedeutet eine Abnahme der Richtwirkung der Antennenkombination.

Oft wird ein Kompromiß in der Verringerung der Nebenausstrahlungen auf einen erträglichen Wert und eine möglichst geringe Zunahme der Halbwertsbreite gesucht.

Die Verringerung der Nebenausstrahlungen eines Querstrahlers wird stets durch Abnahme der Stromamplituden in den zum Antennenrand hin liegenden Einzelantennen der Antennenkombination erreicht. Das gilt auch für den Flächenstrahler, wie noch gezeigt wird.

Eine phasenverschobene Speisung der Dipole wie bei Gl. (140) ist möglich. Die Diagrammschwenkung wird dabei um so geringer, je kleiner der Strom in den Dipolen am Antennenrand ist. Der behandelte Fall der völligen Nebenzipfelunterdrückung bei einer aus drei Strahlern bestehenden Antennenkombination nach Bild 2.41 a kann nach [6, S. 94] in eine für beliebig viele Einzelstrahler geltenden Regel eingeordnet werden: Die Nebenzipfel im Richtdiagramm eines Querstrahlers verschwinden, wenn die Amplituden der gleichpha-

2.5. Einfluß der Stromverteilung auf das Richtdiagramm

sigen Speiseströme der Einzelstrahler derart auf die Strahler verteilt werden, daß sie den Koeffizienten der Binomialreihe nach dem PASCALschen Dreieck proportional sind.

Pascalsches Dreieck:

```
n = 1                    1
n = 2                 1     1
n = 3              1    2    1
n = 4           1    3    3    1
n = 5        1    4    6    4    1
n = 6     1    5   10   10    5    1
```

$\frac{a}{\lambda_0} = \frac{1}{2}$
$\beta_0 = 0°$

$2\vartheta_H = 22°$

$A = 5 A_0$

$I\ I\ I\ I\ I$
Gleichmässige Stromverteilung

a)

$\frac{a}{\lambda_0} = \frac{1}{2}$
$\beta_0 = 0°$

$2\vartheta_H = 30°$

$A = 16 A_0$

$1\ 4\ 6\ 4\ 1$
Binomiale Verteilung der Stromamplituden

b)

$\frac{a}{\lambda_0} = \frac{1}{2}$
$\beta_0 = 0°$

$2\vartheta_H = 26°$

$A = 7{,}1 A_0$

$1\ 1{,}6\ 1{,}9\ 1{,}6\ 1$
Verteilung der Stromamplituden nach Dolph-Tschebyscheff

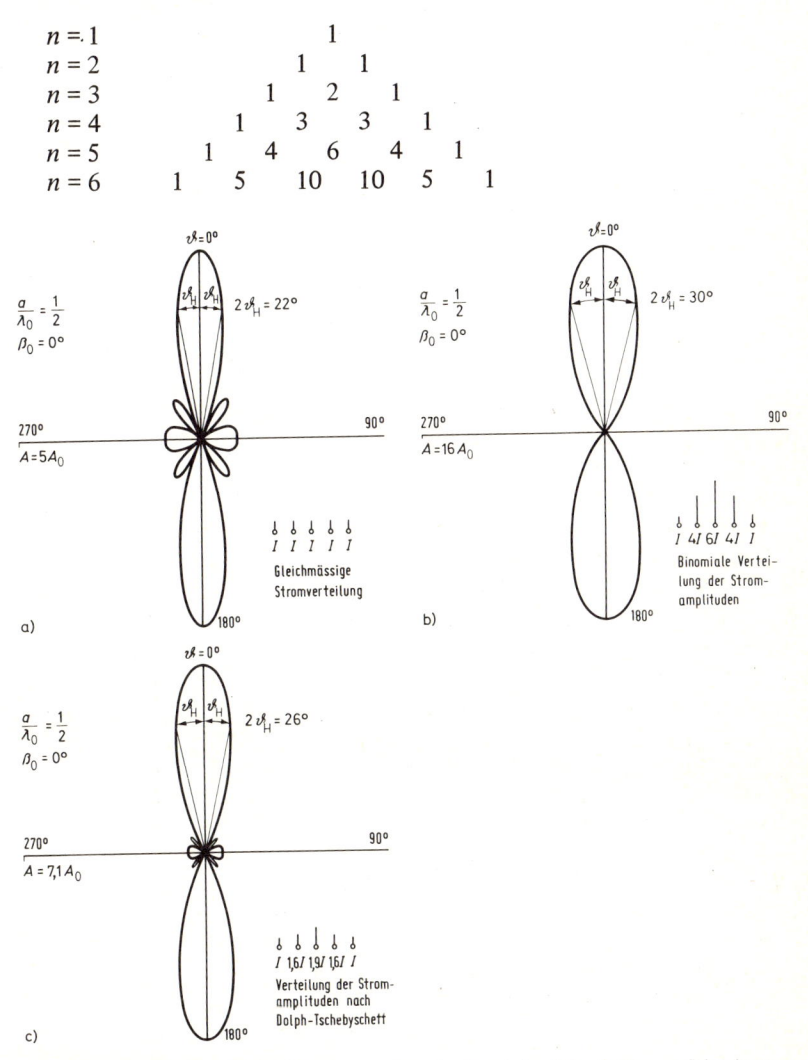

c)

Bild 2.42 a–b) Vertikale Richtdiagramme einer horizontalen Dipolzeile aus 5 horizontalen Dipolen, die mit phasengleichen Strömen bei verschiedenen Amplitudenverteilungen gespeist werden. a) Gleichmäßige Stromverteilung; b) binomiale Verteilung der Stromamplituden. c) Verteilung der Stromamplituden nach DOLPH-TSCHEBYSCHEFF

n ist die Zahl der Einzelstrahler der Antennenkombination[1]. Bild 2.42b zeigt das Richtdiagramm einer solchen Antenne mit $n = 5$ und $\dfrac{a}{\lambda_0} = 0{,}5$.

Verglichen mit dem Richtdiagramm der gleichen Antenne — jedoch mit gleichmäßiger Stromverteilung (B i l d 2.42 a) — hat diese Antenne (B i l d 2.42 b) keine Nebenzipfel aber größere Halbwertsbreite. Der Versuch, einen optimalen Kompromiß zwischen kleiner Halbwertsbreite und minimaler Nebenausstrahlung zu finden, führte DOLPH zu einer Stromverteilung, die auf TSCHEBYSCHEFFschen Polynomen beruht und deshalb „Dolph-Tschebyscheff-Verteilung" genannt wird. Bei $\dfrac{a}{\lambda_0} = 0{,}5$ erhält man eine Halbwertsbreite von 26° und sehr kleine Nebenzipfel des Richtdiagramms (B i l d 2.42 c) [6, S. 97].

Hier sei noch auf die Analogie: Stromverteilung auf der Antenne ≙ Schwingungsform, und Zahl der Nebenzipfel ≙ Oberschwingungen, d. h. auf eine Analogie zur FOURIER-Analyse hingewiesen. Die binomiale Stromverteilung entspricht etwa der Sinusform, die keine Oberschwingungen hat: Das Richtdiagramm der Antenne hat keine Nebenzipfel. Bei gleichmäßiger Stromverteilung ist an den Antennenrändern ein „Stromverteilungssprung" vorhanden, der seine Analogie in der Rechteckschwingung hat. Diese hat viele Oberschwingungen, was vielen Nebenzipfeln des Richtdiagramms entspricht. Die angedeutete Analogie wird in der Antennentechnik zur Ermittlung von Richtdiagrammen bei ungleichmäßiger Stromverteilung längs der Antennenelemente (auch bei Flächenstrahlern) in der „Methode der Fourier-Transformation" angewandt [6, S. 348], [37].

2.5.2. Richtdiagramm einer Dipolgeraden bei ungleichmäßiger Stromverteilung

Wir nehmen an, daß eine Dipolgerade nach Abschnitt 2.4.4. und Bild 2.33 zur Nebenzipfelunterdrückung mit zu den äußeren Dipolen cosinusförmig abnehmenden Strömen gleicher Phase gespeist sei. Bei einer Dipolgeraden mit sehr vielen dicht beieinander liegenden Elementardipolen kann man auch von

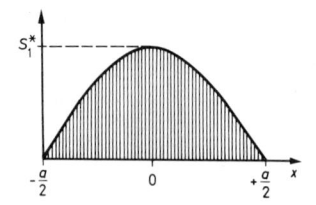

Bild 2.43 Strombelag der Dipolgeraden

---

[1] n sind *nicht* die Exponenten der Binome, für die im Pascalschen Dreieck die Binomialkoeffizienten ablesbar sind!

2.5. Einfluß der Stromverteilung auf das Richtdiagramm

einem cosinusförmigen Strombelag oder einer cosinusförmigen Stromdichte sprechen.

Man ersetzt in Gl. (162)

$$S^* \text{ durch } S^* = S_1^* \cos \frac{\pi \cdot x}{a} . \tag{202}$$

Ist $x = 0$ in der Antennenmitte (Bild 2.33), so ergibt sich mit Gl. (202) der in B i l d 2.43 dargestellte Strombelag.

Mit Gl. (162) wird nun

$$d\underline{A} = k\, S_1^* \cos \frac{\pi \cdot x}{a} \sin \vartheta\, e^{j\frac{2\pi}{\lambda_0} \cdot x \cdot \sin \varphi} \cdot dx. \tag{203}$$

In der Ebene $\vartheta = \pm 90°$ wird wie bei Gl. (163)

$$\underline{A} = k \cdot S_1^* \cdot \int_{-\frac{a}{2}}^{+\frac{a}{2}} \cos \frac{\pi x}{a}\, e^{j\frac{2\pi}{\lambda_0} \cdot x \cdot \sin \varphi}\, dx. \tag{204}$$

Das Produkt $k \cdot S_1^*$ hat dieselbe Bedeutung wie in Gl. (162).

Das Exponential-Integral Gl. (204) ist nach der Methode der teilweisen Integration berechenbar und z. B. in [21] ausführlich hergeleitet.

Man erhält schließlich

$$A = k \cdot S_1^* \, \frac{2a}{\pi} \cdot \left| \frac{\left(\frac{\pi}{2}\right)^2 \cdot \cos\left(\frac{\pi a}{\lambda_0} \cdot \sin \varphi\right)}{\left(\frac{\pi}{2}\right)^2 - \left(\frac{\pi a}{\lambda_0} \cdot \sin \varphi\right)^2} \right|. \tag{205}$$

Bei $\varphi = 0°$ wird der Maximalwert der Feldstärke

$$A_0 = k \cdot S_1^* \cdot \frac{2a}{\pi}, \tag{205a}$$

so daß man das horizontale Richtdiagramm einer Dipolgeraden mit cosinusförmigem Strombelag erhält aus:

$$\frac{A}{A_0} = \left| \frac{\left(\frac{\pi}{2}\right)^2 \cdot \cos\left(\frac{\pi a}{\lambda_0} \cdot \sin \varphi\right)}{\left(\frac{\pi}{2}\right)^2 - \left(\frac{\pi a}{\lambda_0} \cdot \sin \varphi\right)^2} \right|. \tag{206}$$

Den Verlauf von Gl. (206) zeigt B i l d 2.44a.

Zum Vergleich ist die Funktion $\dfrac{\sin z}{z}$, die für gleichmäßige Stromverteilung gilt, in Bild 2.44a eingezeichnet. Man sieht daraus, daß schon die Maximalwerte der ersten Nebenzipfel mit 0,08 kleiner sind als die bei gleichmäßiger Stromverteilung auftretenden Werte (0,21). Die Hauptstrahlrichtung tritt auf bei $\varphi = 0°$, und die Nullstellen des Richtdiagramms ergeben sich für

$$\frac{a}{\lambda_0} \sin \varphi = (2n + 1) \cdot \frac{\pi}{2} \tag{207}$$

mit $n = 1, 2, 3, \ldots$

a)

b)

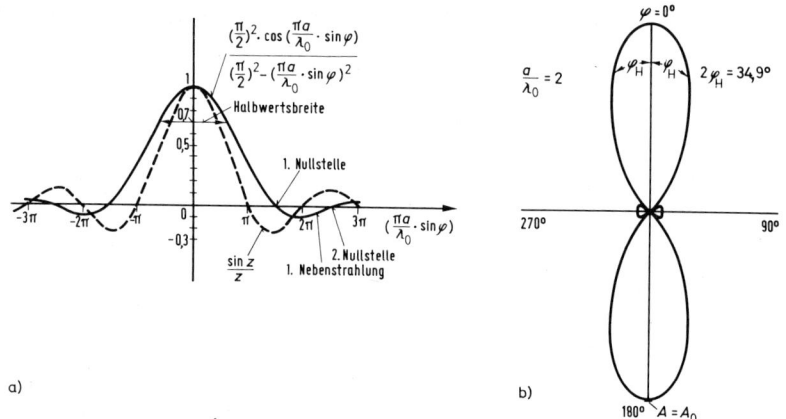

Bild 2.44 a) Funktion $\dfrac{\sin z}{z}$ gestrichelt, Funktion nach Gl. (206) ausgezogene Kurve.
b) Horizontales Richtdiagramm der Dipolgeraden bei Speisung mit zu den äußeren Dipolen cosinusförmig abnehmenden Strömen gleicher Phase

Weil $\sin \varphi$ maximal = 1 werden kann, ist für $\dfrac{a}{\lambda_0} < \dfrac{3}{2}$ nach Bild 2.44a im Richtdiagramm keine Nullstelle und kein Nebenzipfel vorhanden. Die Zahl der Nullstellen und Nebenzipfel steigt mit $\dfrac{a}{\lambda_0}$. Nach Bild 2.44a ist aus

$$0{,}6\,\pi = \frac{\pi a}{\lambda_0} \sin \varphi_H \tag{208}$$

die Halbwertsbreite berechenbar.
Man erhält

$$\sin \varphi_H = 0{,}6 \,\frac{\lambda_0}{a} \tag{209}$$

2.5. Einfluß der Stromverteilung auf das Richtdiagramm

und erkennt beim Vergleich mit Gl. (168), daß die Halbwertsbreite größer ist als bei einer Antenne mit gleichen Stromamplituden in allen Einzelantennen der Dipolgeraden. Das erklärt sich aus der geringen Wirksamkeit der Antennenränder, da die dort liegenden Dipole nur wenig zur Strahlung beitragen.

Will man neben der Verminderung der Nebenzipfel auch die Halbwertsbreite verringern, so muß man nach Gl. (209) a vergrößern.

Einige weitere Möglichkeiten der Stromverteilung auf der Dipolgeraden sollen noch besprochen werden:

Wie bereits gezeigt, sind die äußersten Ränder einer Antennengruppe oft nicht stromlos, wie es nach der cosinusförmigen Stromverteilung sein müßte, sondern sie sind mit einem Strombelag S^* an der Strahlung beteiligt.

Setzt man für die Antenne eine Stromverteilung voraus, die zum konstanten Strombelag S^* eine zuszáliche cosinusförmige Stromverteilung hat, so erhält man einen Strombelag nach B i l d 2.45. Die Richtcharakteristik einer solchen

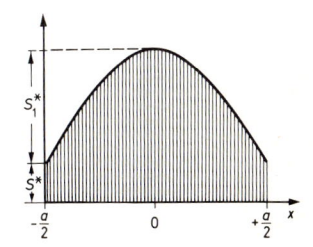

Bild 2.45 Strombelag der Dipolgeraden

Antenne erhält man aus der Addition von den Gln. (164) und (205). Das Richtdiagramm läßt sich durch Kombination der in Bild 2.44a dargestellten Kurven ermitteln. Man erhält ein Richtdiagramm, wie es typisch ist für alle Antennen, deren Stromverteilung nach den Antennenrändern hin absinkt: Verminderte Nebenausstrahlung und etwas größere Halbwertsbreite, verglichen mit einer Antenne gleicher Abmessungen, die mit gleichmäßiger Stromverteilung betrieben wird.

Man kann sich auch vorstellen, daß eine Stromverteilung wie in B i l d 2.46 vorliegt.

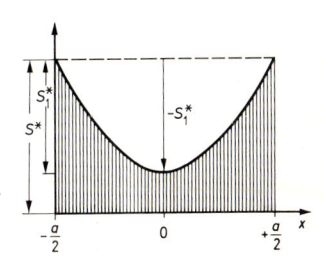

Bild 2.46 Strombelag der Dipolgeraden

Hier ist der Strombelag an den Antennenrändern größer als in der Mitte. Die cosinusförmige Stromverteilung ist von der gleichförmigen Stromverteilung S^* subtrahiert. Man erhält die Richtcharakteristik aus der Subtraktion von Gl. (164) und Gl. (205). Man erhält in der Hauptstrahlrichtung der Antenne ($\varphi = 0°(180°)$-Richtung in Bild 2.33) eine kleinere Halbwertsbreite, aber viel größere Nebenzipfel als im Fall gleichmäßiger Stromverteilung. Auf Grund der behandelten Beispiele unterschiedlicher Stromverteilung kann man aus gemessenen Richtdiagrammen Rückschlüsse auf die Verteilung der Stromdichte längs der Antenne ziehen. Wird bei gemessenen Richtdiagrammen bei errechneten Nullstellen der Wert Null nicht erreicht, so liegt das daran, daß die Phasen der Ströme längs der Antenne nicht gleich sind, sondern unregelmäßige Abweichungen vom Sollwert haben.

2.5.3. Richtdiagramm eines Stabstrahlers bei ungleichmäßiger Stromverteilung

Der Stabstrahler nach Abschnitt 2.4.5. habe eine cosinusförmige Stromverteilung längs des Strahlers, so daß I_0 in Gl. (184) ersetzt wird von

$$I(y) = I_1 \cdot \cos\left(\frac{\pi \cdot y}{b}\right) \tag{210}$$

wie es aus B i l d 2.47a zu entnehmen ist.
Man erhält aus Gl. (185):

$$\underline{A} = k' \cdot I_1 \cdot \sin \vartheta \int_{-\frac{b}{2}}^{+\frac{b}{2}} \cos\left(\frac{\pi y}{b}\right) e^{j\frac{2\pi y}{\lambda_0}\cos\vartheta} \cdot dy. \tag{211}$$

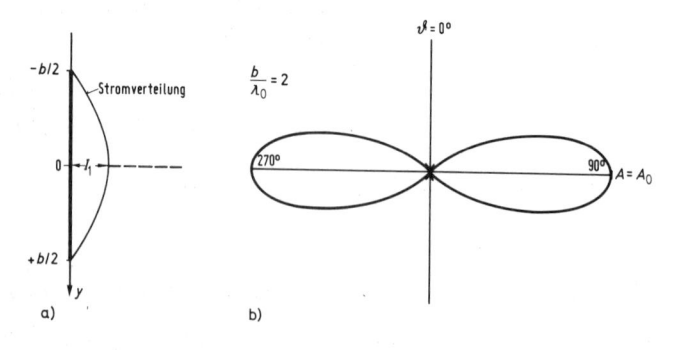

Bild 2.47 a) Stabstrahler mit cosinusförmiger Stromverteilung. b) Vertikales Richtdiagramm des Stabstrahlers mit cosinusförmiger Stromverteilung

2.5. Einfluß der Stromverteilung auf das Richtdiagramm

Wie bei Gl. (204) ergibt sich aus Gl. (211):

$$A = k' \cdot I_1 \cdot \frac{2b}{\pi} \cdot \sin \vartheta \cdot \left| \frac{\left(\frac{\pi}{2}\right)^2 \cdot \cos\left(\frac{\pi b}{\lambda_0} \cdot \cos \vartheta\right)}{\left(\frac{\pi}{2}\right)^2 - \left(\frac{\pi b}{\lambda_0} \cdot \cos \vartheta\right)^2} \right| \quad (212)$$

und mit

$$A_0 = k' \cdot I_1 \cdot \frac{2b}{\pi} \quad (213)$$

erhält man als Richtcharakteristik des Stabstrahlers (Bild 2.38) bei cosinusförmiger Stromverteilung — unter der Voraussetzung, daß die Ströme in den infinitesimalen Dipolen des Stabstrahlers gleichphasig sind:

$$\frac{A}{A_0} = \underbrace{\sin \vartheta}_{\substack{\text{Einzel-}\\\text{dipol}}} \cdot \underbrace{\left| \frac{\left(\frac{\pi}{2}\right)^2 \cdot \cos\left(\frac{\pi b}{\lambda_0} \cdot \cos \vartheta\right)}{\left(\frac{\pi}{2}\right)^2 - \left(\frac{\pi b}{\lambda_0} \cdot \cos \vartheta\right)^2} \right|}_{\text{Gruppencharakteristik}}. \quad (214)$$

Setzt man in Bild 2.44a $\left(\frac{\pi b}{\lambda_0} \cos \vartheta\right)$ an Stelle von $\left(\frac{\pi a}{\lambda_0} \sin \varphi\right)$ und multipliziert die Werte mit $\sin \vartheta$, dann erhält man die Zahlenwerte der Richtcharakteristik, aus denen sich das vertikale Richtdiagramm des Stabstrahlers zeichnen läßt. Auch hier sind die Halbwertsbreite größer und die Nebenzipfel kleiner als bei gleichmäßiger Stromverteilung. In B i l d 2.47b ist das Richtdiagramm eines Stabstrahlers mit cosinusförmiger Stromverteilung abgebildet (vergleiche Bild 2.39b).

Für andere Strombeläge gilt das gleiche wie in Abschnitt 2.5.2.

2.5.4. Richtdiagramm des Flächenstrahlers bei ungleichmäßiger Stromverteilung

Der Flächenstrahler nach Bild 2.40 wird nun betrachtet. Wie im Abschnitt 2.4.6. erhält man nach dem Prinzip der Multiplikation der Ausdrücke für die Richtcharakteristiken der Dipolgeraden Gl. (205) und des Stabstrahlers

Gl. (212) die Richtcharakteristik des Flächenstrahlers mit cosinusförmigem Strombelag in x- und y-Richtung aus:

$$A = k \cdot S_1^* \cdot \frac{2a}{\pi} \cdot k' \cdot I_1 \cdot \frac{2b}{\pi} \cdot \sin \vartheta \left| \frac{\left(\frac{\pi}{2}\right)^2 \cdot \cos\left(\frac{\pi a}{\lambda_0} \cdot \sin \varphi\right)}{\left(\frac{\pi}{2}\right)^2 - \left(\frac{\pi a}{\lambda_0} \cdot \sin \varphi\right)^2} \right| \times$$

$$\times \left| \frac{\left(\frac{\pi}{2}\right)^2 \cdot \cos\left(\frac{\pi b}{\lambda_0} \cdot \cos \vartheta\right)}{\left(\frac{\pi}{2}\right)^2 - \left(\frac{\pi b}{\lambda_0} \cdot \cos \vartheta\right)^2} \right|. \quad (215)$$

Mit $A_0^* = k \cdot S_1^* \cdot k' \cdot I_1 \cdot \dfrac{4}{\pi^2} \cdot a \cdot b$ wird daraus:

$$\frac{A}{A_0^*} = \sin \vartheta \cdot \left| \frac{\left(\frac{\pi}{2}\right)^2 \cdot \cos\left(\frac{\pi a}{\lambda_0} \cdot \sin \varphi\right)}{\left(\frac{\pi}{2}\right)^2 - \left(\frac{\pi a}{\lambda_0} \cdot \sin \varphi\right)^2} \right| \cdot \left| \frac{\left(\frac{\pi}{2}\right)^2 \cdot \cos\left(\frac{\pi b}{\lambda_0} \cdot \cos \vartheta\right)}{\left(\frac{\pi}{2}\right)^2 - \left(\frac{\pi b}{\lambda_0} \cdot \cos \vartheta\right)^2} \right|. \quad (216)$$

Aus Gl. (216) läßt sich das horizontale ($\vartheta = \pm 90°$-Ebene) und das vertikale ($\varphi = 0°$ (180°)-Ebene) Richtdiagramm eines mit cosinusförmigem Strombelag betriebenen Flächenstrahlers berechnen. Man erhält das Richtdiagramm der Dipolgeraden (z. B. Bild 2.44b) als Horizontaldiagramm und das Richtdiagramm des Stabstrahlers (z. B. Bild 2.47b) als Vertikaldiagramm des Flächenstrahlers. Soll die Abstrahlung des Flächenstrahlers nur in einer Richtung senkrecht zur Antennenfläche erfolgen, so gilt auch hier das im Abschnitt 2.4.6. über die Reflektorfläche und ihre Berücksichtigung durch den Reflektorfaktor Gesagte.

Hat man eine von der Rechteckform abweichende Strahlerfläche, so läßt sich diese oft auf eine äquivalente Rechteckfläche zurückführen [6]. Ihre Richtcharakteristik bleibt damit mit den für den Flächenstrahler abgeleiteten Ausdrücken berechenbar. Weicht die Funktion des Strombelages der Fläche von einer einfachen Beziehung ab, und sind auch die Phasen der Ströme an verschiedenen Stellen der Antenne verschieden, was eine Schwenkung der Hauptstrahlrichtung zur Folge hat, so läßt sich die Richtcharakteristik des Flächenstrahlers mit der bereits im Abschnitt 2.5.1. angedeuteten Methode der Fourier-Transformation berechnen. Das übersteigt aber den Rahmen dieses Buches.

3. TECHNISCHE ANTENNEN

In den vorhergehenden Abschnitten wurde vereinfachend die Einzelantenne als Elementardipol oder „Punktquelle" und der sie speisende Generator unendlich klein angenommen. Außerdem wurde auf der Einzelantenne eine gleichmäßige Stromverteilung vorausgesetzt. In Wirklichkeit haben alle technischen Antennen eine endliche Größe, und auch die Zone, in welcher der speisende Generator an die Antenne angeschlossen ist, hat stats eine endliche Ausdehnung. Eine gleichmäßige Stromverteilung kann genausowenig angenommen werden wie eine leitende Ebene von unendlich guter Leitfähigkeit und unendlicher Ausdehnung. Dies wurde bisher vorausgesetzt.

Auch einen wirklich „freien Raum" gibt es auf der Erde nicht.[1] Auf Grund der angeführten Tatsachen sind die Einflußgrößen, die das von einer Antenne erzeugte Wellenfeld letzten Endes bestimmen, so vielfältig, daß die völlige Übereinstimmung der nach der Antennentheorie vorhergesagten Eigenschaften einer Antenne mit den praktisch festgestellten Daten nur in ganz seltenen Fällen erzielt werden konnte. Die Antennenentwicklung kann deshalb auf das Experiment nicht verzichten.

Die im folgenden Abschnitt abgeleiteten Beziehungen berücksichtigen die wesentlichen Einflußgrößen auf die Eigenschaften der technischen Antennen. Zusammen mit den in den vorhergehenden Abschnitten erarbeiteten Grundlagen wird es möglich, die wichtigsten Eigenschaften technischer Antennen angenähert richtig vorauszusagen.

3.1. Einfluß der Stromverteilung auf das Richtdiagramm der Vertikalantenne

3.1.1. Vertikale Dipolantenne im freien Raum

B i l d 3.1a zeigt einige in ihrer Mitte gespeiste (Dipol-)Antennen mit ihrer Stromverteilung. Baut man diese Antennen aus dünnen Leitern auf, so kann man ihre Eigenschaften mit Hilfe der Leitungstheorie untersuchen. Bei „dünnen Leitern" ist die Leiterdicke klein gegenüber der Leiterlänge h und klein gegenüber der Wellenlänge λ_0: z. B. Leiterdicke $< \dfrac{1}{100} \lambda_0$.

---

[1] Die Sonderfälle des freien Raumes in der Raumfahrt und des reflexionsfreien Meßraumes seien hier ausgenommen.

Wir stellen uns nun die Antenne aus einer am Ende offenen Zweidrahtleitung – durch Aufspreizen entstanden – vor, wie es in B i l d 3.1b gezeigt ist. Dabei werde der Dipol der Länge h vom Generator so erregt, daß $h = \frac{3}{2} \lambda_0$ ist. Die

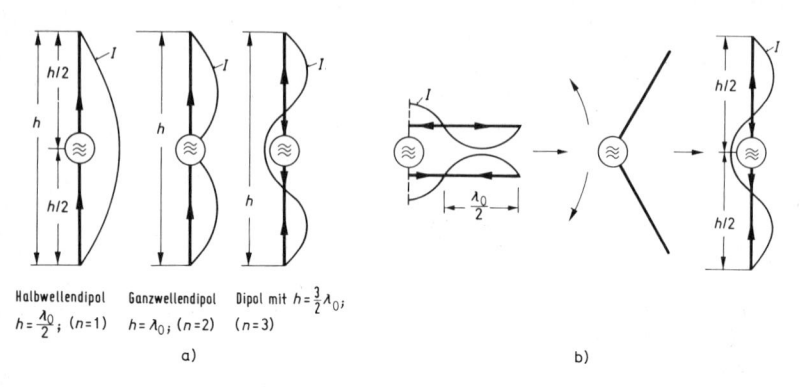

Bild 3.1 a) Verschiedene Dipole. b) Aus der am Ende offenen Zweidrahtleitung entsteht die Dipolantenne. Die Stromverteilung ist für den Fall $h = \frac{3}{2} \lambda_0$ dargestellt

Stromverteilung für diesen Fall ist auf der Zweidrahtleitung und der Antenne in Bild 3.1b eingezeichnet. Man sieht, daß der Strom am Ende der Leitung und am Antennenende Null ist. Wegen seines sinusförmigen Verlaufes hat der Strom auf der Antenne im Abstand $\frac{\lambda_0}{2}$ Nullstellen. Nach jeder Nullstelle kehrt sich die Stromrichtung um (Bild 3.1b). Genauso wie in der Leitungstheorie kann man näherungsweise für die Antennen aus dünnen Leitern die in B i l d 3.2a dargestellte Ersatzschaltung einer Leitung anwenden.

Dabei sind ΔL und ΔC die Induktivität bzw. die Kapazität kurzer Leitungsstücke der Länge Δh [1]. Je höher die Frequenz ist, desto kleiner muß Δh gewählt werden, um den Näherungsfehler der Ersatzschaltung klein zu halten.

In B i l d 3.2b sind die Induktivitäten von Bild 3.2a auf beide Leiter verteilt gezeichnet. Man erhält ein Ersatzschaltbild, wie es für symmetrische Zweidrahtleitungen nach Bild 3.1b gilt. Wie dort erhält man durch Aufspreizen der Leitung das Leitungsersatzbild des Dipols (B i l d 3.2c). Dieses unterscheidet sich von Bild 3.2b vor allem durch die zu den Stabenden hin kleiner werdenden Kapazitäten. Daraus folgt, daß der Wellenwiderstand Z der Ersatzleitung des Dipols zu den Stabenden hin wächst. Weil die Antenne Wirkleistung in den sie umgebenden Raum in Form einer fortschreitenden Welle abstrahlt, muß man die Ersatzleitung verlustbehaftet annehmen. Bei der Berechnung des Stromes auf den Antennenleitern kann jedoch die durch die Abstrahlung hervorgerufene Dämpfung ohne großen Fehler vernachlässigt werden. Außerdem sei längs der

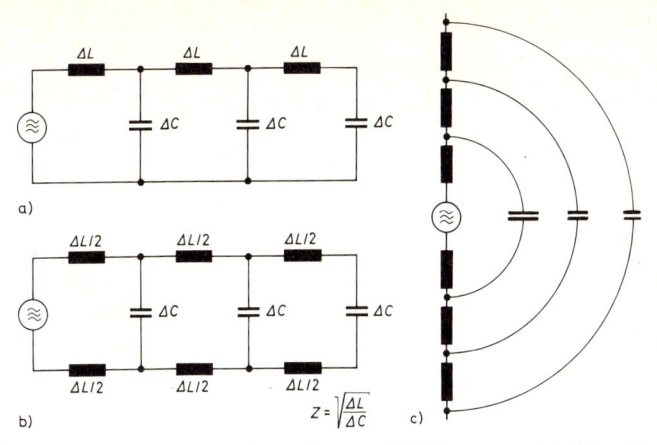

3.1. Einfluß der Stromverteilung auf Richtdiagramm (Vertikalantenne)

Bild 3.2 a) Ersatzschaltung der Leitung. b) Ersatzbild für symmetrische Zweidrahtleitungen. c) Ersatzbild des Dipols

Antennenleitung ein mittlerer Wellenwiderstand Z_M angenommen. Die Phasengeschwindigkeit [27] der Welle auf dem Antennenleiter ist wie bei Leitungen mit Luftdielektrikum praktisch gleich der Lichtgeschwindigkeit. Wir wollen nun für eine in ihrer Mitte gespeiste vertikale Antenne aus dünnen Leitern nach B i l d 3.3 die Richtcharakteristik für sinusförmige Stromverteilung auf der Antenne ableiten [6], [24].

Die Stromverteilung auf der Antenne sei

$$I = I_m \cdot \sin\left[\frac{2\pi}{\lambda_0}\left(\frac{h}{2} - y\right)\right] \quad (\text{für } y > 0)$$

bzw.

$$I = I_m \cdot \sin\left[\frac{2\pi}{\lambda_0}\left(\frac{h}{2} + y\right)\right] \quad (\text{für } y < 0). \tag{217}$$

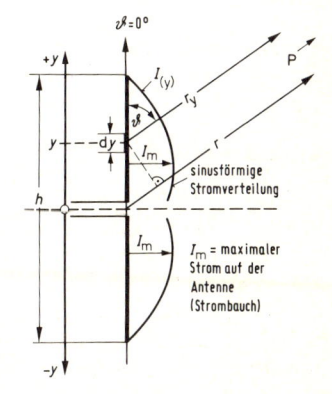

Bild 3.3 Vertikale Dipolantenne mit sinusförmiger Stromverteilung

Für einen sehr weit entfernten Aufpunkt P ist der Wegunterschied $r - r_y$ hinsichtlich der Amplitude der dort eintreffenden Wellen ohne Belang. Nicht vernachlässigt werden darf der Wegunterschied wegen der durch ihn hervorgerufenen Phasendifferenzen der von den Antennenteilen (infinitesimalen Dipolen der Länge dy) ausgehenden Teilwellen.
Aus Bild 3.3 kann man ableiten:

$$r_y = r - y \cos \vartheta. \tag{218}$$

Von einem infinitesimalen Dipol der Länge dy wird nach Gl. (38) unter Berücksichtigung von Gl. (48) die elektrische Feldstärke der Welle

$$\underline{dE}_\vartheta = j \frac{Z_{F_0} \cdot I \cdot \sin \vartheta}{2 \cdot r_y \cdot \lambda_0} \cdot e^{-j \frac{2\pi}{\lambda_0} \cdot r_y} \cdot dy \tag{219}$$

in P hervorgerufen, und für die ganze Antenne erhält man die Feldstärke der Welle in P aus dem Integral von Gl. (219) nach Einsetzen von Gl. (217):

$$\underline{E}_\vartheta = \int_{-\frac{h}{2}}^{+\frac{h}{2}} \underline{dE}_\vartheta = \frac{j Z_{F_0} \cdot I_m \cdot \sin \vartheta}{2 \lambda_0} \left\{ \int_{-\frac{h}{2}}^{0} \frac{1}{r_y} \sin \left[\frac{2\pi}{\lambda_0} \left(\frac{h}{2} + y \right) \right] \times \right.$$

$$\left. \times e^{-j \frac{2\pi}{\lambda_0} \cdot r_y} \cdot dy + \int_0^{+\frac{h}{2}} \frac{1}{r_y} \sin \left[\frac{2\pi}{\lambda_0} \left(\frac{h}{2} - y \right) \right] e^{-j \frac{2\pi}{\lambda_0} \cdot r_y} \cdot dy \right\}. \tag{220}$$

Setzt man in Gl. (220) in alle die Amplitude betreffenden Glieder an Stelle von r_y den mittleren Entfernungswert r und in alle die Phase betreffenden Glieder Gl. (218) ein, so erhält man:

$$\underline{E}_\vartheta = \frac{j Z_{F_0} \cdot I_m \cdot \sin \vartheta \cdot e^{-j \frac{2\pi r}{\lambda_0}}}{2 \lambda_0 \cdot r} \left\{ \int_{-\frac{h}{2}}^{0} e^{j \frac{2\pi y}{\lambda_0} \cdot \cos \vartheta} \times \right.$$

$$\left. \times \sin \left[\frac{2\pi}{\lambda_0} \left(\frac{h}{2} + y \right) \right] dy + \int_0^{+\frac{h}{2}} e^{j \frac{2\pi y}{\lambda_0} \cdot \cos \vartheta} \cdot \sin \left[\frac{2\pi}{\lambda_0} \left(\frac{h}{2} - y \right) \right] dy \right\}.$$

$$\tag{221}$$

Dies ist ein Integral von der Form

$$\int e^{ax} \sin(bx + c) dx = \frac{e^{ax}}{a^2 + b^2} [a \cdot \sin(bx + c) - b \cdot \cos(bx + c)].$$

3.1. Einfluß der Stromverteilung auf Richtdiagramm (Vertikalantennen)

Wendet man das auf Gl. (221) an, so wird $a = j \cdot \frac{2\pi}{\lambda_0} \cdot \cos\vartheta$ und $c = \frac{\pi h}{\lambda_0}$ gesetzt. Im ersten Integral wird $b = \frac{2\pi}{\lambda_0}$, wogegen im zweiten Integral $b = -\frac{2\pi}{\lambda_0}$ zu setzen ist.

Damit wird aus Gl. (221):

$$\underline{E}_\vartheta = \frac{-jZ_{F_0} \cdot I_m \cdot \sin\vartheta \cdot e^{-j\frac{2\pi r}{\lambda_0}}}{2\lambda_0 \cdot r} \left\{ \frac{e^{j\frac{2\pi y}{\lambda_0}\cos\vartheta}}{\frac{4\pi^2}{\lambda_0^2}(1-\cos^2\vartheta)} \times \right.$$

$$\times \left[j\frac{2\pi}{\lambda_0}\cos\vartheta \cdot \sin\left(\frac{2\pi y}{\lambda_0} + \frac{\pi h}{\lambda_0}\right) - \frac{2\pi}{\lambda_0}\cos\left(\frac{2\pi y}{\lambda_0} + \frac{\pi h}{\lambda_0}\right) \right]\Bigg|_{-\frac{h}{2}}^{0} +$$

$$+ \frac{e^{j\frac{2\pi y}{\lambda_0}\cdot\cos\vartheta}}{\frac{4\pi^2}{\lambda_0^2}(1-\cos^2\vartheta)} \cdot \left[j\frac{2\pi}{\lambda_0}\cdot\cos\vartheta \times \right. \tag{221a}$$

$$\left. \times \sin\left(-\frac{2\pi y}{\lambda_0} + \frac{\pi h}{\lambda_0}\right) + \frac{2\pi}{\lambda_0}\cos\left(-\frac{2\pi y}{\lambda_0} + \frac{\pi h}{\lambda_0}\right) \right]\Bigg|_0^{+\frac{h}{2}} \Bigg\}$$

und

$$\underline{E}_\vartheta = \frac{jZ_{F_0} \cdot I_m \cdot \sin\vartheta \cdot e^{-j\frac{2\pi r}{\lambda_0}}}{2 \cdot \lambda_0 \cdot r} \left\{ \frac{1}{\frac{4\pi^2}{\lambda_0^2}\cdot\sin^2\vartheta} \left[\left(-\frac{4\pi}{\lambda_0}\cdot\cos\frac{\pi h}{\lambda_0}\right) + \right.\right.$$

$$\left.\left. + e^{-j\frac{\pi h}{\lambda_0}\cdot\cos\vartheta} \cdot \frac{2\pi}{\lambda_0} + e^{j\frac{\pi h}{\lambda_0}\cdot\cos\vartheta} \cdot \frac{2\pi}{\lambda_0} \right] \right\}. \tag{221b}$$

Mit $e^{jx} + e^{-jx} = 2 \cdot \cos x$ ergibt sich aus Gl. (221b) schließlich:

$$\underline{E}_\vartheta = \frac{jZ_{F_0} \cdot I_m \cdot e^{-j\frac{2\pi r}{\lambda_0}}}{2\pi r} \cdot \frac{\cos\left(\frac{\pi h}{\lambda_0}\cdot\cos\vartheta\right) - \cos\left(\frac{\pi h}{\lambda_0}\right)}{\sin\vartheta}. \tag{222}$$

Setzt man darin Gl. (35) ein und ergänzt mit $e^{j\omega t}$, so erhält man:

$$\underline{E}_\vartheta \cdot e^{j\omega t} = \frac{j 60 \cdot I_m \, e^{j\left(\omega t - \frac{2\pi r}{\lambda_0}\right)}}{r} \cdot \frac{\cos\left(\frac{\pi h}{\lambda_0}\cos\vartheta\right) - \cos\left(\frac{\pi h}{\lambda_0}\right)}{\sin\vartheta}. \quad (223)$$

Der Betrag der elektrischen Feldstärke einer Welle im Abstand r von der Sendeantenne nach Bild 3.3 ist dann unter der Voraussetzung sinusförmiger Stromverteilung:

$$E_\vartheta = \frac{60 I_m}{r} \cdot \left|\frac{\cos\left(\frac{\pi h}{\lambda_0}\cdot\cos\vartheta\right) - \cos\left(\frac{\pi h}{\lambda_0}\right)}{\sin\vartheta}\right|. \quad (224)$$

Führt man die Konstante $A'_0 = A_0 \cdot k^*$ mit A_0 des Elementardipols bei konstantem Strombelag (vergl. (61a)) und einem konstanten Faktor k^* ein, so erhält man für die Richtcharakteristik der Dipolantenne nach Bild 3.3 mit sinusförmiger Stromverteilung:

$$\frac{A}{A'_0} = \left|\frac{\cos\left(\frac{\pi h}{\lambda_0}\cos\vartheta\right) - \cos\left(\frac{\pi h}{\lambda_0}\right)}{\sin\vartheta}\right|. \quad (225)$$

Sehr häufig werden Antennen eingesetzt, die vom Sender in ihrer Grundschwingung oder einer Oberschwingung (also in ihrer „Harmonischen") erregt werden. Die Antennenerregung in einer ihrer Eigenschwingungen (Resonanzen) ist immer dann gegeben, wenn das Verhältnis Antennenlänge h zur Länge λ_0 der vom Sender abgestrahlten Welle ein ganzzahliges Vielfaches von $\frac{1}{2}$ ist.

Es ist also

$$\frac{h}{\lambda_0} = n \cdot \frac{1}{2} \text{ mit } n = 1, 2, 3, 4, \ldots \quad (225\,\text{a})$$

Für den vertikalen Halbwellendipol erhält man mit $\frac{h}{\lambda_0} = \frac{1}{2}$ (d. h. $n = 1$) aus Gl. (225):

$$\frac{A}{A'_0} = \left|\frac{\cos\left(\frac{\pi}{2}\cdot\cos\vartheta\right)}{\sin\vartheta}\right|. \quad (226)$$

3.1. Einfluß der Stromverteilung auf Richtdiagramm (Vertikalantenne)

Eine Grenzwertbetrachtung nach DE L'HOSPITAL führt für $\vartheta = 0°$; $(180°)$ auf $\dfrac{A}{A'_0} = 0$.

Für den vertikalen Ganzwellendipol wird mit $\dfrac{h}{\lambda_0} = 1$ (d. h. $n = 2$):

$$\frac{A}{A'_0} = \left| \frac{\cos(\pi \cdot \cos \vartheta) + 1}{\sin \vartheta} \right|, \tag{227}$$

wobei auch hier eine Nullstelle für $\vartheta = 0°$; $(180°)$ auftritt.

Für eine in der Mitte gespeiste Antenne der Länge $\dfrac{3}{2}\lambda_0$ (Bild 3.1c) gilt mit $\dfrac{h}{\lambda_0} = \dfrac{3}{2}$ (d. h. $n = 3$):

$$\frac{A}{A'_0} = \left| \frac{\cos\left(\dfrac{3\pi}{2} \cos \vartheta\right)}{\sin \vartheta} \right|. \tag{228}$$

Die an ihrem Fußpunkt gespeiste vertikale Stabantenne über einer leitenden Ebene (Erde) kann unter Berücksichtigung von Abschnitt 2.3.3. als mittengespeiste (Dipol-) Antenne aufgefaßt werden, wenn man ihr Spiegelbild als Ergänzung des Stabstrahlers zur Dipolantenne auffaßt.

Die B i l d e r 3.4a–c zeigen Stabantennen über einer leitenden Ebene. Die Antennenhöhe ist $\dfrac{h}{2}$. Die Richtdiagramme der Stabantennen (Bilder 3.4a–c) entsprechen den halben Diagrammen der vertikalen Dipole der Länge h im freien Raum. Die in den Halbkugelraum von der vertikalen Stabantenne

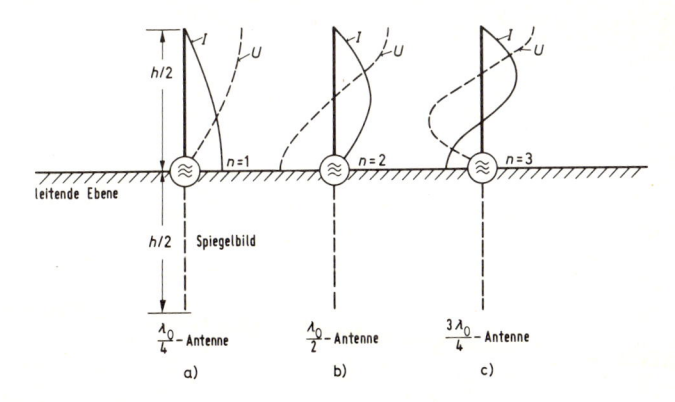

Bild 3.4 Stabantennen über einer leitenden Ebene mit Strom- und Spannungsverteilung

abgestrahlte Leistung ist nach Gl. (64) halb so groß wie sie der Dipol in den Kugelraum strahlt.

Die B i l d e r 3.5 a–c zeigen die Richtdiagramme der Dipolantennen nach Bild 3.1 a, die aus den Gln. (226), (227) und (228) berechnet wurden. Die Richtdiagramme der Stabantennen nach Bild 3.4 a–c sind nur im Halbkugelraum, in dem sich die Antennen befinden, gültig. Es ist der Bereich oberhalb der in die Diagramme der Bilder 3.5 a–c eingezeichneten Trennungslinie: —————.

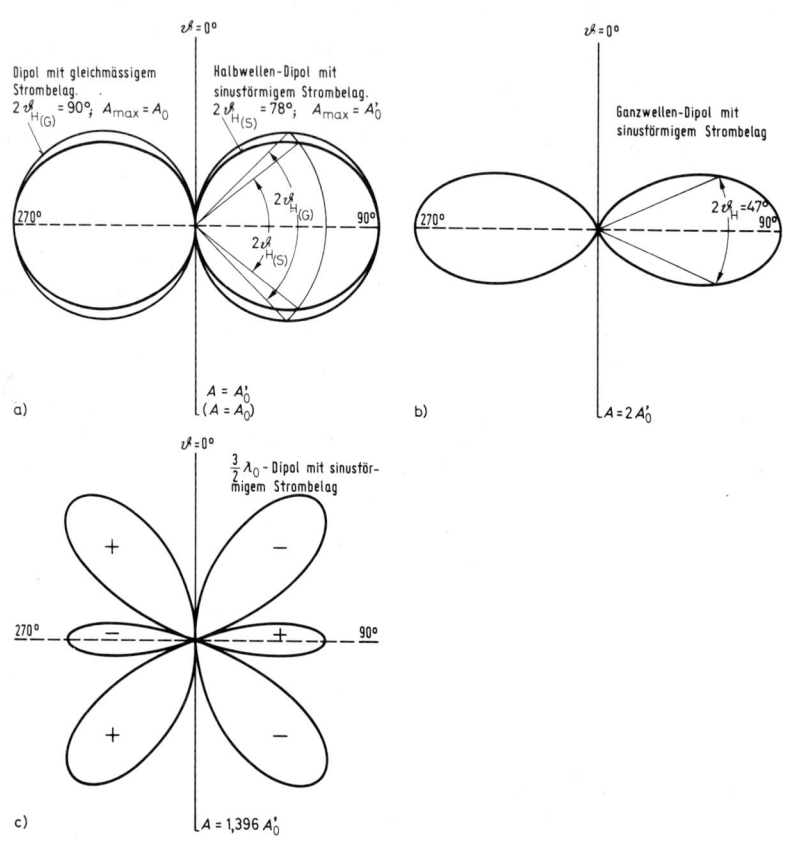

Bild 3.5 a und c) Vertikale Richtdiagramme der Dipolantennen nach Bild 3.1 a. b) Ganzwellen-Dipol mit sinusförmigem Strombelag

Die Richtdiagramme sind rotationssymmetrisch zur Antennenachse, da sie nach Gl. (225) nur von ϑ abhängen. Horizontale Schnitte durch die Richtdiagramme z. B. in der $\vartheta = \pm 90°$-Ebene ergeben als Horizontaldiagramme Kreise. Zum Vergleich ist in Bild 3.5 a das Richtdiagramm eines vertikalen Dipols mit gleichmäßigem Strombelag eingezeichnet, wie es aus Gl. (77) berechnet werden

3.1. Einfluß der Stromverteilung auf Richtdiagramm (Vertikalantenne)

kann. Man sieht, daß das Vertikaldiagramm des Dipols mit sinusförmiger Stromverteilung eine schmalere Diagrammkeule hat als das des Dipols mit gleichmäßiger Stromverteilung, dessen Halbwertsbreite $2\,\vartheta_H = 90°$ ist. Der Dipol mit $h = \frac{\lambda_0}{2}$ hat dagegen eine Halbwertsbreite von etwa $2\,\vartheta_H = 78°$, und der Ganzwellendipol mit $h = \lambda_0$ hat sogar nur $2\,\vartheta_H = 47°$. Im vertikalen Richtdiagramm für die $\frac{3}{2}\lambda_0$-Dipolantenne mit sinusförmiger Stromverteilung (Bild 3.5c) sind die relativen Phasen der Strahlungsfelder — bezogen auf den Antennenmittelpunkt als Phasenzentrum — eingezeichnet [6, S. 143]. Dabei darf der Ausdruck Gl. (228) nicht mehr als Betrag — wie es für die einfache Richtdiagrammberechnung genügt — ausgewertet werden. Man erkennt bei der punktweisen Auswertung für fortlaufende ϑ, daß beim „Überschreiten" einer Diagramm-Nullstelle das Vorzeichen von $\frac{A}{A_0}$ wechselt: Die Felder zweier nebeneinander liegender Keulen des Antennendiagramms haben 180° Phasendifferenz.

Der im Abschnitt 1.8. für die Richtcharakteristik des Elementardipols gültige Ausdruck Gl. (78) wurde bei allen Richtcharakteristiken im 2. Abschnitt verwendet, bei denen die Richtcharakteristik vertikaler Einzeldipole berücksichtigt werden mußte. Bei den technischen Antennen muß eine sinusförmige Stromverteilung auf der Antenne angenommen werden. Deshalb muß man bei vertikalen Dipolen an Stelle von Gl. (78) nun Gl. (225) verwenden.

Hat man vertikale Halbwellendipole als Einzeldipole einer Antennenkombination, so ist Gl. (78) durch Gl. (226) zu ersetzen, so daß z. B. aus Gl. (83) die Richtcharakteristik für die horizontale Dipolzeile aus zwei vertikalen Dipolen der Länge $h = \frac{\lambda_0}{2}$ hervorgeht:

$$\frac{A}{A_0'} = \frac{\cos\left(\frac{\pi}{2}\cos\vartheta\right)}{\sin\vartheta} \left| 2\cos\left(\frac{\pi a}{\lambda_0}\cdot\cos\varphi\cdot\sin\vartheta\right) \right|. \tag{229}$$

Mit Gl. (224) wird die elektrische Feldstärke der horizontalen Dipolzeile im Abstand r von der Antenne:

$$A = E_\vartheta = \frac{I_m \cdot 60 \cdot \cos\left(\frac{\pi}{2}\cdot\cos\vartheta\right)}{r\cdot\sin\vartheta} \cdot \left| 2\cdot\cos\left(\frac{\pi a}{\lambda_0}\cdot\cos\varphi\cdot\sin\vartheta\right) \right|. \tag{230}$$

Auf gleiche Weise erhält man für alle Dipolkombinationen die Richtcharakteristiken bei Berücksichtigung des sinusförmigen Strombelages der Einzelantennen.

So entsteht z. B. der Ausdruck für die Richtcharakteristik einer Dipolwand aus vertikalen Halbwellendipolen mit Reflektoren aus Gl. (157):

$$\frac{A}{A'_0} = \underbrace{\frac{\cos\left(\frac{\pi}{2}\cos\vartheta\right)}{\sin\vartheta}}_{\text{Einzeldipol}} \cdot \underbrace{\left|\frac{\sin\left(\frac{m\pi b}{\lambda_0}\cos\vartheta\right)}{\sin\left(\frac{\pi b}{\lambda_0}\cos\vartheta\right)}\right|}_{\text{m Elemente übereinander}} \times$$

$$\times \underbrace{\left|\frac{\sin\left(\frac{n\pi a}{\lambda_0}\cos\varphi\cdot\sin\vartheta\right)}{\sin\left(\frac{\pi a}{\lambda_0}\cos\varphi\cdot\sin\vartheta\right)}\right|}_{\text{n Elemente nebeneinander}} \cdot \underbrace{\left|2\cdot\cos\left(\frac{\beta_0}{2}+\frac{\pi d}{\lambda_0}\cdot\sin\varphi\cdot\sin\varphi\right)\right|}_{\text{Reflektorfaktor}}. \quad (231)$$

In A'_0 sind dabei alle Konstanten der Faktoren des Ausdrucks, wie sie für den Aufpunkt P gelten, enthalten.

Hat man eine Dipolkombination aus Ganzwellendipolen, so ist an Stelle von Gl. (226) für den Einzeldipol Gl. (227) in Gl. (231) einzusetzen.

3.1.2. An ihrem Ende gespeiste Vertikalantenne im freien Raum

Im vorhergehenden Abschnitt wurden die Antennen in ihrer Mitte gespeist. Man kann die Antennen auch an ihrem Ende an den Sender anschließen. Wir wollen die Fälle betrachten, bei denen die an ihrem Ende gespeisten Antennen vom Sender in ihren Eigenschwingungen (Harmonischen) erregt werden. B i l d 3.6 zeigt einige Beispiele der in ihren Grund- bzw. Oberschwingungen erregten Antennen nach [20] mit ihrer Stromverteilung.

Für $n = 1, 3, 5, 7, \ldots$ ist die Antenne in einer ungeradzahligen Harmonischen und mit $n = 2, 4, 6, \ldots$ ist sie in einer geradzahligen Harmonischen erregt. Bei den in ungeradzahligen Harmonischen erregten Antennen kann man sich den Generatorspeisepunkt auch in die Mitte der Antenne gelegt denken. Die zur Antennenmitte symmetrische Stromverteilung auf der Antenne würde sich — bei entsprechender Anpassung des Generators an den Speisepunkt — nicht ändern (vergl. Bild 3.1).

Man kann deshalb die für mittengespeiste Antennen abgeleiteten Ausdrücke Gl. (226) bzw. Gl. (228) übernehmen und mit $\frac{h}{\lambda_0} = \frac{n}{2}$ erhält man für die verti-

3.1. Einfluß der Stromverteilung auf Richtdiagramm (Vertikalantenne)

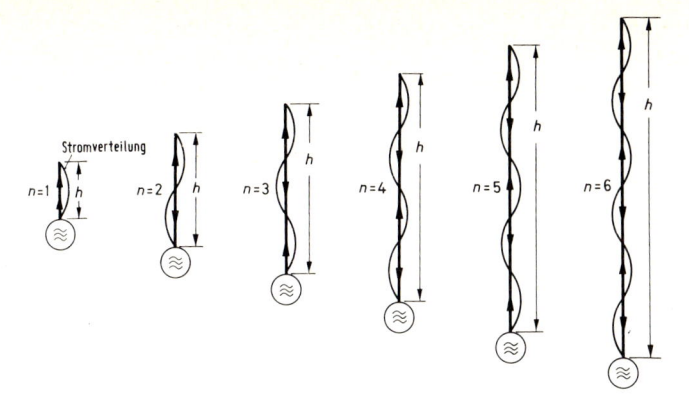

Bild 3.6 Stromverteilungen auf Antennen, die an ihrem Ende in ihren Grund- oder Oberschwingungen erregt werden

kale Richtcharakteristik einer in ungeradzahligen Harmonischen erregten Vertikalantenne im freien Raum:

$$\frac{A}{A_0'} = \left| \frac{\cos\left(\frac{n\pi}{2} \cos \vartheta\right)}{\sin \vartheta} \right| \tag{232}$$

mit $n = 1, 3, 5, 7, \ldots$.

Einige vertikale Richtdiagramme wurden aus Gl. (232) errechnet. Sie sind in den B i l d e r n 3.7a–c dargestellt.

Diese entsprechen den Diagrammen von vertikalen Dipolantennen mit der gleichen Stromverteilung.

Die Berechnung der Richtdiagramme nach Gl. (232) wird durch die Ermittlung der Nullstellen und der Maxima erleichtert:

Nullstellen erhält man für

$$\cos\left(\frac{n\pi}{2} \cos \vartheta\right) = 0,$$

d. h. $\left(\frac{n\pi}{2} \cos \vartheta\right) = \frac{\pi}{2}, \frac{3\pi}{2}, \frac{5\pi}{2}, \ldots$.

Man erhält daraus $\cos \vartheta = \frac{1}{n}, \frac{3}{n}, \frac{5}{n}, \ldots, 1$.

Für $n = 3$ ist z. B. $\cos \vartheta = \frac{1}{3}$ und $\vartheta = 70{,}5°$,

$\cos \vartheta = 1, \vartheta = 0°$.

Die Maxima erhält man wie bei Gl. (86) aus $\dfrac{d \dfrac{A}{A_0'}}{d\vartheta} = 0$.

Nach [20] und [23] kann man daraus eine einfache Näherung zur Berechnung des Hauptmaximums ableiten:

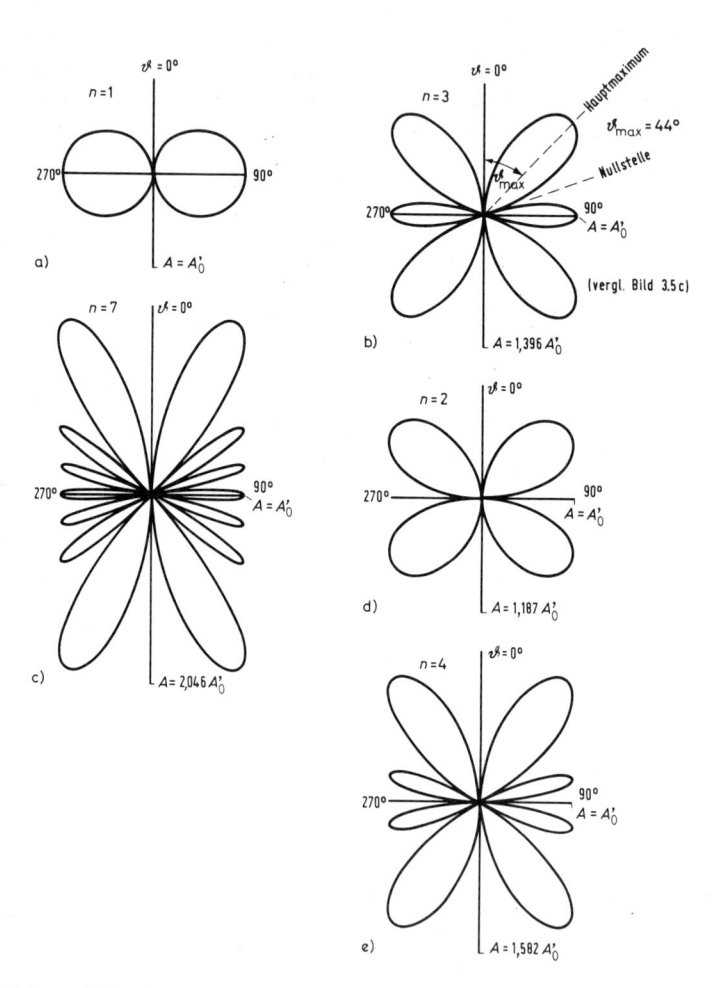

Bild 3.7 a–e) Vertikale Richtdiagramme von an ihrem Ende gespeisten Vertikalantennen (Bild 3.6) im freien Raum. Die Diagramme sind rotationssymmetrisch zur Antennenachse. Diese Diagramme sind, gleich den Horizontaldiagrammen der am Ende gespeisten Horizontalantennen, wenn unter Berücksichtigung der Winkelzählrichtung ϑ durch φ ersetzt wird

3.1. Einfluß der Stromverteilung auf Richtdiagramm (Vertikalantenne)

Es ist

$$\cos \vartheta_{max} = \frac{n-1}{n}\left[1 + \frac{4}{\pi^2(2n-1)}\right] \quad \text{mit } n = 1, 2, 3. \tag{232a}$$

Für $n = 3$ wird $\cos \vartheta_{max} = 0{,}72$ und $\vartheta_{max} = 44°$ (s. Bild 3.7b).

Bei in geradzahligen Harmonischen erregten Antennen ist die Stromverteilung auf der Antenne nicht mehr symmetrisch zur Antennenmitte. Der Strom fließt nun in Antennenelementen gleichen Abstandes von der Antennenmitte gegenphasig. Deshalb subtrahieren sich in der Ebene $\vartheta = \pm 90°$ die Feldanteile, die von Antennenelementen stammen, die gleichweit von der Antennenmitte entfernt liegen.

Damit muß Gl. (217) nun so angeschrieben werden:

$$I = I_m \sin\left[\frac{2\pi}{\lambda_0}\left(\frac{h}{2} - y\right)\right] \quad \text{für } y > 0 \text{ und}$$

$$I = -I_m \sin\left[\frac{2\pi}{\lambda_0}\left(\frac{h}{2} + y\right)\right] \quad \text{für } y < 0.$$

Setzt man dies in Gl. (220) ein und integriert wie dort über die Antennenlänge, so erhält man für die in geradzahligen Harmonischen erregten, an ihren Enden gespeisten Antennen ($n = 2, 4, 6, \ldots$):

$$\frac{A}{A'_0} = \left|\frac{\sin\left(\frac{\pi h}{\lambda_0}\cos\vartheta\right)}{\sin\vartheta}\right|. \tag{233}$$

Mit $\frac{h}{\lambda_0} = \frac{n}{2}$ wird für $n = 2$:

$$\frac{A}{A'_0} = \left|\frac{\sin(\pi \cos\vartheta)}{\sin\vartheta}\right|. \tag{234}$$

In den B i l d e r n 3.7d und e sind zwei nach Gl. (233) berechnete vertikale Richtdiagramme für am Ende gespeiste vertikale Antennen im freien Raum dargestellt. Das Hauptmaximum des Diagramms kann wieder aus Gl. (232a) ermittelt werden.

Man sieht aus den Bildern 3.7a–e, daß für steigende Ordnungszahl n der Winkel ϑ_{max} für die Hauptstrahlrichtungen (Hauptkeulen) des Diagramms immer kleiner wird: Die Hauptstrahlung erfolgt immer mehr in Strahler-Richtung. Die Feldstärken in Horizontalrichtung gehen nicht über A'_0 hinaus.

3.2. Einfluß der Stromverteilung auf das Richtdiagramm der Horizontalantenne

Im Abschnitt 3.1. war die Antennenachse der Vertikalantenne das „Bezugssystem" der Ableitung. Für die Berechnung der Richtcharakteristiken von Horizontalantennen unter Berücksichtigung einer sinusförmigen Stromverteilung ist als Bezugssystem die durch die Antenne gehende Horizontalebene zweckmäßig. Die Antenne befinde sich vorerst im freien Raum.

B i l d 3.8a zeigt eine Horizontalantenne mit den bei der Ableitung verwendeten räumlichen Winkeln. Die Horizontalantenne kann im freien Raum als eine um 90° gedrehte Vertikalantenne aufgefaßt werden. Deshalb muß man nur

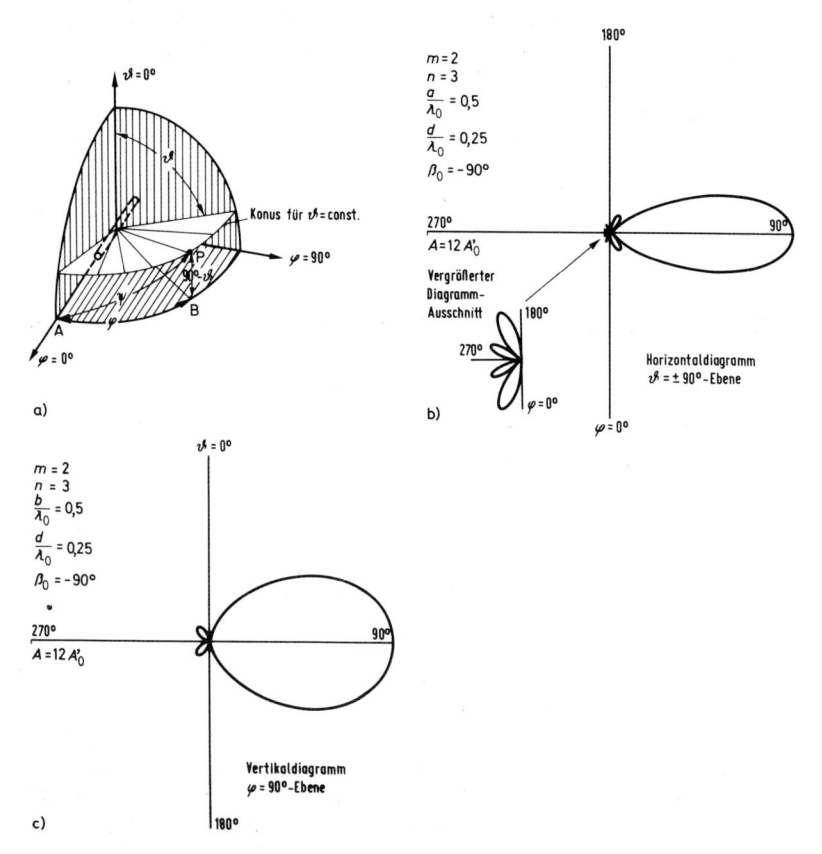

Bild 3.8 a) Horizontale Antenne mit P im Raumwinkelsystem. b—c) Richtdiagramme einer Dipolwand aus horizontalen Halbwellendipolen mit Reflektoren nach Bild 2.31. Die Strahlerdipole werden mit sinusförmiger Stromverteilung gleichphasig gespeist, während die Reflektoren um β_0 phasenverschoben gespeist sind

3.2. Einfluß der Stromverteilung auf Richtdiagramm (Horizontalantenne)

das neue Bezugssystem in die im Abschnitt 3.1. abgeleiteten Ausdrücke einführen, um die Richtcharakteristiken der Horizontalantenne zu erhalten. Für das sphärische Dreieck ABP in Bild 3.8a gilt:

$$\cos \psi = \cos \varphi \cos (90° - \vartheta) \tag{235}$$

$$\text{oder} \quad \cos \psi = \cos \varphi \sin \vartheta. \tag{235a}$$

Mit $\sin^2 \psi = 1 - \cos^2 \psi$ erhält man

$$\sin \psi = \sqrt{1 - \cos^2 \varphi \sin^2 \vartheta}. \tag{236}$$

Setzt man dies in Gl. (225) ein, so erhält man die Richtcharakteristik der mittengespeisten Horizontalantenne (Dipol) im freien Raum, wobei sinusförmige Stromverteilung auf der Antenne vorliegen soll. An Stelle von $\cos \vartheta$ ist $\cos \psi$, an Stelle von $\sin \vartheta$ ist $\sin \psi$ zu setzen:

$$\frac{A}{A'_0} = \left| \frac{\cos \left(\frac{\pi h}{\lambda_0} \cos \varphi \cdot \sin \vartheta\right) - \cos \left(\frac{\pi h}{\lambda_0}\right)}{\sqrt{1 - \cos^2 \varphi \sin^2 \vartheta}} \right|. \tag{237}$$

Mit $\dfrac{h}{\lambda_0} = n \cdot \dfrac{1}{2}$ erhält man für $n = 1$ die Richtcharakteristik des Halbwellendipols:

$$\frac{A}{A'_0} = \left| \frac{\cos \left(\frac{\pi}{2} \cos \varphi \cdot \sin \vartheta\right)}{\sqrt{1 - \cos^2 \varphi \cdot \sin^2 \vartheta}} \right| \tag{238}$$

und für $n = 2$ die Richtcharakteristik des Ganzwellendipols:

$$\frac{A}{A'_0} = \left| \frac{\cos (\pi \cdot \cos \varphi \cdot \sin \vartheta) + 1}{\sqrt{1 - \cos^2 \varphi \cdot \sin^2 \vartheta}} \right|. \tag{239}$$

Im Abschnitt 2. wurde bei den Antennenkombinationen aus horizontalen Elementardipolen die Richtcharakteristik des horizontalen, von konstantem Strom durchflossenen Dipols Gl. (88a) in die Ausdrücke eingesetzt. An Stelle von $\sin \varphi$ muß bei sinusförmiger Stromverteilung auf dem horizontalen Dipol Gl. (237) in die Formeln eingesetzt werden. Sind die Dipole der Dipolkombination horizontale Halbwellendipole, so ist Gl. (238), besteht die Kombination aus horizontalen Ganzwellendipolen, so ist Gl. (239) einzusetzen.

Z. B. wird nun der Ausdruck für die Richtcharakteristik der Dipolwand aus $m \cdot n$ horizontalen Halbwellendipolen und phasenverschoben gespeisten Reflektoren Gl. (158) mit Gl. (238):

$$\frac{A}{A_0'} = \left|\frac{\cos\left(\frac{\pi}{2} \cdot \cos\varphi \cdot \sin\vartheta\right)}{\sqrt{1 - \cos^2\varphi \cdot \sin^2\vartheta}}\right| \cdot \left|\frac{\sin\left(\frac{n\pi a}{\lambda_0} \cdot \cos\varphi \cdot \sin\vartheta\right)}{\sin\left(\frac{\pi a}{\lambda_0} \cdot \cos\varphi \cdot \sin\vartheta\right)}\right| \times$$

$$\times \left|\frac{\sin\left(\frac{m\pi b}{\lambda_0} \cdot \cos\vartheta\right)}{\sin\left(\frac{\pi b}{\lambda_0} \cdot \cos\vartheta\right)}\right| \cdot \left|2 \cdot \cos\left(\frac{\beta_0}{2} + \frac{\pi d}{\lambda_0} \sin\varphi \cdot \sin\vartheta\right)\right|. \quad (240)$$

Die B i l d e r 3.8b–c zeigen die Richtdiagramme einer solchen Dipolwand nach Gl. (240).

Für eine horizontale Antenne im freien Raum, die an ihrem Ende gespeist und in einer geradzahligen Eigenschwingung $n = 2, 4, 6, \ldots$ in $\frac{h}{\lambda_0} = \frac{n}{2}$ erregt wird, erhält man das Richtdiagramm aus Gl. (241). Dieser Ausdruck entsteht aus Gl. (233) durch Ersetzen von $\cos\vartheta$ und $\sin\vartheta$ durch $\cos\psi$ und $\sin\psi$:

$$\frac{A}{A_0'} = \left|\frac{\sin\left(\frac{n\pi}{2} \cdot \cos\varphi \cdot \sin\vartheta\right)}{\sqrt{1 - \cos^2\varphi \cdot \sin^2\vartheta}}\right|. \quad (241)$$

Bei Erregung in einer ungeradzahligen Harmonischen ergibt sich die Richtcharakteristik für die horizontale Antenne aus Gl. (230):

$$\frac{A}{A_0'} = \left|\frac{\cos\left(\frac{n\pi}{2} \cdot \cos\varphi \cdot \sin\vartheta\right)}{\sqrt{1 - \cos^2\varphi \cdot \sin^2\vartheta}}\right| \quad \text{mit } n = 1, 3, 5, 7, \ldots \quad (242)$$

Für $\vartheta = \pm 90°$ erhält man das horizontale Richtdiagramm der Horizontalantenne aus Gl. (241)

$$\frac{A}{A_0'} = \left|\frac{\sin\left(\frac{n\pi}{2} \cdot \cos\varphi\right)}{\sin\varphi}\right| \quad \text{für } n = 2, 4, 6, \ldots \quad (243)$$

und aus Gl. (242)

$$\left|\frac{A}{A'_0}\right| = \left|\frac{\cos\left(\frac{n\pi}{2} \cdot \cos\varphi\right)}{\sin\varphi}\right| \quad \text{für } n = 1, 3, 5, 7, \ldots \tag{244}$$

Wenn man φ mit ϑ vertauscht, erhält man die vorher abgeleiteten Ausdrücke Gln. (233) und (232): Die vertikalen Richtdiagramme der vertikalen Antennen (Bilder 3.7 a–e) sind gleichzeitig die horizontalen Richtdiagramme der horizontalen Antennen, wenn an Stelle von ϑ — unter Berücksichtigung der entgegengesetzten Winkelzählrichtung — der Azimutwinkel φ gesetzt wird.

Das Vertikaldiagramm der an ihrem Ende gespeisten Horizontalantenne erhält man aus Gl. (241) für geradzahlige n und aus Gl. (242) für ungeradzahlige n, wenn $\varphi = 0°$ gesetzt wird. Dann ist

$$\left|\frac{A}{A'_0}\right| = \left|\frac{\sin\left(\frac{n\pi}{2} \cdot \sin\vartheta\right)}{\cos\vartheta}\right| \quad \text{für } n = 2, 4, 6, \ldots \tag{245}$$

und

$$\left|\frac{A}{A'_0}\right| = \left|\frac{\cos\left(\frac{n\pi}{2} \cdot \sin\vartheta\right)}{\cos\vartheta}\right| \quad \text{für } n = 1, 3, 5, \ldots \tag{246}$$

Bei der Auswertung der Ausdrücke ist für $\vartheta = \pm 90°$ eine Grenzwertbetrachtung durchzuführen. Man sieht daraus, daß die an ihrem Ende gespeiste, in einer Harmonischen erregte Horizontalantenne senkrecht zur Antennenachse nur bei Erregung in einer ungeraden Harmonischen strahlt. In der Horizontalebene ($\vartheta = \pm 90°$) liegt bei $\varphi = 0°$ eine Nullstelle der Abstrahlung.

3.3. Einfluß der Erde auf das Richtdiagramm der Antenne

Der Einfluß der Erde muß bei Einzelantennen oder Antennenkombinationen, die sich über der Erde befinden, berücksichtigt werden. Nach Abschnitt 2.3. muß man für eine Einzelantenne, die sich $\frac{h}{2}$ über der Erde (als leitende Ebene gedacht) befindet, ein Spiegelbild $\frac{h}{2}$ unter der leitenden Ebene annehmen, um die Wirkung der Erde als „Spiegelfläche" zu erfassen. Das gilt auch für Antennenkombinationen.

Bei symmetrischen Antennenkombinationen ist die Höhe $\frac{h}{2}$ auf die Mitte der Antennenanordnung bezogen. Diese Höhe wird oft *Schwerpunkthöhe* genannt. Man hat dann die in Abschnitt 2.3.2. und 2.3.3. beschriebenen Fälle.

Aus ihnen ist der *Spiegelungsfaktor* oder *Erdfaktor* zu entnehmen. Mit diesen Faktoren sind die Ausdrücke für die Richtcharakteristik der Antennen im freien Raum zu multiplizieren, wenn sich die Antennen über der Erde befinden (Prinzip der Multiplikation der Richtcharakteristiken). Für horizontale Einzelantennen oder Antennenkombinationen aus horizontalen Antennen in der Höhe $\frac{h}{2}$ über der Erde erhält man den Spiegelungsfaktor aus Gl. (120):

$$F_\mathrm{h} = 2 \cdot \left| \sin\left(\frac{\pi h}{\lambda_0} \cos \vartheta\right) \right|. \tag{247}$$

Ebenso erhält man für vertikale Einzelantennen oder Antennenkombinationen aus vertikalen Antennen in der Höhe $\frac{h}{2}$ über der Erde den Spiegelungsfaktor aus Gl. (99):

$$F_\mathrm{v} = 2 \cdot \left| \cos\left(\frac{\pi h}{\lambda_0} \cdot \cos \vartheta\right) \right|. \tag{248}$$

Z. B. für die Richtcharakteristik einer aus vertikalen Halbwellendipolen mit Reflektoren bestehenden Dipolwand Gl. (231) erhält man bei Anordnung der Dipolwand in der Höhe $\frac{h}{2}$ über der Erde die Richtcharakteristik:

$$\frac{A}{A'_0} = \underbrace{\frac{\cos\left(\frac{\pi}{2} \cos \vartheta\right)}{\sin \vartheta}}_{\text{Einzeldipol}} \cdot \underbrace{\left| \frac{\sin\left(\frac{m\pi b}{\lambda_0} \cos \vartheta\right)}{\sin\left(\frac{\pi b}{\lambda_0} \cos \vartheta\right)} \right|}_{\text{m Elemente übereinander}} \cdot \underbrace{\left| \frac{\sin\left(\frac{n\pi a}{\lambda_0} \cos \varphi \cdot \sin \vartheta\right)}{\sin\left(\frac{\pi a}{\lambda_0} \cos \varphi \cdot \sin \vartheta\right)} \right|}_{\text{n Elemente nebeneinander}} \cdot$$

$$\cdot \underbrace{\left| 2 \cos\left(\frac{\beta_0}{2} + \frac{\pi d}{\lambda_0} \sin \varphi \sin \vartheta\right) \right|}_{\text{Reflektorfaktor}} \cdot \underbrace{\left| 2 \cdot \cos\left(\frac{\pi h}{\lambda_0} \cdot \cos \vartheta\right) \right|}_{\text{Spiegelungsfaktor}}. \tag{249}$$

Für einen einzelnen horizontalen Halbwellendipol $\frac{h}{2}$ über der Erde gilt:

$$\frac{A}{A'_0} = \frac{\cos\left(\frac{\pi}{2} \cos \varphi \cdot \sin \vartheta\right)}{\sqrt{1 - \cos^2 \varphi \cdot \sin^2 \vartheta}} \cdot \left| 2 \cdot \sin\left(\frac{\pi h}{\lambda_0} \cdot \cos \vartheta\right) \right|. \tag{250}$$

3.3. Einfluß der Erde auf das Richtdiagramm der Antenne

Die Wirkung der Spiegelung der vom Dipol ausgestrahlten Welle an der Erdoberfläche ist z. B. in Bild 3.9 a zu sehen. Dort ist nach Gl. (250) für $\frac{h}{2} = \frac{\lambda_0}{4}$ eine Verdoppelung der Feldstärke in vertikaler Richtung ($\vartheta = 0°$) wegen $F_h = 2$ vorhanden.

Für eine horizontale Dipolzeile aus n horizontalen Halbwellendipolen Gln. (146), (238) erhält man bei Anordnung der Antennenkombination in der Höhe $\frac{h}{2}$ über der Erde die Richtcharakteristik:

$$\frac{A}{A'_0} = \underbrace{\frac{\cos\left(\frac{\pi}{2} \cos\varphi \cdot \sin\vartheta\right)}{\sqrt{1 - \cos^2\varphi \cdot \sin^2\vartheta}}}_{\text{Einzeldipol}} \cdot \underbrace{\left| \frac{\sin\left[n\left(\frac{\beta_0}{2} + \frac{\pi a}{\lambda_0} \cdot \sin\varphi \cdot \sin\vartheta\right)\right]}{\sin\left(\frac{\beta_0}{2} + \frac{\pi a}{\lambda_0} \cdot \sin\varphi \cdot \sin\vartheta\right)} \right|}_{n \text{ Dipole nebeneinander}}$$

$$\cdot \underbrace{\left| 2 \cdot \sin\left(\frac{\pi h}{\lambda_0} \cos\vartheta\right) \right|}_{\text{Spiegelungsfaktor}}. \tag{250a}$$

Das vertikale Richtdiagramm von Gl. (250a) hat für die $\varphi = 90°$-Ebene praktisch die gleiche Form wie das in die obere Halbebene von Bild 2.25 c eingezeichnete Diagramm, wenn $n = 4$; $\frac{a}{\lambda_0} = 0{,}5$; $\beta_0 = 90°$; $\frac{h}{2} = \frac{\lambda_0}{4}$ ist, allerdings ist dann $A_{\text{max}} = 8 A_0$. Die B i l d e r 3.9 a und b zeigen vertikale Richtdiagramme eines horizontalen Halbwellendipols, der $\frac{h}{2}$ über der Erde angeordnet ist. Die Zahl der Diagrammkeulen ist gleich dem Faktor k in $\frac{h}{2} = k \cdot \frac{\lambda_0}{4}$.

In Bild 3.9a ist ein vertikales Richtdiagramm dargestellt, wie es Antennenanlagen haben, die z. B. bei „Flugsicherungs-Funkfeuern" (Markierungsfunkfeuer) angewendet werden [36]. Dabei ist die Kenntnis der *Durchflugbreite* der Antennenstrahlungsfelder über der Anlage wichtig. Man ermittelt dazu Horizontalschnitte durch das vertikale Raumdiagramm der Antennen (vergl. Bild 2.10n) in verschiedenen (Flug-) Höhen: Man errechnet eine ausreichende Zahl von vertikalen Richtdiagrammen nach Gl. (250) für verschiedene Azimutwinkel φ = const und „dreht" alle diese Diagramme in eine Ebene; d. h. man zeichnet sie unter Angabe ihres Azimutwinkels in diese Ebene ein (B i l d 3.9c). Horizontalebenen durch das vertikale Raumdiagramm erscheinen in Bild 3.9 c als horizontale Gerade. Der Horizontalebene, die den höchsten Punkt der gezeichneten vertikalen Richtdiagramme berührt, wird die *relative Höhe* $h_{\text{rel}} = 1$

3. Technische Antennen

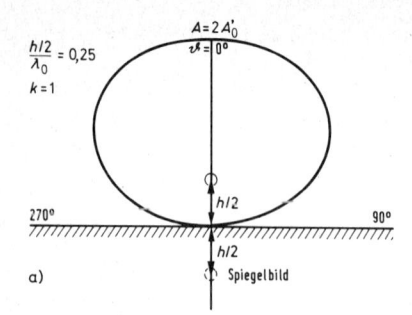

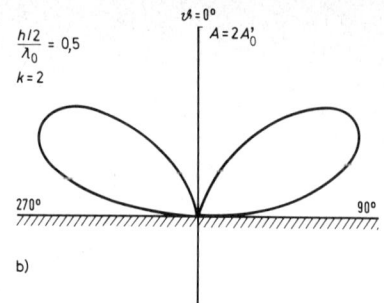

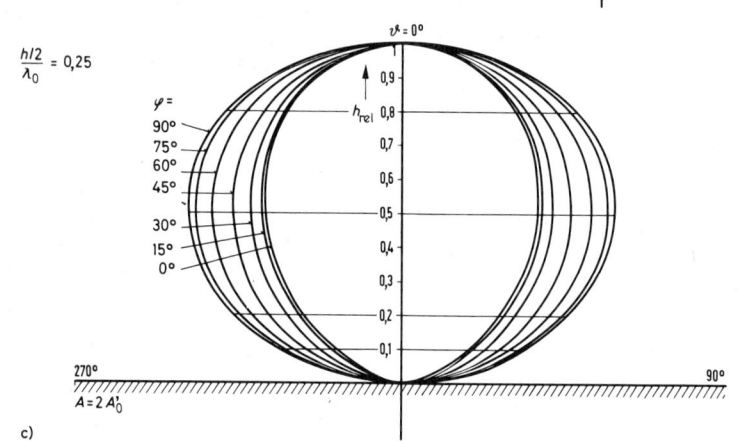

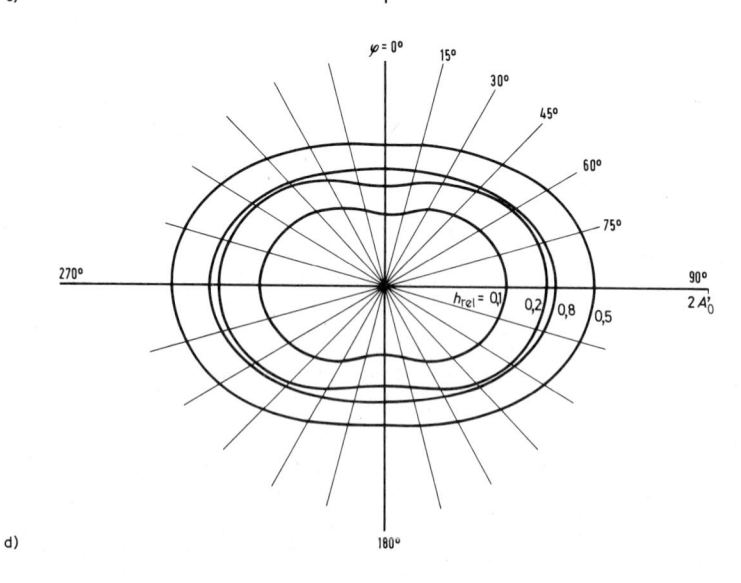

a) $\frac{h/2}{\lambda_0} = 0{,}25$, $k=1$, $A = 2A_0'$, $\vartheta = 0°$, $h/2$, Spiegelbild, $270°$, $90°$

b) $\frac{h/2}{\lambda_0} = 0{,}5$, $k=2$, $A = 2A_0'$, $\vartheta = 0°$, $270°$, $90°$

c) $\frac{h/2}{\lambda_0} = 0{,}25$, $\vartheta = 0°$, $\varphi = 90°, 75°, 60°, 45°, 30°, 15°, 0°$, h_{rel}, $A = 2A_0'$, $270°$, $90°$

d) $\varphi = 0°, 15°, 30°, 45°, 60°, 75°, 90°, 180°, 270°$, $h_{rel} = 0{,}1; 0{,}2; 0{,}5; 0{,}8$, $2A_0'$

3.4. Eingangsimpedanz und Strahlungswiderstand der Antenne

zugeordnet. Weitere Horizontalebenen, die unter dieser „Maximalhöhe" liegen, erhalten h_{rel} = 0,9; 0,8; . . .; 0,5; 0,4 usw.

Greift man nun für eine bestimmte relative Höhe aus Bild 3.9c die Abstände von der $\vartheta = 0°$-Achse bis zum Schnittpunkt der Horizontalebene mit dem jeweiligen vertikalen Richtdiagramm (φ = const) ab und trägt sie als $f(\varphi)$ in eine Horizontalebene ein, so erhält man den Horizontalschnitt durch das vertikale Raumdiagramm für die gewählte relative Höhe.

B i l d 3.9d zeigt einige Horizontalschnitte durch das vertikale Raumdiagramm, dessen vertikales Richtdiagramm für die Ebene $\varphi = \pm 90°$ in Bild 3.9a dargestellt ist. Die Umrechnung der relativen Höhe in wirkliche Höhen ist nach Festlegen eines Maßstabes möglich [36]. Setzt man die gefundenen Vertikaldiagramme und Horizontalschnitte wie in Bild 2.10n zusammen, so erhält man auch hier ein Diagramm, das einen räumlichen Eindruck des Antennenstrahlungsfeldes vermittelt.

Weil die Erde weniger gut leitet, als für die Ableitung des Spiegelungsfaktors angenommen wurde, werden diese Idealbedingungen durch gut leitende Metall-Reflektorflächen oder -Erdnetze unter den Antennen angenähert. Ist eine Verbesserung der Erdleitfähigkeit nicht möglich, dann müssen für genaue Berechnungen Verluste und Phasenänderung durch die reflektierende Erde berücksichtigt werden [11, S. 379].

3.4. Eingangsimpedanz und Strahlungswiderstand der Antenne

Die Eingangsimpedanz $\underline{Z}_A$, die eine Antenne an ihren „Speiseklemmen" dem Generator anbietet, hat eine Wirkkomponente R_A und eine Blindkomponente jX_A.

$$\underline{Z}_A = R_A + jX_A. \tag{251}$$

Die exakte Berechnung der Eingangsimpedanz einer Antenne ist aufwendig und überschreitet den Rahmen dieses Buches. SIEGEL und LABUS [25], KRAUS [6] und SCHELKUNOFF [26] haben ausführliche Ableitungen der Eingangsimpedanz auch für größere Antennenlängen unter Verwendung der Leitungstheorie veröffentlicht (s. auch [28]).

Die wichtigsten Bereiche der Eingangsimpedanz der Stabantenne und der Dipolantenne bis zu einer Antennenlänge von $\frac{\lambda_0}{4}$ bzw. $\frac{\lambda_0}{2}$ sollen nun nach einer Näherung von H. H. MEINKE hergeleitet werden.

◄ Bild 3.9 a–b) Vertikale Richtdiagramme eines horizontalen Halbwellendipols, der $\frac{h}{2}$ über der Erde angeordnet ist (sinusförmige Stromverteilung) $\varphi = 90°$-Ebene. c) Vertikale Richtdiagramme des horizontalen Halbwellendipols nach Gl. (250) für verschiedene Azimutwinkel φ. d) Horizontalschnitte durch das vertikale Raumdiagramm von Bild 3.9c

3. Technische Antennen

Zuerst sollen Strom und Spannung längs einer Stabantenne, die auf einer leitenden Ebene nach B i l d 3.10 steht, untersucht werden.

Wie in Bild 3.10 gezeigt, besteht zwischen den als Punkten auffaßbaren Längenelementen dy der Antenne und der leitenden Ebene jeweils eine Spannung der komplexen Amplitude $\underline{U}$, die aber wegen des Induktionsbelages längs der Antenne nicht konstant ist. Bei der Stabantenne hat jedes Antennenelement der Länge dy gegen die leitende Ebene (Erde) eine Kapazität

$$\Delta C = C' \cdot dy, \qquad (252)$$

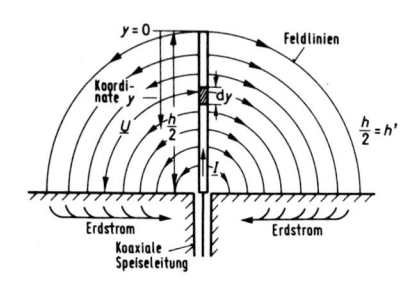

Bild 3.10 Stabantenne über leitender Ebene

wobei C' der auch in der Leitungstheorie verwendete *Kapazitätsbelag* — d. h. die Kapazität pro Längeneinheit (z. B. cm) der Antennenlänge — an der betrachteten Stelle der Antenne ist. C' bzw. ΔC nimmt zur Stabspitze hin ab, wie es für den Dipol in Bild 3.2 c angedeutet ist. Wegen dieser zwischen Antennenstab und Erde liegenden verteilten Kapazitäten können Verschiebungsströme längs der elektrischen Feldlinien vom Antennenstab zur leitenden Ebene fließen. Das in Bild 3.10 gezeichnete Antennenelement dy habe zur Erde die Kapazität $\Delta C = C' \cdot dy$. Dann fließt darüber der Verschiebungsstrom

$$d\underline{I} = j\omega C' \cdot dy \cdot \underline{U}. \qquad (253)$$

Der durch die Speiseleitung zur Antenne geführte Strom fließt also über die längs der Antenne verteilten Kapazitäten ΔC als Verschiebungsstrom über den die Antenne umgebenden Raum zur Erde und kehrt vom Auftreffpunkt der Feldlinien als Erdstrom radial zum Speisepunkt zurück. Dabei nimmt der Strom entlang der Antenne ab — es fließen immer mehr Stromteile als Verschiebungsstrom weiter — bis er an der Antennenspitze den Wert Null erreicht.

Aus Gl. (253) erhält man die Differentialgleichung des Stromes:

$$\frac{d\underline{I}}{dy} = j\omega \cdot C' \cdot \underline{U}. \qquad (254)$$

3.4. Eingangsimpedanz und Strahlungswiderstand der Antenne

Die Antennenelemente dy haben als Leiter auch eine Selbstinduktion $\Delta L = L' \cdot dy$. L' ist dabei der *Induktivitätsbelag*, also die Selbstinduktion pro Längeneinheit der Antennenlänge. Wie beim Kapazitätsbelag C' ist auch der Induktivitätsbelag L' entlang der Antenne nicht konstant.

Bei einer Stabantenne über einer leitenden Ebene muß man das Ersatzbild der Antenne in Bild 3.2a und 3.2c etwas umdenken: Die Kapazitäten ΔC des Stabes gegen die Ebene kann man als etwa doppelt so groß wie beim Dipol und die Induktivitäten ΔL wegen der vernachlässigbaren Induktivitäten der leitenden Ebene etwa halb so groß wie beim Dipol gleicher Stabdicke setzen.

An dem induktiven Blindwiderstand $j\omega L' \cdot dy$ des Antennenelementes ruft der Strom $\underline{I}$ den Spannungsabfall

$$d\underline{U} = j\omega L' \cdot dy \cdot \underline{I} \qquad (255)$$

hervor. d$\underline{U}$ gibt die Spannungsänderung längs der Antenne an. Aus Gl. (255) erhält man die Differentialgleichung der Spannung:

$$\frac{d\underline{U}}{dy} = j\omega L' \cdot \underline{I}. \qquad (256)$$

Mit den Gln. (254) und (256) kann man $\underline{I}$ und $\underline{U}$ bestimmen, wobei der Wirkleistungsverlust durch Strahlung vernachlässigt wird. Das ist zulässig, weil das nun entwickelte Näherungsbild durch diese Vernachlässigung nicht wesentlich beeinflußt wird. L' und C' sind Funktionen der Koordinate y. Das erschwert die Lösung der Differentialgleichungen (254) und (256). Eine befriedigende Näherungslösung erhält man, wenn C' und L' längs der Antenne als konstant angenommen werden. Diese Annahme ist besonders bei dünnen Antennenstäben zulässig. Differenziert man Gl. (254) nach y und setzt Gl. (256) ein, so erhält man:

$$\frac{d^2\underline{I}}{dy^2} = j\omega C' \cdot j\omega L' \cdot \underline{I} = -\omega^2 \cdot L' \cdot C' \cdot \underline{I}. \qquad (257)$$

Zur Lösung von Gl. (257) ist eine Funktion $\underline{I}$ gesucht, deren zweiter Differentialquotient bis auf einen konstanten (negativen) Faktor gleich der Ausgangsfunktion ist. Gleichzeitig muß auf der Antenne bei $y = 0$ der Strom $\underline{I} = 0$ sein.

Diese Forderungen erfüllt $\underline{I} = k \cdot \sin(\alpha \cdot y)$ mit einer beliebigen Konstanten k und einer Konstanten α, die man durch Einsetzen von $\underline{I}$ in Gl. (257) als $\alpha = \omega\sqrt{L' \cdot C'}$ erhält. Damit wird

$$\underline{I} = k \cdot \sin(\omega \cdot \sqrt{L' \cdot C'} \cdot y). \qquad (258)$$

Aus Gl. (254) erhält man mit eingesetzter Gl. (258):

$$\underline{U} = \frac{1}{j\omega C'} \cdot \frac{d\underline{I}}{dy} = \frac{1}{j\omega C'} \cdot k \cdot \cos(\omega\sqrt{L' \cdot C'} \cdot y) \cdot \omega\sqrt{L' \cdot C'}$$

oder $\underline{U} = \frac{1}{j} \cdot k \cdot \sqrt{\frac{L'}{C'}} \cdot \cos(\omega\sqrt{L' \cdot C'} \cdot y).$ (259)

Man setzt analog zur Theorie der homogenen Leitung

$$\sqrt{\frac{L'}{C'}} = Z_M, \tag{260}$$

der mittlerer Wellenwiderstand der Antenne genannt wird. Die Konstante k bezieht man zweckmäßig auf den Strom $\underline{I}_A$ im Antennenfußpunkt, so daß nach Gl. (258) $\underline{I}_A = k \cdot \sin\left(\omega\sqrt{L' \cdot C'} \cdot \frac{h}{2}\right)$ oder

$$k = \frac{I_A}{\sin(\omega\sqrt{L' \cdot C'} \cdot h')} \tag{261}$$

wird, wobei man an Stelle $\frac{h}{2}$ einfach h' für die Antennenhöhe der Stabantenne schreibt.

Aus der Theorie der homogenen Leitungen im freien Raum kann man ableiten, daß

$$\sqrt{L' \cdot C'} \approx \sqrt{\mu_0 \cdot \epsilon_0} = \frac{1}{c_0} \tag{262}$$

ist. c_0 ist dabei die Ausbreitungsgeschwindigkeit der Welle im freien Raum.

Mit guter Näherung kann man an Stelle der Gl. (261) mit $\omega = 2\pi f$ und $\lambda_0 = \frac{c_0}{f}$ schreiben:

$$k = \frac{I_A}{\sin\left(\frac{2\pi h'}{\lambda_0}\right)}. \tag{263}$$

Aus Gl. (258) bzw. Gl. (261) sieht man, daß k der Maximalwert I_m des Antennenstromes (Strombauch) ist, der bei $h' = \left(\frac{\lambda_0}{4} + n \cdot \frac{\lambda_0}{2}\right)$ mit $n = 0, 1, 2, 3\ldots$ am Speisepunkt auftritt.

3.4. Eingangsimpedanz und Strahlungswiderstand der Antenne

Mit Gl. (263) erhält man aus Gl. (258)

$$\underline{I} = \underline{I}_A \cdot \frac{\sin\left(\frac{2\pi y}{\lambda_0}\right)}{\sin\left(\frac{2\pi h'}{\lambda_0}\right)} \tag{264}$$

den Strom und aus Gl. (259)

$$\underline{U} = -j \cdot \underline{I}_A \cdot \sqrt{\frac{L'}{C'}} \cdot \frac{\cos\left(\frac{2\pi y}{\lambda_0}\right)}{\sin\left(\frac{2\pi h'}{\lambda_0}\right)} \tag{265}$$

die Spannung längs der Antenne. Man sieht daraus: $\underline{I}$ verläuft als $f(y)$ annähernd nach einer Sinusfunktion, während $\underline{U}$ als $f(y)$ annähernd nach einer Cosinusfunktion verläuft. Bild 3.4 zeigt den Verlauf von Strom und Spannung bei Stabantennen. Bei Bild 3.4c sieht man, daß im unteren Antennenteil Stromumkehr auftritt. Dadurch wird die Abstrahlung vermindert, weshalb man Stabantennen meist nicht länger als $\frac{\lambda_0}{2}$ macht.

Den in Bild 3.4 eingezeichneten Blindströmen muß man sich noch kleine Wirkströme überlagert denken. Diese Wirkströme „befördern" die von der Antenne in den Raum ausgestrahlte Energie. Erweitert man die Stabantenne durch einen gleichgroßen Stab zum mittengespeisten Dipol, so hat der hinzugefügte Dipolstab die gleiche Stromrichtung wie die Stabantenne (Bild 3.3). Faßt man die Stabantenne als vertikale Dipolspalte auf, so sind die (Elementar-) Dipole der Antenne mit dem größten Strom (Strombauch) hauptsächlich an der Abstrahlung beteiligt. Die Antennenenden tragen nur wenig zur Abstrahlung bei. Das gilt unter der Voraussetzung, daß die Stromrichtung längs der Stabantenne gleich ist $\left(h' < \frac{\lambda_0}{2}\right)$.

Setzt man in Gl. (265) $y = h'$ (Antennenfußpunkt in Bild 3.10), so erhält man:

$$\underline{U}_A = -j \cdot \underline{I}_A \cdot \sqrt{\frac{L'}{C'}} \cdot \cot\left(\frac{2\pi h'}{\lambda_0}\right). \tag{266}$$

Aus Gl. (266) erhält man den Blindwiderstand der Antennenimpedanz:

$$jX_A = \frac{\underline{U}_A}{\underline{I}_A} = -j\sqrt{\frac{L'}{C'}} \cdot \cot\left(\frac{2\pi h'}{\lambda_0}\right). \tag{267}$$

Dies ist ein Blindwiderstand, wie ihn auch eine verlustlose homogene Hochfrequenzleitung am Eingang bei ausgangsseitigem Leerlauf hat [27].

Nun muß noch der Wirkwiderstand R_A der Antennenimpedanz, der den Leistungsverbrauch der Antenne beschreibt, berechnet werden. Man nimmt dabei an, daß die Wirkleistungsverluste durch den Strom auf dem Antennenstab vorerst vernachlässigbar klein seien, so daß R_A der „Ersatzverbraucher" für die abgestrahlte Leistung P_s ist. Wegen R_A wird zwischen $\underline{I}_A$ und $\underline{U}_A$ ein Phasenwinkel $< 90°$ bestehen. An der bisher angenommenen Stromverteilung (Bild 3.4) auf der Antenne ändern die nun berücksichtigten Wirkströme fast nichts, da die Blindströme auf der Antenne allgemein groß gegenüber den Wirkströmen sind, wie das auch bei Schwingkreisen ausreichender Güte der Fall ist. Nur in den bei der angenommenen sinusförmigen Stromverteilung auf der Antenne auftretenden Nullstellen sind die Wirkströme durch einen von Null abweichenden Stromwert festzustellen. Im Abstand $y \approx \frac{\lambda_0}{2}$ vom Antennenende wird deshalb die Berechnung von X_A aus Gl. (267) mit dieser Näherung ungenau oder gar unmöglich [6], [25], [28].

Man kommt jedoch zu brauchbaren Ergebnissen, wenn man in der Umgebung des $\frac{\lambda_0}{2}$-Punktes annimmt, daß in einem Parallelersatzschaltbild für die Stabantenne an der Stelle $y = \frac{\lambda_0}{2}$ bei der gegebenen Spannung $\underline{U}$ ein Blindstrom durch den Blindwiderstand des Ersatzschaltbildes und ein Wirkstrom durch den parallel dazu geschalteten Wirkwiderstand R_p fließen. Diese im folgenden verwendeten sehr groben Näherungen führen in vielen Fällen zu brauchbaren Ergebnissen. Man darf dabei aber nie vergessen, daß in Wirklichkeit die Verhältnisse bei einer Antenne wesentlich komplizierter sind.

Bild 3.11a zeigt eine Stabantenne der Höhe h' und ihre Stromverteilung. Wie beim Stabstrahler (Abschnitt 2.4.5.) kann man sich auch die Stabantenne aus einzelnen Elementardipolen der Länge dy zusammengesetzt denken. Jeder dieser Dipole wird von einem im jeweiligen Dipol konstant angenommenen, gleichphasigen Strom $\underline{I}$ durchflossen. Die von einem Dipol erzeugte Feldstärke ist proportional $\underline{I} \cdot dy$, also proportional einer Rechteckfläche, wie sie in Bild 3.11a eingezeichnet ist. Die Summe aller Flächen $\underline{I} \cdot dy$ liefert das Integral, das den Proportionalitätsfaktor F des gesamten Strahlungsfeldes des Antennenstabes darstellt. Das Integral wird nur über die wirkliche Antenne oberhalb der leitenden Ebene erstreckt. Die unter der Ebene liegende „Spiegelantenne" trägt zum abgestrahlten Feld nichts bei. Demnach ist:

$$F = \int_{y=h'}^{y=0} \underline{I} \cdot dy \qquad (268)$$

3.4. Eingangsimpedanz und Strahlungswiderstand der Antenne

und mit Gl. (264), also bei sinusförmiger Stromverteilung erhält man

$$F = \int_{h'}^{0} \underline{I}_A \cdot \frac{\sin\left(\frac{2\pi y}{\lambda_0}\right)}{\sin\left(\frac{2\pi h'}{\lambda_0}\right)} \cdot dy = \frac{\underline{I}_A}{\sin\left(\frac{2\pi h'}{\lambda_0}\right)} \cdot \frac{\lambda_0}{2\pi} \cdot \cos\left(\frac{2\pi y}{\lambda_0}\right)\bigg|_{h'}^{0}$$

oder $F = \dfrac{\underline{I}_A}{\sin\left(\dfrac{2\pi h'}{\lambda_0}\right)} \cdot \dfrac{\lambda_0}{2\pi} \cdot \left[1 - \cos\left(\dfrac{2\pi h'}{\lambda_0}\right)\right].$ (269)

Mit den Umformungen $1 - \cos x = 2 \sin^2 \dfrac{x}{2}$ und $\sin x = 2 \cdot \sin \dfrac{x}{2} \cdot \cos \dfrac{x}{2}$ ergibt sich:

$$F = \underline{I}_A \cdot \frac{\lambda_0}{2\pi} \cdot \frac{2\left[\sin\left(\frac{\pi h'}{\lambda_0}\right)\right]^2}{2\sin\left(\frac{\pi h'}{\lambda_0}\right) \cdot \cos\left(\frac{\pi h'}{\lambda_0}\right)} = \underline{I}_A \cdot \frac{\lambda_0}{2\pi} \cdot \tan\left(\frac{\pi h'}{\lambda_0}\right). \quad (270)$$

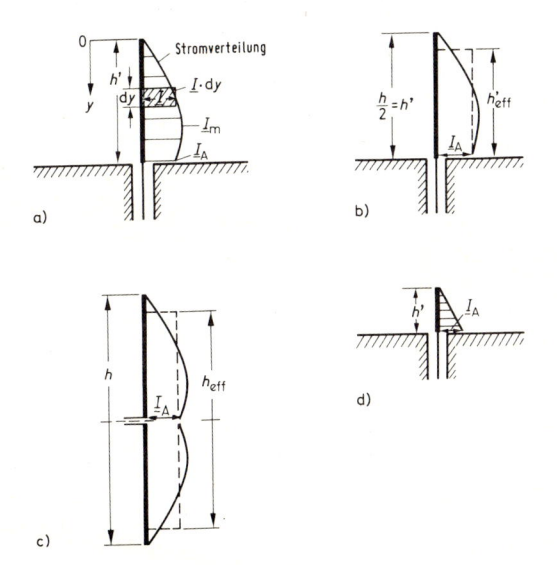

Bild 3.11 a) Stabantenne mit Stromverteilung. b) Effektive Höhe der Stabantenne. c) Effektive Höhe der Dipolantenne. d) Sehr kurze Stabantenne mit Stromverteilung

Setzt man darin

$$\frac{\lambda_0}{2\pi} \cdot \tan\left(\frac{\pi h'}{\lambda_0}\right) = h'_{eff},\qquad(271)$$

so erhält man

$$F = \underline{I}_A\, h'_{eff}.\qquad(272)$$

Die glatte Stabantenne der Länge h' mit sinusförmiger Stromverteilung wirkt im Fernfeld genauso wie ein Antennenstab der „effektiven Länge" oder „effektiven Höhe" h'_{eff}, wenn er vom konstanten Strom $\underline{I}_A$ durchflossen wird (B i l d 3.11b). $\underline{I}_A$ ist die Amplitude des Antennenstromes im Speisepunkt (den „Klemmen") der Antenne [11].

Bei der Dipolantenne ist die Länge $h = 2\,h'$, so daß deren effektive Länge $h_{eff} = 2\,h'_{eff}$ wird. Damit erhält man für die Dipolantenne nach B i l d 3.11c:

$$h_{eff} = \frac{\lambda_0}{\pi}\tan\left(\frac{\pi\cdot h}{2\,\lambda_0}\right).\qquad(273)$$

Hat man z. B. eine Stabantenne der Länge $\frac{\lambda_0}{4}$, so ist mit $h' = \frac{\lambda_0}{4}$ nach Gl. (271)

$$h'_{eff} = \frac{\lambda_0}{2\pi}\tan\frac{\pi}{4} = \frac{\lambda_0}{2\pi}\qquad(274)$$

oder $h'_{eff} = \frac{2}{\pi}h'.\qquad(275)$

Bei einer Halbwellen-Dipolantenne (Bild 3.1a) ist $h = \frac{\lambda_0}{2}$ und mit Gl. (273) erhält man

$$h_{eff} = \frac{\lambda_0}{\pi}\tan\frac{\pi}{4} = \frac{\lambda_0}{\pi}\qquad(276)$$

oder $h_{eff} = \frac{2}{\pi}\cdot h.\qquad(277)$

Wenn die Stabantenne sehr kurz ist, kann man an Stelle der sinusförmigen Stromverteilung eine Stromverteilung, wie sie in B i l d 3.11d gezeigt ist, annehmen. Man erkennt durch Flächenvergleich, daß hier

$$h'_{eff} \approx \frac{h'}{2}\qquad(278)$$

3.4. Eingangsimpedanz und Strahlungswiderstand der Antenne

sein muß. Zum gleichen Ergebnis kommt man, wenn man in Gl. (271) an Stelle von $\tan \frac{h'}{\lambda_0}$ die Näherung $\frac{\pi h'}{\lambda_0}$ setzt. Das ist für kleine $\frac{\pi h'}{\lambda_0}$ erlaubt, wenn man Fehler zuläßt. Ist z. B. $\frac{h'}{\lambda_0} = 0{,}125$, so ist $\tan \frac{\pi}{8} = 0{,}414$ und zum Vergleich $\frac{\pi}{8} = 0{,}3926$.

Der relative Fehler ist also etwas größer als 5%. Bei der Berechnung der effektiven Höhe der Antennen über einer leitenden Ebene bleibt stets das „Spiegelbild" der Antenne unberücksichtigt. Es ist nur zur Berechnung des Strahlungsdiagramms der Antenne wichtig.

Es wurde angenommen, daß R_A der „Verbraucher" der von der Antenne abgestrahlten Leistung P_s sei, die vom Sender geliefert wird. Bei Stabantennen über einer leitenden Ebene wird P_s in einen Halbkugelraum gestrahlt (Gl. 64)).

Für kurze Antennen mit $h \leq \frac{\lambda_0}{2}$ bzw. $h' \leq \frac{\lambda_0}{4}$ kann R_A näherungsweise berechnet werden, wenn die Voraussetzung für Gl. (64) einigermaßen erfüllt ist, d. h., daß das Vertikaldiagramm die für Elementardipole mit konstantem Strombelag gegebene Abhängigkeit $\sin \vartheta$ besitzt.

Man erhält P_s für die Stabantenne über einer leitenden Ebene aus Gl. (64) mit H' aus Gl. (48), wobei Δ durch $2\, h'_{\text{eff}}$ ersetzt werden muß:

$$P_s = 80\,\pi^2 \cdot \frac{I_A^2}{4} \left(\frac{2\, h'_{\text{eff}}}{\lambda_0}\right)^2 = 80\,\pi^2 \cdot I_A^2 \cdot \left(\frac{h'_{\text{eff}}}{\lambda_0}\right)^2. \tag{279}$$

Es ist

$$P_s = \frac{1}{2} I_A^2 \cdot R_A \quad \text{oder} \quad R_A = \frac{2 P_s}{I_A^2}. \tag{280}$$

Mit Gl. (279) wird daraus

$$R_A = 160\,\pi^2 \left(\frac{h'_{\text{eff}}}{\lambda_0}\right)^2 \Omega \tag{281}$$

oder mit Gl. (271)

$$R_A = 40 \left[\tan\left(\frac{\pi h'}{\lambda_0}\right)\right]^2 \Omega. \tag{282}$$

Bei sehr kurzen Antennen kann man wieder $\frac{\pi h'}{\lambda_0}$ an Stelle von tan $\frac{\pi h'}{\lambda_0}$ setzen und erhält

$$R_A = 40\pi^2 \left(\frac{h'}{\lambda_0}\right)^2 \Omega. \tag{283}$$

Nach den Gln. (281) bzw. (283) sinkt mit abnehmender Stablänge der Widerstand R_A etwa proportional zum Quadrat der Stablänge. Er wird für kurze Strahler sehr klein. Bei einer Stabantenne mit

$$h' = \frac{\lambda_0}{4} \text{ wird } R_A = 160\pi^2 \left(\frac{\lambda_0}{2\pi \cdot \lambda_0}\right)^2 \Omega = 40\,\Omega. \tag{284}$$

Nach der genauen Theorie erhält man bei dünnen Antennenstäben $R_A = 36{,}6\,\Omega$, was mit den Meßergebnissen gut übereinstimmt.

Für eine sehr kurze Antenne mit $h' = \frac{\lambda_0}{10}$ erhält man nach Gl. (283):

$$R_A = 40\pi^2 \cdot 10^{-2}\,\Omega \approx 4\,\Omega.$$

Dies erfordert für vorgegebene Leistungen P_s hohe Speiseströme I_A und bringt damit besondere Probleme für die Bauelemente, die die Antenne an den Sender anpassen sollen.

Aus Gl. (279) ist zu erkennen, daß der Speisestrom I_A für konstante Leistung P_s umgekehrt proportional zur effektiven Antennenlänge wachsen muß. Die Näherung für $\underline{Z}_A = R_A + jX_A$ mit den Gln. (267) und (282) gibt brauchbare Werte bis etwa $h' = \frac{3}{8}\lambda_0$, während bei $h' = \frac{\lambda_0}{2}$ die Formeln versagen, weil dort der in Gl. (264) eingesetzte I_A durch die Wirkströme zu sehr verändert wird. Unverändert bleibt in diesem Bereich aber die Spannung $\underline{U}$ nach Gl. (259), (Bild 3.4b).

Die an den Eingangsklemmen der Antenne der Länge h' auftretende Spannung $\underline{U}_A$ ist nach den Gln. (263) und (265)

$$\underline{U}_A = -j\,I_m \cdot \sqrt{\frac{L'}{C'}} \cos\left(\frac{2\pi h'}{\lambda_0}\right). \tag{285}$$

Bei $h' = \frac{\lambda_0}{2}$ ist $\underline{U}_A$ ein Maximalwert (Bild 3.4b), so daß an Stelle von k aus Gl. (263) der Maximalwert des Stromes, der auf der Antenne bei $y = \frac{\lambda_0}{4}$ auftritt, in Gl. (285) eingesetzt werden muß (Bild 3.11a).

3.4. Eingangsimpedanz und Strahlungswiderstand der Antenne

Man denkt sich nun die Stabantenne der Länge $h' = \dfrac{\lambda_0}{2}$ als eine Parallelschaltung eines Blindwiderstandes jX_A nach Gl. (267) und eines Wirkwiderstandes R_p, der den „Verbraucher" für die von der Antenne abgestrahlten Wirkleistung P_s darstellt.

An dieser Parallelschaltung liegt die Spannung U_A. Die abgestrahlte Wirkleistung ist dann

$$P_s = \frac{1}{2} \cdot \frac{U_A^2}{R_p} \tag{286}$$

und damit ist mit Gl. (285)

$$R_p = \frac{U_A^2}{2 P_s} = \frac{I_m^2 \cdot \dfrac{L'}{C'} \cdot \left[\cos\left(\dfrac{2\pi h'}{\lambda_0}\right)\right]^2}{2 P_s}. \tag{287}$$

Das von der Antenne erzeugte Strahlungsfeld läßt sich auch hier wieder durch die Integration über den längs des Antennenstabes verteilten Strom berechnen. Allerdings muß man an Stelle von $\underline{I}_A$ in Gl. (269), der hier nicht definiert ist, den Maximalwert des Stromes auf der Antenne $k = I_m$ einsetzen. Dann erhält man an Stelle von Gl. (269) den Ausdruck:

$$F = \int_{h'}^{0} \underline{I}\, dy = I_m \cdot \frac{\lambda_0}{2\pi} \left[1 - \cos\left(\frac{2\pi h'}{\lambda_0}\right)\right]. \tag{288}$$

Die Stabantenne der Länge h' mit einer Stromverteilung nach Bild 3.4b wirkt also genauso wie eine gedachte Stabantenne der Länge

$$h'_{\text{eff}} = \frac{\lambda_0}{2\pi} \left[1 - \cos\left(\frac{2\pi h'}{\lambda_0}\right)\right], \tag{289}$$

die über die ganze Länge h'_{eff} den konstanten Strom I_m führt. Die von der Antenne abgestrahlte Leistung ist nach Gl. (279)

$$P_s = 80\,\pi^2 \cdot I_m^2 \cdot \left(\frac{h'_{\text{eff}}}{\lambda_0}\right)^2. \tag{290}$$

3. Technische Antennen

Mit den Gln. (287) und (290) erhält man nun

$$R_p = \frac{I_m^2 \cdot \frac{L'}{C'} \cdot \left(\cos \frac{2\pi h'}{\lambda_0}\right)^2}{I_m^2 \cdot 160 \pi^2 \left(\frac{h'_{eff}}{\lambda_0}\right)^2} = \frac{\frac{L'}{C'} \cdot \left(\cos \frac{2\pi h'}{\lambda_0}\right)^2}{160 \pi^2 \left(\frac{h'_{eff}}{\lambda_0}\right)^2}. \qquad (291)$$

Setzt man darin für $h' = \frac{\lambda_0}{2}$ ein, so wird $\cos \frac{2\pi h'}{\lambda_0} = -1$ und aus Gl. (289) erhält man $h'_{eff} = \frac{\lambda_0}{\pi}$; dies in Gl. (291) eingesetzt ergibt

$$R_p = \frac{\frac{L'}{C'}}{160} \Omega = \frac{Z_M^2}{160} \Omega. \qquad (292)$$

Ist z. B. der mittlere Wellenwiderstand einer relativ dünnen Stabantenne $Z_M = \sqrt{\frac{L'}{C'}} = 400 \,\Omega$, so wird $R_p = 1000 \,\Omega$.

Z_M liegt bei dünnen Stabantennen zwischen 200 Ω und 600 Ω. (Siehe dazu auch [25] und [28, S. 339].)

Weil mit wachsender Stabdicke Z_M kleiner wird, sinkt auch der Widerstand R_p. Dies hat eine geringere Frequenzabhängigkeit der Eingangsimpedanz der Stabantenne zur Folge. Die Antenne ist damit über einen größeren Frequenzbereich verwendbar (gestrichelte Kurve in B i l d 3.12). Breitbandantennen werden deshalb mit dicken Stäben gebaut.

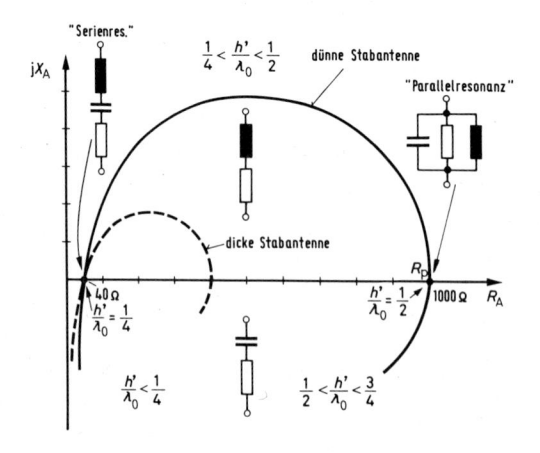

Bild 3.12 Eingangsimpedanzverlauf einer dünnen Stabantenne abhängig vom Verhältnis $\frac{h'}{\lambda_0}$. Der Verlauf Z_A für eine dicke Stabantenne ist gestrichelt eingezeichnet

3.4. Eingangsimpedanz und Strahlungswiderstand der Antenne

Die Eingangsimpedanz $\underline{Z}_A = R_A + jX_A$ einer Stabantenne der Länge h' hat nach den Gln. (267), (281) bzw. Gln. (282) und (292) in Abhängigkeit von der Wellenlänge den in Bild 3.12 gezeigten Verlauf.

Tabelle 1 (aufgestellt für eine dünne Stabantenne mit $Z_M = 400\ \Omega$)

$\dfrac{\Delta\lambda}{\lambda_M}$	$\dfrac{h}{\lambda_0}$	$R_A\,\Omega$	$jX_A\,\Omega$
0,3	0,232	32,1	$-j\,44,5$
0,25	0,235	33,2	$-j\,37,2$
0,2	0,238	34,4	$-j\,30,0$
0,15	0,241	35,7	$-j\,22,7$
0,1	0,244	37,0	$-j\,15,3$
0,05	0,247	38,5	$-j\,7,5$
0	0,25	40	0
$-0,05$	0,253	41,6	$j\,7,7$
$-0,1$	0,256	43,3	$j\,16,1$
$-0,15$	0,259	45,7	$j\,24,5$
$-0,2$	0,263	47,2	$j\,33,1$
$-0,25$	0,267	49,3	$j\,42,0$
$-0,3$	0,27	51,6	$j\,51,2$

In der T a b e l l e 1 sind einige Werte der Eingangsimpedanz einer Stabantenne berechnet für den in der Praxis interessanten Bereich, bei dem die Antennenlänge $h' = \dfrac{\lambda_0}{4}$ ist oder nicht wesentlich davon abweicht. Die mittlere Betriebswellenlänge der Antenne ist λ_M, und bei Abweichungen davon ist $\lambda_0 = \lambda_M + \Delta\lambda$. Der in Bild 3.12 dargestellte Verlauf der Eingangsimpedanz der Stabantenne — abhängig von der Wellenlänge mit der sie vom Sender erregt wird — zeigt, daß kurze Antennenstäbe $h' < \left(\dfrac{\lambda_0}{4}\right)$ eine kapazitive Eingangsimpedanz haben. Bei $h' = \dfrac{\lambda_0}{4}$ durchläuft die Kurve den reellen Wert $R_A = 40\ \Omega$, um im Bereich $\dfrac{\lambda_0}{2} > h' > \dfrac{\lambda_0}{4}$ einen induktiven Antennen-Eingangswiderstand dazustellen. Vergleicht man dazu den Verlauf des Widerstandes, den ein Serienresonanzkreis abhängig von der Frequenz zeigt, so erkennt man analoges Verhalten zur kurzen Stabantenne.

Der reelle Eingangswiderstand R_p bei $h' = \dfrac{\lambda_0}{2}$ kann mit Gl. (292) berechnet werden. Im Bereich $\dfrac{\lambda_0}{2} < h' < \dfrac{3\,\lambda_0}{4}$ hat die Antenne eine kapazitive Eingangsimpedanz. Im Bereich um $h' = \dfrac{\lambda_0}{2}$ zeigt die Antenne das Verhalten eines Parallelresonanzkreises mit dem Wirkwiderstand R_p.

Erweitert man die bisher untersuchte Stabantenne über einer leitenden Ebene durch ihr Spiegelbild zur Dipolantenne der Länge $h = 2 h'$ (Bild 3.1a), so erhält man unter Verwendung von Gl. (267) den Blindwiderstand der Eingangsimpedanz

$$j X_A = -j \sqrt{\frac{L'}{C'}} \cdot \cot\left(\frac{\pi h}{\lambda_0}\right). \tag{293}$$

Dieser ist etwa doppelt so groß wie bei einem gleich dicken Stabstrahler der Länge $\frac{h}{2}$, weil der mittlere Wellenwiderstand Z_M der Dipolantenne der Länge h etwa doppelt so groß ist, wie bei der Stabantenne über ideal leitender Ebene. Den Wirkwiderstand der Eingangsimpedanz der Dipolantenne erhält man aus P_s nach Gl. (58) für die Abstrahlung in den Kugelraum mit H' aus Gl. (48), wobei das Δ durch h_{eff} ersetzt wird:

$$R_A = 2 \cdot \frac{160 \pi^2}{4} \cdot \left(\frac{h_{eff}}{\lambda_0}\right)^2 \Omega = 80 \pi^2 \left(\frac{h_{eff}}{\lambda_0}\right)^2 \Omega. \tag{294}$$

Bei einer Halbwellen-Dipolantenne mit $h = \frac{\lambda_0}{2}$ ist nach Gl. (273)

$$h_{eff} = \frac{\lambda_0}{\pi}; \text{ damit wird } R_A = 80 \, \Omega. \tag{295}$$

Dieser Wert liegt nahe bei den praktisch gemessenen Werten von etwa 70 Ω. Die genaue Theorie [25] liefert 73,5 Ω.

Auch R_p ist wegen des höheren Wertes von Z_M etwa doppelt so groß als bei der gleich dicken Stabantenne über einer leitenden Ebene: Die Eingangsimpedanz der Dipolantennen verläuft mit etwa doppelt so großen Werten wie in Bild 3.12.

Eine einfache Methode zur empirischen Berechnung der reellen Eingangsimpedanz bei den Resonanzpunkten der Antennen (auch bei größerer Stabdicke) gibt J. D. KRAUS [6, Kap. 10–11].

In Bild 3.12 ist für $h' < \frac{\lambda_0}{4}$ als Ersatzschaltbild die Serienschaltung einer Kapazität und eines Widerstandes eingezeichnet (B i l d 3.13a).

Neue Untersuchungen [29] über die Wellenablösung von Antennen und das Ersatzbild für die Impedanz eines kurzen Dipols oder einer kurzen Stabantenne führten auf ein erweitertes Ersatzbild (B i l d 3.13b), bei dem aus der Kapazität C des Bildes 3.13a eine Parallelkapazität C_1 herausgezogen wurde, die als Totkapazität bezeichnet wird und nicht zur Abstrahlung der Antenne beiträgt. Es bleibt eine wesentlich kleinere Kapazität C_2 in Serie zu einem neuen, größeren Wirkwiderstand R_{A0}, der den unbegrenzten Raum, in den die Welle hineinläuft, als „Verbraucher" beschreibt. Die Antenne ist an diesem Raum durch die Kapazität C_2 gekoppelt. Deshalb wird C_2 als *Raumkapazität* bezeichnet. Mit dem

3.4. Eingangsimpedanz und Strahlungswiderstand der Antenne

neuen Ersatzbild ist man in der Lage, die Einflüsse der Gestaltung des Antennenfußpunktes, der leitenden Ebene und der leitenden oder dielektrischen Materialien in der Umgebung der Antenne zu erfassen. Das bisher abgeleitete einfache Ersatzbild (Bild 3.13a) berücksichtigt diese Einflüsse zu wenig und

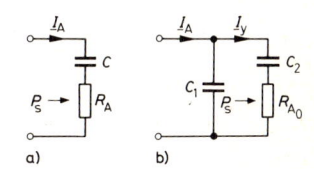

Bild 3.13 a–b) Ersatzbilder für den kurzen Stabstrahler als Sendeantenne [29]

führt deshalb zu Ergebnissen, die von den Impedanzwerten technischer Antennenformen sehr stark abweichen. Es kann hier nur eine gekürzte Darstellung der Zusammenhänge gegeben werden:
  In [29] ist der Raum um die Antenne in drei Räume eingeteilt, die in Bild 3.14 mit I, II, III bezeichnet werden. Die Räume werden durch zwei Grenzflächen getrennt, die man sich durch die Rotation der gestrichelten Linien um die Antennenstabachse in Bild 3.14 vorstellen kann.

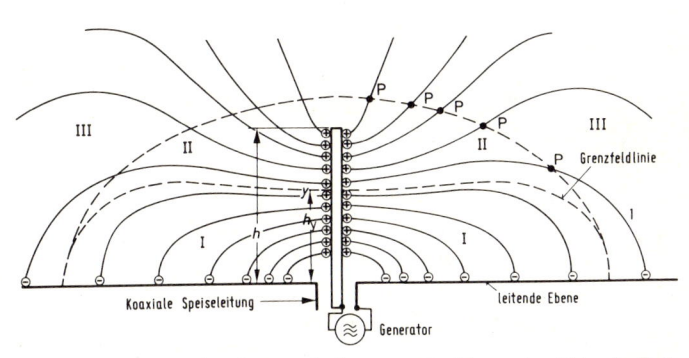

Bild 3.14 Elektrisches Feld einer kurzen Stabantenne im Moment größter Aufladung [29]

Bereits im Abschnitt 1.4. wurde das Feld um die Antenne aufgeteilt in einen Feldteil, der wieder in die Antenne zurückkehrt (Blindleistung) und einen Feldteil, der in den Raum abgestrahlt wird (Wirkleistung).
  Die Aufteilung in drei Feldteile erlaubt die Aufstellung des Ersatzbildes in Bild 3.13b: Ein Generator speist über eine Speiseleitung in Bild 3.14 eine Stab-

antenne. In jeder Halbperiode „pumpt" er Ladungen auf den Stab, entlädt ihn wieder, um ihn mit umgekehrten Vorzeichen wieder zu laden. Die im Raum I gespeicherte Feldenergie — dargestellt durch die gezeichneten Feldlinien — wandert beim Abbau des Feldes zum Generator zurück. Man kann sich vorstellen, daß die Feldlinien zusammen mit den an ihren Enden befindlichen Ladungsträgern in die Speiseleitung und zum Generator zurücklaufen. Im Raum I wird nur vorübergehend Feldenergie gespeichert und dann zurückgegeben. Der Generator „schaukelt" Blindleistung: er wird durch den Raum I wie durch eine Parallelkapazität C_1 belastet.

Da die Kapazität C_1 zur Abstrahlung nichts beiträgt, wird sie Totkapazität genannt.

Die elektrischen Felder, die von den Ladungen auf der Antenne im Raum II ausgehen, können beim Zurückwandern der Ladungen nicht mehr ganz in den Generator zurückkehren, weil die Ladungen auf der leitenden Ebene infolge ihrer Trägheit weiter nach außen wandern. Dabei sinken die Feldlinien zur leitenden Ebene und „reißen" bei Berührung der Ebene unter Bildung je eines Ladungspaares auf der Ebene (B i l d 3.15).

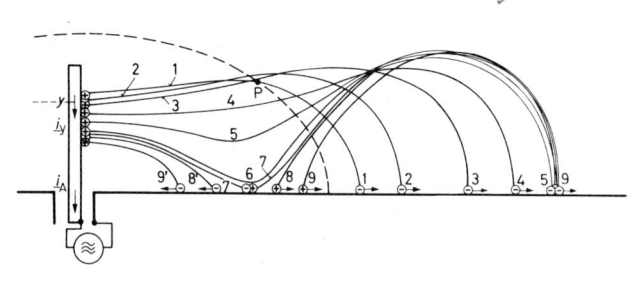

Bild 3.15 Zeitliche Veränderung und Zerreißen einer Feldlinie nach [29]. Aufeinanderfolgende Zeitpunkte sind durch 1, 2, 3, ... gekennzeichnet

Der am Antennenstab „hängende" Teil des Feldes wandert in den Generator zurück (Blindleistung), der nun nicht mehr mit dem Antennenstab verbundene zweite Teil des Feldes wird abgestrahlt (Wirkleistung). Der Punkt P (Bilder 3.14 und 3.15) auf der Grenzfläche zwischen Raum II und III existiert im Augenblick höchster Aufladung für jede Feldlinie in Raum II. Der Emergieinhalt im Feld zwischen P und dem Antennenstab kehrt nach dem Feldaufbau wieder in den Generator zurück (Blindleistung). Man kann deshalb für diesen Teil eine Raumkapazität C_2 in das Ersatzbild (Bild 3.13b) einsetzen.

Der zwischen P und der leitenden Ebene liegende Feldteil füllt den Raum III und wird abgestrahlt. Dies kann man im Ersatzbild durch den Wirkwiderstand R_{Ao} berücksichtigen.

Der Strom I_y fließt im Punkt y auf dem Antennenstab. Diesen Punkt an der Grenzfläche zwischen Raum I und II kann man analog zum Antennenfußpunkt

3.4. Eingangsimpedanz und Strahlungswiderstand der Antenne

als Speisepunkt für die in den Raum abgestrahlte Leistung auffassen (Bilder 3.13 und 3.14). Der eingespeisten Wirkleistung ist am Antennenfußpunkt der Wirkwiderstand R_A zugeordnet. Am „Speisepunkt" y im Abstand h_y vom Antennenfußpunkt kann man sich den Verbraucher R_{Ao} denken, der die abgestrahlte Wirkleistung P_s aufnimmt. Bei verlustfreier Totkapazität C_1 erhält man dann:

$$P_s = \frac{1}{2} I_A^2 \cdot R_A = \frac{1}{2} \cdot I_y^2 \cdot R_{Ao} \qquad (296)$$

oder $R_{Ao} = R_A \left(\frac{I_A}{I_y}\right)^2.$ \qquad (297)

Kennt man R_A und $\frac{I_A}{I_y}$, so kann man R_{Ao} berechnen. (R_A und $\frac{I_A}{I_y}$ sind in [30] hergeleitet.) Es ergibt sich fast unabhängig von Antennenstabdicke und Frequenz ein nahezu konstanter Wert von $R_{Ao} = 30 \pm 3\ \Omega$.

Man kann sich vorstellen, daß der Punkt y, d. h. der Berührungspunkt der Trennfläche zwischen Raum I und II am Antennenstab, bei konstanter Stablänge mit steigender Frequenz zum Speisepunkt absinkt, also die in Bild 3.14 eingezeichnete Höhe h_y kleiner wird. Wie in [29] ausführlich hergeleitet ist, wird bei der Eigenresonanz des Stabes – die praktisch etwas unterhalb der Viertelwellenlänge des Stabes auftritt[1]) – die Höhe $h_y = 0$: Der ganze Stab strahlt das Wellenfeld in den Raum ab, und die Totkapazität $C_1 = 0$. Umgekehrt ist bei sehr niedrigen Frequenzen $\left(\frac{h}{\lambda_0} \to 0\right)$ die Höhe $h_y = h$: Es wirkt nur die Totkapazität C_1, und eine Wellenabstrahlung ist nicht möglich.

Bei kurzen Antennenstäben kann man in erster Näherung für die Antennenkapazität die statischen Werte annehmen [28, S. 339]. Dann ist bei kleinen Wirkkomponenten

$$C = C_1 + C_2. \qquad (298)$$

Man erhält für sehr niedrige Frequenzen wegen $h_y = h$:

$C = C_1.$

Für die Viertelwellenlängen-Resonanz der Stabantenne $\left(\frac{h}{\lambda_0} \approx 0{,}23\right)$ erhält man wegen $h_y = 0$:

$C = C_2.$

---

[1]) Siehe dazu Antennen, Bd. 2 – Praxis. Dr. Alfred Hüthig Verlag Heidelberg.

Man erhält nach [29] den Einfluß der Totkapazität C_1 auf R_A aus der Näherungsformel

$$R_A = R_{Ao} \left(\frac{C_2}{C_1}\right)^2. \tag{299}$$

Gl. (299) gilt für das Ersatzbild (Bild 3.13b), wenn angenommen wird, daß $C_2 \ll C_1$ und $R_{Ao} \ll \frac{1}{\omega C_2}$ ist. Aus Gl. (299) sieht man, daß eine Erhöhung von C_2 durch eine Dachkapazität oder durch Füllen der Räume II und III mit einem Dielektrikum eine Erhöhung von R_A bewirkt (s. dazu auch Abschnitt 3.5.).

Bringt man im Raum I ein Dielektrikum an (z. B. Fußpunktisolatoren) oder bringt man geerdete Metallteile in die Nähe der Antenne, so erhöht sich C_1 und R_A sinkt.

Bei der Anwendung kurzer Antennen ist eine möglichst große Wirkkomponente R_A der Antennenimpedanz $\underline{Z}_A$ erwünscht: C_2 muß deshalb möglichst groß und C_1 möglichst klein gemacht werden. Die in Bild 3.14 gestrichelt gezeichnete „Grenzfeldlinie" zwischen Raum I und II hat eine Länge, die etwas kürzer als eine Viertelwellenlänge ist. Sobald die Länge der sich vom Stab zur leitenden Ebene erstreckenden Feldlinie die Länge der Grenzfeldlinie überschreitet, kann sie zerreißen (Bild 3.15), und der von der Feldlinie dargestellte Feldteil wird in den Raum abgestrahlt.

Was bisher von der Stabantenne über einer leitenden Ebene gesagt wurde, kann man durch symmetrische Ergänzung des Feldes auch auf symmetrische Dipole im freien Raum anwenden. B i l d 3.16 zeigt analog zu Bild 3.14 die drei Räume um die Antenne beim symmetrischen Dipol.

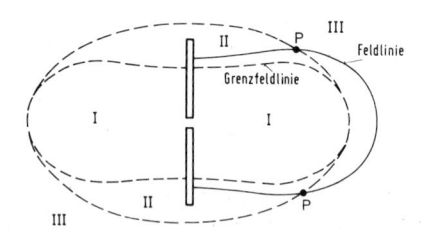

Bild 3.16 Räume I, II und III beim symmetrischen (kurzen) Dipol

Hier ist die Grenzfeldlinie etwas kürzer als eine halbe Wellenlänge. Das Zerreißen der Feldlinien und damit Abstrahlung in den Raum erfolgt beim Dipol dann, wenn die Längen der Feldlinien $\frac{\lambda_0}{2}$ überschreiten.

Das Ersatzschaltbild (Bild 3.13b) bleibt auch für den Dipol erhalten.

3.4. Eingangsimpedanz und Strahlungswiderstand der Antenne

Mit den Gln. (281) und (299) erhält man für die Stabantenne über einer leitenden Ebene

$$\frac{h'_{\text{eff}}}{\lambda_0} = \sqrt{\frac{R_A}{160\,\pi^2}} = \frac{C_2}{C_1} \cdot \sqrt{\frac{R_{Ao}}{160\,\pi^2}} = 0{,}138 \cdot \frac{C_2}{C_1}. \qquad (300)$$

Daraus erkennt man ebenfalls, daß eine Erhöhung der Raumkapazität, durch z. B. eine Dachkapazität, die effektive Höhe der Antenne vergrößert und damit die Abstrahlungsbedingungen für die Antenne verbessert. Umgekehrt ist eine Erhöhung der Totkapazität C_1 durch kapazitätserhöhende Maßnahmen am unteren Teil der Antenne mit einer Verkleinerung der effektiven Höhe verbunden, also schädlich (s. Abschnitt 3.5.).

Bei etwas längeren Stabantennen oder bei Speisung der Antennen mit höheren Frequenzen muß der Einfluß der induktiven Wirkung der magnetischen Feldenergie, die in bewegten Feldern stets enthalten ist, auf die Antennenimpedanz berücksichtigt werden. B i l d 3.17 zeigt ein Ersatzschaltbild, das diese Einflüsse durch Ergänzung des Ersatzbildes (Bild 3.13b) mit zwei Induktivitäten enthält.

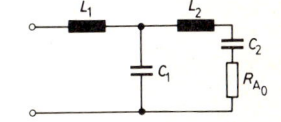

Bild 3.17 Ersatzbild der kurzen Antenne mit Induktivitäten

Dieses Ersatzbild reicht für alle Frequenzen unterhalb der Viertelwellenlängen-Resonanz ($h' = 0{,}23\,\lambda_0$) aus. Die *Resonanzlängen* der technischen Antennen liegen immer etwas unter den theoretisch für unendlich dünne Antennenstäbe ermittelten Werten: z. B. $h' = 0{,}25\,\lambda_0$ usw.

Die „Resonanzverkürzung" hat ihren Grund darin, daß die wirkliche Kapazitäts- und Induktivitätsverteilung auf der Antenne von der theoretisch angenommenen abweicht.

Im Fall der Resonanz werden die Kapazitäten C_1 und C_2 durch die Induktivitäten L_1 und L_2 kompensiert, so daß die Antennenimpedanz reell (etwa 35 Ω) wird. Dieser Wert ist praktisch unabhängig von der Stabdicke. Der Unterschied zum Wert $R_{Ao} = 30\,\Omega$ ist durch die im Ersatzbild auftretende Widerstandstransformation und durch die stärkere vertikale Richtwirkung als beim kurzen Stab zu erklären.

Der Strahlungswiderstand R_s der Antenne ist nach [7] auf den Strom in einem bestimmten Antennenpunkt bezogen. Der Bezugspunkt kann der Antennenanschluß („Antennenklemmen") sein [1]. Unter dieser Voraussetzung ist der reelle Widerstand R_A der Antennen-Eingangsimpedanz der Strahlungswiderstand R_s, wobei dann nach Gl. (280)

$$R_s = \frac{2P_s}{I_A^2} \qquad (301)$$

ist [1].

Andere Veröffentlichungen beziehen den Strahlungswiderstand auf den Punkt des Strommaximums (Strombauch) auf der Antenne. Dann wäre in Gl. (301) I_A durch I_m zu ersetzen. Man erhält dann einen anderen Wert für den Strahlungswiderstand. Deshalb ist es wichtig, mit der Angabe des Strahlungswiderstandes der Antenne die Frage des Bezugspunktes zu klären.

Jede Antenne hat Verluste, die durch die Ströme auf dem Antennenleiter und bei unsymmetrischen Antennen auch durch die Ströme auf der leitenden Ebene in den Oberflächenwiderständen der leitenden Teile entstehen. Diese Verluste wurden bisher vernachlässigt, weil sie bei normalen Antennen klein sind. Es gibt aber Fälle, die eine Berücksichtigung der Verluste erfordern.

Man bezeichnet den Ersatzwiderstand für alle von den Antennenströmen durchflossenen Oberflächenwiderstände als *Verlustwiderstand* R_v und denkt ihn in Serie zum Antennen-Eingangswiderstand R_A geschaltet. Die vom Generator in R_v gelieferte Verlustleistung P_v ist dann:

$$P_v = \frac{1}{2} I_A^2 \cdot R_v \quad \text{oder} \quad R_v = \frac{2P_v}{I_A^2}. \qquad (302)$$

Der Generator liefert die Wirkleistung $P = P_s + P_v$ an die Antenne. Den Quotienten aus der von der Antenne abgestrahlten Leistung P_s zu der vom Sender an die Antenne gelieferten Leistung P bezeichnet man als *Wirkungsgrad* η der Antenne:

$$\eta = \frac{P_s}{P_s + P_v} = \frac{R_A}{R_A + R_v}. \qquad (303)$$

Der Antennenwirkungsgrad liegt zwischen 0,5 und (bei sehr guten Antennen) nahe bei 1. Der Verlustwiderstand der Antenne ist schwierig zu berechnen. Die Rechnung führt wegen vieler unkontrollierbarer Einflüsse (Erde) zu ungenauen Ergebnissen. Deshalb nimmt man aus einem ungefähren Vergleich der vom Sender gelieferten Leistung $P = P_s + P_v$ und der abgestrahlten Leistung P_s den Antennenwirkungsgrad η an und errechnet

$$R_v = \frac{1-\eta}{\eta} \cdot R_A. \qquad (304)$$

3.5. Kapazitiv belastete Vertikalantenne

Am Ende des Abschnittes 3.4. wurde die Wirkung der Raumkapazität und der Totkapazität auf die Abstrahlung von der Antenne untersucht: Eine Erhöhung der dem oberen Antennenteil zugeordneten Raumkapazität gegenüber der Totkapazität verbessert die Abstrahlung. Größte Raumkapazität und Verschwinden der Totkapazität erreicht man bei der $\frac{\lambda_0}{4}$-Stabantenne bzw. beim $\frac{\lambda_0}{2}$-Dipol.

Im Bereich kleiner Wellenlängen ist der Bau einer $\frac{\lambda_0}{4}$-Stabantenne oder eines Halbwellendipols leicht möglich. Im Bereich großer Wellenlängen (z. B. im Mittelwellen- und Langwellenbereich) kann man, auch wegen der hohen Kosten für große Antennenmaste, nur „kurze" Antennen bauen, bei denen die Raumkapazität sehr klein wird. Die Folge ist ein sehr kleiner Antennenwirkungsgrad und eine hohe Spannung am Speisepunkt der Antenne, was bei hohen Sendeleistungen technische Probleme aufwirft. Eine Vergrößerung der Endkapazität („Dachkapazität") der Antennen bringt mit dem Ansteigen der Raumkapazität verbesserte Abstrahlungsbedingungen auch bei kurzen Antennen (B i l d e r 3.18 a–d).

Man nennt solche Antennen *kapazitiv belastet*. Die kapazitive Belastung wird bei vertikalen Antennen durch an der Antennenspitze angebrachte horizontal gespannte Drähte oder durch eine beliebig geformte horizontale Drahtfläche hergestellt. Bei den in den Bildern 3.18a, c und d gezeigten Fällen sieht

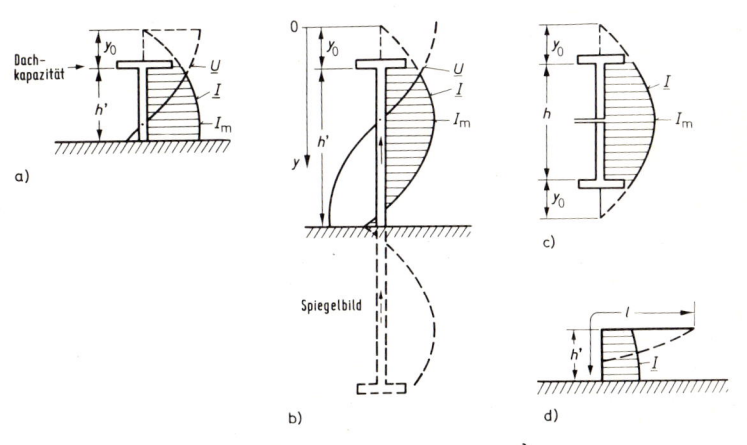

Bild 3.18 Kapazitiv belastete Antennen. a) Stabantenne $h' < \frac{\lambda_0}{4}$. b) Stabantenne $h' < \frac{\lambda_0}{2}$. c) Dipolantenne $h < \frac{\lambda_0}{2}$. d) L-Antenne

man, daß die Stromverteilung längs des vertikalen Antennenstabes gleichmäßiger wurde als die Stromverteilung auf einem um y_0 längeren Stab: Die effektive Höhe einer solchen kapazitiv belasteten Antenne ist sicher größer als die einer gleich hohen unbelasteten Stabantenne.

Damit ist auch die Abstrahlung der kapazitiv belasteten Antenne größer. Die Abstrahlung der Antenne wird wie in Gl. (268) durch den Proportionalitätsfaktor F des Strahlungsfeldes dargestellt. Hier ist bei der Annahme sinusförmiger Stromverteilung – unter Berücksichtigung eines geänderten Integrationsbereiches mit Gl. (264):

$$F = \int_{y=y_0+h'}^{y=y_0} \underline{I}_A \cdot \frac{\sin\left(\frac{2\pi y}{\lambda_0}\right)}{\sin\left[\frac{2\pi(y_0+h')}{\lambda_0}\right]} dy =$$

$$= \underline{I}_A \cdot \frac{\lambda_0}{2\pi} \frac{\cos\left(\frac{2\pi y_0}{\lambda_0}\right) - \cos\left[\frac{2\pi(y_0+h')}{\lambda_0}\right]}{\sin\left[\frac{2\pi(y_0+h')}{\lambda_0}\right]} . \qquad (305)$$

Mit Gl. (272) erhält man daraus

$$h'_{\text{eff}} = \frac{\lambda_0}{2\pi} \cdot \frac{\cos\left(\frac{2\pi y_0}{\lambda_0}\right) - \cos\left[\frac{2\pi(y_0+h')}{\lambda_0}\right]}{\sin\left[\frac{2\pi(y_0+h')}{\lambda_0}\right]} . \qquad (306)$$

h'_{eff} ist die wirksame Höhe einer Ersatzantenne, die vom konstanten Eingangsstrom $\underline{I}_A$ durchflossen ist. y_0 ist die Länge des durch die Dachkapazität ersetzten Antennenstückes. Faßt man die Antenne wie in Bild 3.2a als Leitung auf, so kann die kapazitive Belastung der Antenne durch ein am Ende offenes Leitungsstück, das die Leitung um y_0 verlängert, ersetzt werden.

Mit dieser Annahme kann man y_0 angenähert berechnen aus dem Ausdruck für den Blindwiderstand einer am Ende offenen verlustlosen Leitung:

$$\frac{1}{\omega C_D} = -Z_M \cot\left(\frac{2\pi y_0}{\lambda_0}\right) . \qquad (307)$$

C_D ist dabei die Dachkapazität der Antenne, die nach [11, H18] berechnet werden kann.

Setzt man Gl. (306) in Gl. (281) ein, so erhält man den Wirkwiderstand R_A der Antennen-Eingangsimpedanz.

3.5. Kapazitiv belastete Vertikalantenne

Die mit ihrem Spiegelbild in Bild 3.18b gezeigte Antenne wird im Mittelwellen-Rundfunkbereich als „schwundmindernde Antenne" eingesetzt. Durch die kapazitive Belastung wird das Strommaximum (Strombauch) auf der Antenne in größerer Höhe auftreten als bei der gleichhohen unbelasteten Antenne. Betrachtet man dazu das Spiegelbild und stellt sich als Ersatzantennen zwei jeweils an der Stelle des Strombauches der Antenne und an der Stelle des „Strombauches" des Spiegelbildes liegende Elementardipole vor, so hat man den Fall der vertikalen Dipolspalte aus zwei gleichphasig gespeisten Dipolen mit dem vertikalen Richtdiagramm nach Gl. (99). Das Diagramm zeigt für den hier vorliegenden Fall verhältnismäßig großen Dipolabstand $\frac{b}{\lambda_0}$ eine bevorzugte Abstrahlung in Richtung großer Winkel ϑ. Dies bewirkt eine Raumwellenreflektion im großen Abstand vom Sender, wo die Bodenwelle bereits abgeklungen ist. Eine störende Interferenz von Raum- und Bodenwelle (Schwund) ist dann nicht mehr vorhanden oder sehr abgeschwächt [11, H25].

Ändert man bei einer Antenne, die mit konstanter Frequenz gespeist sei, die Dachkapazität, so ändert sich der Abstand der gedachten Elementardipole im Strombauch, und damit ändert sich die Richtcharakteristik der Antenne. Mit der geänderten Stromverteilung ändert sich auch der Wirkwiderstand der Antenneneingangsimpedanz (Strahlungswiderstand) [23]. Soll eine Antenne mit einer kleineren Wellenlänge betrieben werden, als es ihrer Grundschwingung (Viertelwellenlängenresonanz) entspricht, so muß sie durch Einschalten eines Kondensators am Speisepunkt „verkürzt" werden, um Resonanz zu erreichen (Bild 3.19a).

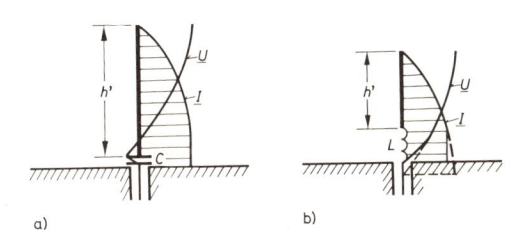

Bild 3.19 a) Stabantenne mit Verkürzungskondensator. b) Stabantenne mit Verlängerungsspule

Wir betrachten nur den Blindwiderstand jX'_A der Eingangsimpedanz, der bei Resonanz verschwinden muß: Mit Gl. (267) wird hier

$$jX'_A = -j \cdot Z_M \cdot \cot\left(\frac{2\pi h'}{\lambda_0}\right) - j\frac{1}{\omega C}. \tag{308}$$

Weil hier $h' > \dfrac{\lambda_0}{4}$, ist in Gl. (267) $\cot\left(\dfrac{2\pi h'}{\lambda_0}\right)$ negativ und damit der Blindwiderstand der unbelasteten Antenne positiv (induktiv). Mit dem in Serie geschalteten Kondensator soll dieser induktive Widerstand kompensiert werden, so daß Gl. (308) übergeht in

$$\frac{1}{\omega C} = -Z_M \cdot \cot\left(\frac{2\pi h'}{\lambda_0}\right) . \tag{309}$$

Daraus kann man die Verkürzungskapazität C berechnen.

In [23] und [28] wird eine graphische Ermittlung der Resonanzwellenlänge der mit einem Kondensator verkürzten Antenne angegeben.

In B i l d 3.20a wird Gl. (267) und Gl. (309) als Funktion von $\dfrac{h'}{\lambda_0}$ eingetragen. Die Schnittpunkte der Kurven ergeben die Lösungen der Gl. (309), d. h. die möglichen Resonanzwellenlängen $\lambda_{Res\,1}$, $\lambda_{Res\,3}$ usw. Die geradzahligen Resonanzwellenlängen liegen bei den Polstellen von Gl. (267). Für diese ist eine Ermittlung nur bei Berücksichtigung der Wirkwiderstände sinnvoll.

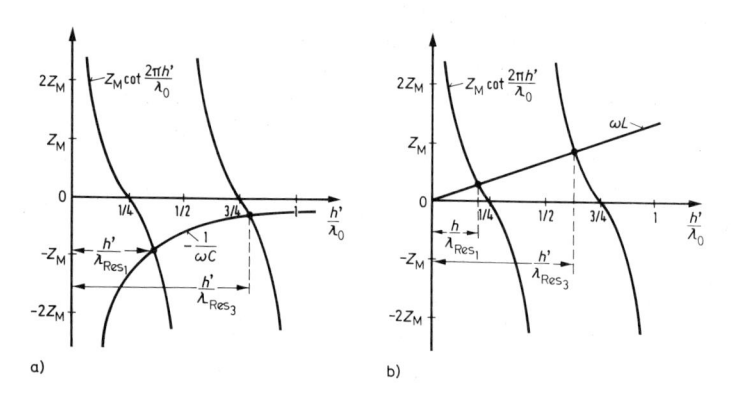

Bild 3.20 Ermittlung der Resonanzwellenlänge einer Antenne. a) Antenne mit Verkürzungskondensator. b) Antenne mit Verlängerungsspule

3.6. Induktiv belastete Vertikalantenne

Bei Vertikalantennen, die z. B. für fahrbare Funkstationen eingesetzt werden, ist eine Belastung der kurzen Antenne durch eine Dachkapazität wenig gebräuchlich. Hier wird die Antenne durch Einschalten einer Spule an der Stelle des Strombauches verlängert. Bei Erregung der Antenne in ihrer Grund-

3.7. Strahlungsgekoppelte Antennen

schwingung (Viertelwellenlängenresonanz) ist diese Spule am Speisepunkt eingebaut (Bild 3.19b).

Mit Gl. (267) erhält man analog zu Gl. (309) bei Resonanz

$$\omega L = Z_M \cdot \cot\left(\frac{2\pi h'}{\lambda_0}\right). \tag{310}$$

Daraus erhält man die *Verlängerungsinduktivität L*. Die graphische Ermittlung der Resonanzwellenlänge der mit einer Spule der Induktivität L verlängerten Antenne zeigt B i l d 3.20b. Das Verfahren ist das gleiche wie bei der Antenne mit Verkürzungskapazität.

Es gibt auch noch Antennen, die am unteren Ende durch eine Serienschaltung von Verkürzungskapazität und Verlängerungsspule abgestimmt werden [23], [28].

3.7. Strahlungsgekoppelte Antennen

Richtantennen werden vor allem bei kürzeren Wellen eingesetzt, weil ihre Verwirklichung keine großen Probleme aufwirft, da ihre Abmessungen in der Größenordnung der Wellenlänge liegen. Richtantennen im Mittel- und Langwellenbereich sind infolge ihrer Dimensionen technisch sehr aufwendig und werden nur in Sonderfällen gebaut.

In Abschnitt 2. wurden Richtantennen bestehend aus mehreren Strahlern untersucht, bei denen jeder Strahler vom Sender über eine Speiseleitung gleichphasig oder phasenverschoben gespeist wurde (Bilder 2.2 und 2.10a). Dabei wurden die Strahler als Punktquellen aufgefaßt und deren gegenseitige Beeinflussung vernachlässigt. Bei technischen Antennen ist durch die Größe der Antennenstäbe eine gegenseitige Rückwirkung (Kopplung) der Stabstrahler vorhanden (B i l d 3.21).

Diese Rückwirkung ändert den Strom auf den Stäben und beeinflußt damit das Richtdiagramm der Antenne, das deshalb von den in Abschnitt 2. abgeleiteten Diagrammen etwas abweichen wird. Wir nehmen an (Bild 3.21), daß der

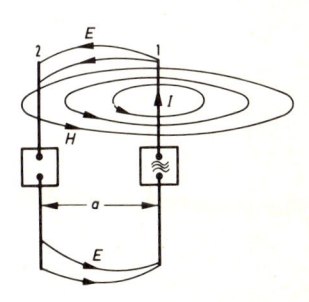

Bild 3.21 Gespeister Dipol (1) mit strahlungsgekoppeltem Stabstrahler (2)

Stab 1 einer Richtantenne aus zwei Stabstrahlern von einem Generator gespeist wird. Die Kästchen um die Antennenklemmen sollen die dort jeweils angeschlossene Schaltung darstellen.

Die vom Stab 1 ausgehende Welle erreicht den Antennenstab 2 mit ihrem elektrischen Wechselfeld — dargestellt durch die Feldlinien in Bild 3.21 — und influenziert auf ihm wechselnde Ladungen, die Wechselströme auf dem Stab 2 hervorrufen. Das Magnetfeld der von Antenne 1 ausgehenden Welle induziert im Stab 2 Wechselspannungen, die ebenfalls Wechselströme in ihm zur Folge haben. Ist auch Stab 2 an den Generator angeschlossen (Bild 2.2), so ist der Strom im Stab 2 nicht allein vom speisenden Generator, sondern auch von den beschriebenen Einwirkungen des benachbarten Stabstrahlers 1 bestimmt. Dabei wird die Phasenlage der am Stab 2 eintreffenden Wellenfelder durch den Abstand a festgelegt. Je größer a ist, desto mehr eilt deren Phase — bezogen auf das Feld am Stab 1 — nach. Die von den Feldern der vom Stab 1 ausgehenden Welle auf Stab 2 hervorgerufenen Ströme sind bei gleichphasiger Speisung der Antennenstäbe gegenüber dem vom Generator eingespeisten Strom phasenverschoben. Sie bewirken eine Änderung des Stromes auf Stab 2 und damit auch eine Änderung des Richtdiagramms der Antennenkombination.

Die gleiche Betrachtung kann auch für die Rückwirkung der Antenne 2 auf die Antenne 1 durchgeführt werden. Allgemein kann man sagen, daß bei Antennen, die aus mehreren Strahlern („Elementen") aufgebaut sind, durch wechselseitige Einwirkung (Kopplung) zwischen den Elementen die Ströme auf den Strahlern geändert werden. Die Richtdiagramme der Antennen weichen deshalb etwas von den in den Abschnitten 2., 3.1. und 3.2. berechneten ab.

In vielen Fällen wird bei einer Richtantenne nur ein Antennenstab vom Generator gespeist, während im zweiten Stab die durch die Welle des gespeisten Stabes hervorgerufenen Ströme fließen. Der zweite Stab wird deshalb *strahlungsgekoppeltes Element* der Antennenkombination genannt. Vorteile dieser Anordnung sind die eingesparte Zuleitung und das Verzweigungsstück (Bild 2.2) zum zweiten Strahler [39].

Ist Stab 1 vom Generator gespeist (B i l d 3.22a), so ist auf dem strahlungsgekoppelten Stab 2 die Phasenlage der Ströme — bezogen auf die Ströme auf Stab 1 — abhängig vom Abstand a der Stäbe, von der Länge des Stabes 2 und von der Impedanz der Schaltung, die zwischen den Antennenklemmen des Stabes 2 liegt.

An einem von H. MEINKE [1] angegebenen Ersatzbild (B i l d 3.22b) sollen die Zusammenhänge näher erläutert werden.

Das Ersatzbild der Strahler 1 und 2 (Bild 3.22b) kann man sich bei Stablängen $< \frac{\lambda_0}{2}$ als vereinfachtes Bild 3.2b vorstellen. Strahler 1 wird vom Sender gespeist, während an den Klemmen von Strahler 2 die komplexe Impedanz $\underline{Z}_2$ der Abstimmschaltung angenommen ist. Die Kopplung zwischen den beiden Antennenstäben ist durch die Kopplungsimpedanzen $\underline{Z}_k$ dargestellt. $\underline{I}_1$ ist der Strom im Stab 1, $\underline{I}_k$ der durch die Kopplung auf den Stab 2 fließende Strom

3.7. Strahlungsgekoppelte Antennen

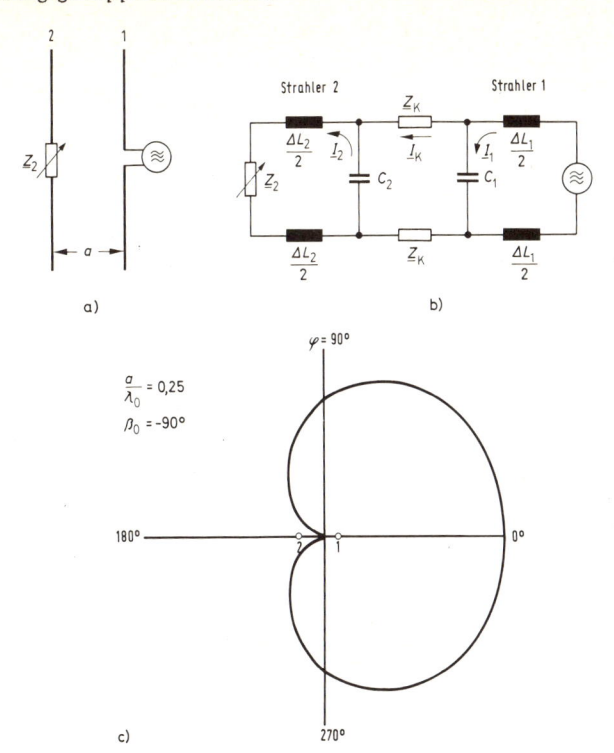

Bild 3.22 a) Gespeister Dipol (1) und strahlungsgekoppelter Strahler (2) mit Abstimmschaltung $\underline{Z}_2$. b) Angenähertes Ersatzbild für gekoppelte Stabstrahler nach [1]. c) Horizontales Richtdiagramm der horizontalen Dipolzeile aus zwei vertikalen Dipolen. Der Dipol 1 ist vom Sender gespeist und der Dipol 2 ist strahlungsgekoppelt. Der Strom im Dipol 2 eilt um 90° vor

und $\underline{I}_2$ ist der im Stab 2 fließende Strom. Die Phasenlage des Stromes $\underline{I}_2$ ist – bezogen auf die Phasenlage des Stromes $\underline{I}_1$ – von der Kopplung $\underline{Z}_k$ und von der Impedanz abhängig, die der Strahler 2 für den Strom $\underline{I}_k$ darstellt. Diese Impedanz enthält auch die Abstimmschaltung $\underline{Z}_2$. Die Ersatzschaltung des Strahlers 2 in Bild 3.22b ist ein Parallel-Resonanzkreis, der unterhalb seiner Resonanzfrequenz betrieben, dem $\underline{I}_k$ „an seinen Klemmen" eine induktive Impedanz und oberhalb seiner Resonanzfrequenz betrieben, eine kapazitive Impedanz anbietet. Die Phasenlage von $\underline{I}_2$ hängt also davon ab, ob die Betriebsfrequenz der Antenne oberhalb oder unterhalb der Resonanzfrequenz des Strahlers 2 liegt. Durch Ändern der Stablänge oder durch Ändern von $\underline{Z}_2$ bei konstanter Stablänge kann die Resonanzfrequenz des strahlungsgekoppelten Strahlers und damit die Phasenlage des Stromes $\underline{I}_2$ variiert werden. Damit kann man die Richtcharakteristik der Antenne ändern.

Richtantennen mit strahlungsgekoppelten Strahlern werden im Bereich hoher Frequenzen (ab etwa 30 MHz) allgemein ohne Abstimmschaltungen in den strahlungsgekoppelten Stäben gebaut. Hier muß bei konstanter Betriebsfrequenz die Stablänge geändert werden, wenn man die Phasenlage von $\underline{I}_2$ ändern will. Hat man z. B. eine Richtantenne aus zwei vertikalen Dipolen, von denen wie in Bild 3.22a nur der Dipol 1 gespeist, der Dipol 2 strahlungsgekoppelt ist, so benötigt man für ein Richtdiagramm wie in Bild 3.22c — also für eine Richtwirkung in die Richtung $\varphi = 0°$ — einen Abstand $a = \dfrac{\lambda_0}{4}$ und eine voreilende Phase $\beta_0 = -90°$ für den Strom $\underline{I}_2$ im Dipol 2. In diesem Fall muß Dipol 2 länger als Dipol 1 sein, d. h. Dipol 2 wird oberhalb seiner Resonanzfrequenz (kapazitive Impedanz) betrieben, während Dipol 1 auf die Betriebsfrequenz abgestimmt ist. Strahler 2 wird, weil er das Maximum der Abstrahlung der Richtantenne von sich weg in die Richtung $\varphi = 0°$ lenkt, *Reflektor* genannt. Man kann bei gleicher Abstrahlungsrichtung der Antenne auch den Dipol 2 an den Sender anschließen und den Dipolstab 1 strahlungsgekoppelt betreiben. Damit das Maximum der Abstrahlung wieder in die Richtung $\varphi = 0°$ geht, muß nun $\underline{I}_1$ im Dipol 1 dem Strom $\underline{I}_2$ im Dipol 2 um 90° nacheilen. Für diesen Fall müssen im Ersatzschaltbild (Bild 3.22b) an Stelle von $\underline{Z}_2$ der Generator und an Stelle des Generators $\underline{Z}_1$ (Abstimmschaltung des Dipols 1) eingesetzt werden. Der Parallelresonanzkreis 1 des neuen Ersatzbildes muß unterhalb seiner Resonanzfrequenz betrieben werden, damit er eine induktive Impedanz darstellt, die ein Nacheilen von $\underline{I}_1$ bewirkt.

Der Stab 1 muß dann kürzer als der auf die Betriebsfrequenz abgestimmte Dipol 2 sein und wird unterhalb seiner Resonanzfrequenz erregt. Weil der Stab 1 die Strahlung in seine Richtung lenkt ($\varphi = 0°$), wird er *Direktor* genannt.

In einer horizontalen Dipolzeile aus z. B. drei vertikalen Dipolen ist es nun möglich, nur den mittleren Dipol vom Sender zu speisen, während ein Strahler strahlungsgekoppelt als Reflektor (längerer Stab) und ein Strahler strahlungsgekoppelt als Direktor (kürzerer Stab) wirken. Stellt man die Längen von Reflektor- bzw. Direktorstab und ihre Abstände zum gespeisten Dipol richtig ein, so erhält man eine Richtantenne, die als Längsstrahler wirkt. Ihr Richtdiagramm kann z. B. nach Gl. (140) berechnet werden.

Nach H. YAGI, der schon 1928 die Antenne mit Reflektor durch den Direktor ergänzte und besonders günstige Abstände und Abmessungen der Antennenelemente angab, wird eine solche Richtantenne mit gespeistem Dipol (Di), Reflektor (R) und Direktor (D) „Yagi-Antenne" genannt (Bild 3.23).[1]

Um die Richtwirkung der Antenne weiter zu steigern, kann man nach dem betriebenen Prinzip Antennen mit vielen strahlungsgekoppelten Strahlern bauen.

---

[1] In Japanisch wurde von S. UDA, Prof. an der Tohoku Imperial Universität in Tokio diese Art Antennen beschrieben. Erst später hat sein Kollege H. YAGI in Englisch berichtet. Lit. u. a. Robert Bosch Elektronik und Photokino GmbH H. 3 (1966) und Antennen-Reflektor (1966) H. 4.

3.8. Spiegelantennen

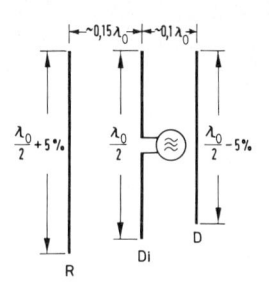

Bild 3.23 YAGI-Antenne mit Längen- und Abstandsangaben

Dabei wird allgemein nur die Zahl der Direktorstäbe erhöht, während ein Reflektorstab ausreicht. Mehr Reflektoren verbessern die Richtwirkung der Antenne praktisch nicht.

Zu den „strahlungsgekoppelten Reflektoren" gehören auch die Spiegelbilder der Antennen vor oder über einer leitenden Ebene, die im Abschnitt 2.3. (Bilder 2.11, 2.15a und 2.16a) behandelt wurden. Die Yagi-Antenne hat den Vorzug, konstruktiv sehr einfach zu sein, denn sie hat nur einen Speisepunkt. Sie erreicht allerdings nicht die Richtwirkung einer optimal bemessenen Richtantenne mit gespeisten Einzelelementen.

Alle Richtantennen mit strahlungsgekoppelten Strahlern haben eine Eingangsimpedanz an den Klemmen des vom Sender gespeisten Dipols, die von der Eingangsimpedanz des Einzeldipols erheblich abweicht. Aus dem Ersatzbild (Bild 3.22b) erkennt man leicht, daß sich mit wachsender Kopplung (abnehmendem Z_k) immer stärkere Rückwirkungen der angekoppelten Strahler auf die Eingangsimpedanz ergeben. Es entstehen wie bei fest gekoppelten Bandfilterkreisen [1, Bd1] Schleifen der Impedanzkurve in der Widerstandsebene, die mit wachsender Frequenz im Uhrzeigersinn durchlaufen werden. Die Impedanzwerte sind kleiner als beim Einzelstrahler, da jedes zusätzliche Strahlerelement seine Impedanz auf die Eingangsklemmen überträgt. Man kann sich für den gespeisten Dipol und die strahlungsgekoppelten Strahler als Ersatzbild ein System von an einen Speisekreis („Strahler 1" in Bild 3.22b) verschieden fest gekoppelten Schwingkreisen (Reflektor und Direktoren) vorstellen, die alle parallel an den Speisekreis geschaltet sind. Die an den Klemmen des Speisekreises erscheinenden Impedanzen der angekoppelten Schwingkreise sind parallelgeschaltet und ergeben im Vergleich zum Einzeldipol niedrigere Gesamtwerte. Eine Richtantenne mit z. B. einem Reflektor und vier Direktoren hat bei der Betriebsfrequenz eine reelle Eingangsimpedanz von etwa 20 Ω.

3.8. Spiegelantennen

In Abschnitt 2.4.3. wurde die Richtcharakteristik einer Dipolwand aus gleichphasig gespeisten Dipolen abgeleitet, und in Abschnitt 2.4.6. wurde die Richtcharakteristik einer strahlenden Fläche untersucht. Dipolwand und Flächenstrahler zeichnen sich durch hohe Richtwirkung aus. Bei sehr hohen Frequenzen (ab etwa 1 GHz) ist die gleichphasige Speisung sehr vieler Einzeldipole einer Dipolwand mit Reflektoren (Bild 2.29) sehr aufwendig. Man versucht deshalb, mit nur einem Erreger vor einem Reflektorspiegel eine strahlende Fläche zu erzeugen, die eine möglichst ebene Welle (gleichphasige Wellenfront) gerichtet abstrahlt.

B i l d 3.24a zeigt einen Parabolspiegel (Rotationsparaboloid), bei dem alle Ausbreitungswege der Welle vom Brennpunkt B des Spiegels zu seiner Öffnungsebene gleich lang sind. Der Strahler, von dem die Welle ausgeht, ist dabei als Punktquelle im Brennpunkt B angenommen. B liegt in der Öffnungsebene des Parabolspiegels. Der Strahler soll nur in die Richtung des Spiegels strahlen können. Alle von B ausgehenden Wellen sollen bis zur Öffnungsebene des Spiegels gleiche Ausbreitungsmedien durchlaufen. Dann müssen alle Wellen in der Öffnungsebene gleichphasig sein.

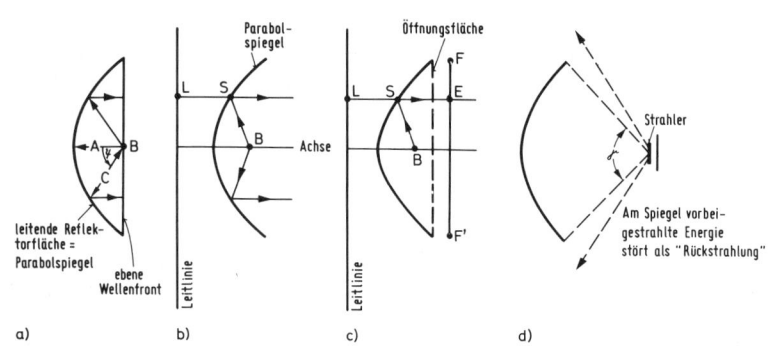

Bild 3.24 a–d) Verschiedene Parabolspiegel

Die Abmessungen des Parabolspiegels nach Bild 3.24a müssen die Gleichung

$$2A = C(1 + \cos \psi) \quad \text{oder} \quad C = \frac{2A}{1 + \cos \psi} \tag{311}$$

erfüllen.

Beim Reflektorspiegel nach B i l d 3.24b ist der Brennpunkt weiter in den Spiegel gerückt. Der Parabolspiegel erfüllt hier die Bedingung, daß der Abstand Brennpunkt-Spiegel (B–S) gleich ist dem Abstand S–L, wobei L auf einer Geraden hinter dem Spiegel liegt, die *Leitlinie* oder *Direktrix* [17] genannt wird.

$F - F'$ ist eine Gerade, die parallel zur Leitlinie und damit senkrecht zur Achse des Parabolspiegels in B i l d 3.24c verläuft. $F - F'$ ist die Schnittgerade einer Fläche, die vor der Öffnungsfläche (Apertur) des Spiegels liegt und den konstanten Abstand L–E von der Ebene durch die Leitlinie hat. L–E kann eine

3.8. Spiegelantennen

beliebig lange Strecke sein. Es gilt dann für alle Ausbreitungswege der Welle über den reflektierenden Parabolspiegel:

$$BS + SE = BS + LE - SL = LE. \tag{312}$$

Daraus folgt, daß alle vom Strahler B über den Parabolspiegel der Bilder 3.24b bzw. 3.24c abgestrahlten Wellen in der Ebene durch FF' gleiche Phase haben. Das „Spiegelbild" des Brennpunktes B ist die Fläche durch die Leitlinie und die vom Spiegel reflektierte Welle erscheint in der Fläche durch FF' so, als ob sie als ebene Welle von dieser Fläche durch die Leitlinie ausgehen würde. Die „strahlende Fläche" kann selbstverständlich nicht größer als die Öffnungsfläche des Parabolspiegels sein.

Die Verschiebungsströme der ebenen Wellenfronten in der Öffnungsfläche des Spiegels machen die Spiegelöffnung zu einer strahlenden Fläche mit gleichphasigen Strömen (Flächenstrahler). Mit dieser Annahme lassen sich die Gleichungen für die Berechnung der Richtdiagramme des Flächenstrahlers — wie sie in den Abschnitten 2.4.6. und 2.5.4. abgeleitet wurden — auch für die Berechnung der Richtdiagramme der Spiegelantenne verwenden [6, S. 346].

Die Richtwirkung der strahlenden Fläche hängt von der Stromverteilung auf der Fläche ab, wobei man beste Richtwirkung für eine gegebene Spiegelöffnung erhält, wenn die Stromdichte der strahlenden Fläche möglichst gleich ist und die Ströme in ihr gleiche Richtung haben.

Der vom Sender gespeiste Strahler (Erreger) im Brennpunkt des Parabolspiegels hat stets den Charakter der Dipolstrahlung, deren Vertikaldiagramm Gl. (77) den Faktor sin ϑ enthält. Der Erreger strahlt also in bestimmten Richtungen (bei Dipolen in Richtung der Dipolachse) nicht. In diesen Richtungen ist eine Spiegelfläche ohne Nutzen. Deshalb haben die Parabolspiegel die in Bild 3.24d gezeigte Form. Der Strahler steht vor dem Spiegel. Er müßte ein solches Strahlungsdiagramm haben, daß er nur in den Winkel γ strahlt. Dies ist aber nur schwer zu erreichen. Etwas Energie geht durch Vorbeistrahlen am Spiegel verloren. Die vorbeigestrahlte Welle wird als „Rückstrahlung" der Antenne bezeichnet. Sie stört sehr bei Richtfunk-Relaisstellen, bei denen Sende- und Empfangs-Parabolantenne „Rücken an Rücken" stehen. Bei gleicher Empfangs- und Sendefrequenz kann „Selbsterregung" der Relaisstelle auftreten, wenn ein Bruchteil der Sendeenergie in die Empfangsantenne gelangt. Hornstrahler (Abschnitt 3.9.) als Erreger im Brennpunkt des Parabolspiegels setzen die Rückstrahlung durch bessere Bündelung und geringe Nebenausstrahlung herab. Verschiedene Empfangs- und Sendefrequenz der Relaisstelle verhindert eine Selbsterregung.

Die Strahlungsdichte der vom Erreger abgestrahlten Kugelwelle ist in der Achsrichtung des Parabolspiegels am größten und nimmt gegen den Rand hin ab. Deshalb trägt der Rand des Spiegels nur wenig zur Richtwirkung der Antenne bei. Sie wird auch durch Drehung der Polarisationsebene der vom Spiegel reflektierten Welle vermindert, da dann die Forderung gleicher Stromrichtung (der Verschiebungsströme) in der strahlenden Fläche nicht mehr erfüllt ist.

Bei günstiger Dimensionierung des Spiegels erhält man Flächenausnutzungen von 0,5 ··· 0,65, d. h., die horizontalen und vertikalen Halbwertsbreiten des Richtdiagramms sind so groß, als ob die Apertur (Öffnungsfläche) des Spiegels etwa gleich der halben Spiegelfläche ist.

Die Vorteile des Parabolantenne liegen — verglichen mit der Linsenantenne (Abschnitt 3.10.) — in ihrer verhältnismäßig einfachen Konstruktion und in ihrem geringeren Gewicht. Nachteilig ist die hohe erforderliche Genauigkeit bei der Spiegelherstellung und die starke Rückwirkung des Reflektors auf den Erreger, wodurch die Anpassung verschlechtert und die Bandbreite kleiner wird als bei der Linsenantenne. Die B i l d e r 3.25 a bis d zeigen weitere Ausführungsformen von Spiegelantennen. Weiterführende Literatur [22].

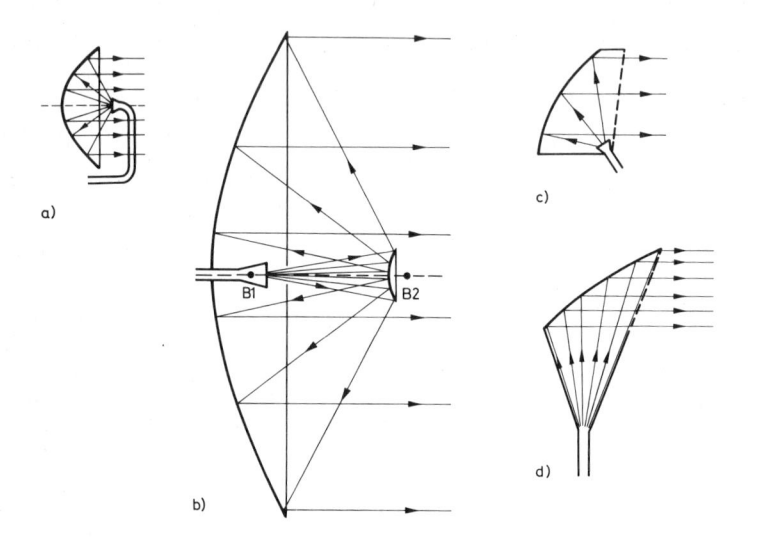

Bild 3.25 Spiegelantennen, a) Parabolantenne, b) Cassegrainantenne, c) Muschelantenne, d) Hornparabolantenne

3.9. Trichterstrahler

Der Trichter- oder Hornstrahler entsteht aus einer Hohlleitung durch trichterförmiges Aufweiten des Hohlrohrendes. Man kann sich vorstellen, daß die Hohlleitungswelle [1], [31] durch das allmählich weiter werdende Rohr möglichst stoßstellenfrei in eine Raumwelle übergeführt wird. Es gibt Hornstrahler mit kreisförmigem Querschnitt, die aus Hohlleitern mit Kreisquerschnitt, und Hornstrahler mit Rechteckquerschnitt, die aus Hohlleitern mit rechteckigem Querschnitt entstehen.

3.9. Trichterstrahler

Dem Trichter mit Kreisquerschnitt führt man eine Hohlleiterwelle vom Typ H_{11} zu, während der Trichter mit Rechteckquerschnitt mit einer Hohlleiterwelle vom Typ H_{10} gespeist wird. Die H_{11}-Welle im Kreisquerschnitt und die H_{10}-Welle im Rechteckquerschnitt sind sich in physikalischer Hinsicht sehr ähnlich, so daß es genügt, wenn hier nur der häufiger vorkommende Hornstrahler mit Rechteckquerschnitt behandelt wird (B i l d 3.26a). Die aus dem Trichterquerschnitt in den Raum tretende Welle ist der von einem Flächenstrahler abgestrahlten Welle sehr ähnlich. Deshalb kann man sich angenähert an die wirklichen Verhältnisse vorstellen, daß die Verschiebungsströme, die in der Öffnungsfläche des Hornstrahlers fließen, in gleicher Weise eine Welle erzeugen, wie die Leitungsströme in einem Flächenstrahler nach Bild 2.40.

Die Verschiebungsströme sind über die Öffnungsebene des Hornstrahlers nach der Funktion $\sin\left(\dfrac{\pi x}{a}\right)$ verteilt und laufen in der Öffnung parallel zur y-Richtung (B i l d 3.26b und Bild 2.43). Bei Flächenstrahlern mit einer in Bild 2.43 dargestellten Stromverteilung ist das horizontale Richtdiagramm nach Gl. (206) in Abschnitt 2.5.2. zu bestimmen. Dieses Diagramm gilt auch für den Hornstrahler. Es hat kleine Nebenzipfel wegen der verminderten Abstrahlung an den Flächenrändern der Hornstrahleröffnung.

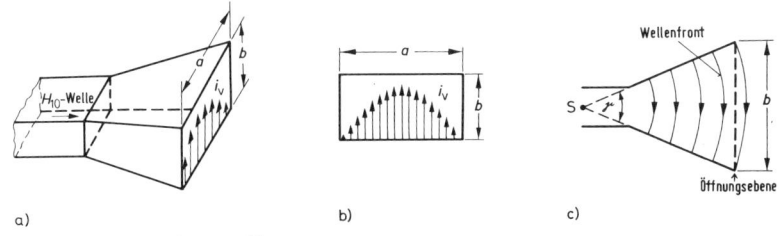

Bild 3.26 a–c) Trichterstrahler

Leider ist die Annahme einer praktisch ebenen Wellenfront an der Hohlleiteröffnung — besonders bei großen Kegelwinkeln γ — nicht ganz gerechtfertigt. B i l d 3.26c zeigt, daß die Wellenfronten etwa zu Kugelflächen gekrümmt sind (Kugelwelle) und von einem Strahlungszentrum S im Hohlleiter auszugehen scheinen. S liegt im Schnittpunkt der Verlängerungen der Trichterwände. Die Krümmung der Wellenfronten entsteht dadurch, daß die elektrischen Feldlinien senkrecht auf den Leiteroberflächen enden müssen. In der Öffnungsebene des Hornstrahlers sind deshalb die Verschiebungsströme nicht gleichphasig, sondern nach den Trichterrändern hin haben sie nacheilende Phase, was die Halbwertsbreite des Richtdiagramms vergrößert, und zwar um so mehr, je größer der Öffnungswinkel γ ist, d. h. je mehr sich Wellenfront und Öffnungsebene voneinander unterscheiden.

Der Öffnungswinkel des Trichters soll deshalb so klein wie möglich gehalten werden. Wird ein Hornstrahler als Erreger für einen Parabolspiegel eingesetzt, so wird eine ebene Wellenfront durch die im Abschnitt 3.8. erläuterte Wirkung des Parabolspiegels erreicht. Hornstrahler werden für Frequenzen über etwa 1 GHz eingesetzt.

3.10. Linsenantennen

Einige Nachteile der Spiegelantenne kann man durch die Linsenantenne [6], [11] vermeiden. Die Linsenantenne ist eine Kombination von Strahler (z. B. Hornstrahler) und „nachgeschalteter" elektrischer Linse. Durch die Linse wird eine vom Strahler ausgesandte Kugelwelle in eine ebene Wellenfront umgeformt (B i l d e r 3.27 a–d).

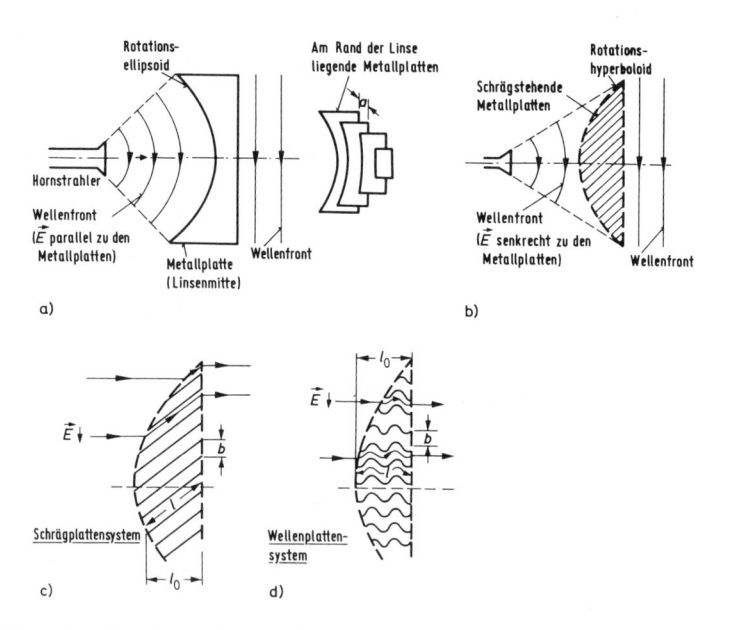

Bild 3.27 a) Beschleunigungslinse. b–d) Verschiedene Verzögerungslinsen

Die Vorteile der Linsenantenne sind, daß fast keine Rückstrahlung auftritt und der Strahler hinter der Linse liegt: Der Strahler stört damit nicht den Ausbreitungsweg der abgestrahlten Welle wie es beim Parabolspiegel der Fall ist. Die gegenüber dem Parabolspiegel wesentlich geringere Rückstrahlung verringert Koppeleffekte z. B. auf Antennenträgern mit vielen Antennen.

3.10. Linsenantennen

Bild 3.27a zeigt eine Linsenantenne mit einer sogenannten *Beschleunigungslinse*. Bei ihr sind ebene Metallplatten mit Ellipsenschnitt nebeneinander im Abstand $a > \frac{\lambda_0}{2}$ angeordnet. Bei $a < \frac{\lambda_0}{2}$ kann die Welle nicht durch die Linse treten [6]. Der Strahler im Brennpunkt wird so ausgerichtet, daß die elektrischen Feldlinien der abgestrahlten Welle parallel zu den Metallplatten laufen. Die durch die ebenen Platten laufende Welle bewegt sich wie in einem Hohlleiter. In diesem hat sie eine Phasengeschwindigkeit v_{ph}, die größer ist als im freien Raum, wo v_{ph} gleich der Lichtgeschwindigkeit c ist [1]. Der Brechungsindex n dieser Linse ist damit:

$$n = \frac{c_0}{v_{ph}} = \sqrt{1 - \left(\frac{\lambda_0}{2a}\right)^2} < 1. \qquad (313)$$

Das bedeutet, daß die Beschleunigunglinse die Phasen der Wellen, die den Rand der Linse durchlaufen, weiter in der Phase dreht als die einen „kürzeren Hohlleiter" durchlaufenden Wellen in der Mitte der Linse. Damit wird die vor der Linse auf einer Kugelfläche liegende Wellenfront konstanter Phase nach dem Durchlaufen der Linse in eine ebene Wellenfront umgeformt. Obwohl die elektromagnetische Beschleunigungslinse wie eine (optische) Zerstreuungslinse aussieht, hat sie die Wirkung einer Sammellinse. Sie hat eine geringe Bandbreite [11]. Eine zweite Bauart für Linsenantennen stellt die *Verzögerungslinse* (Bild 3.27b) dar. Diese Linse entsteht z. B. durch den Einbau gegen die Ausbreitungsrichtung geneigter Bleche in das Linsenprofil (Bild 3.27c). Es entstehen dadurch verschieden lange Spalte. Die Welle, deren elektrische Feldlinien senkrecht auf den Blechen stehen, muß verschieden lange Wege in der Linse zurücklegen, wobei die Wege in der Antennenmitte am längsten und die am Rand der Antenne am kürzesten sind. Beim Austritt aus der Linse ist deshalb aus der in die Linse eintretenden Kugelwelle eine Welle mit ebener Wellenfront geworden. Wichtig ist, daß der Abstand b der Blechplatten in der Linse kleiner als $\frac{\lambda_0}{2}$ ist, sonst kommt keine wirksame Wegverlängerung zustande.

Den gleichen Effekt erzielt man, wenn die Welle durch in das Linsenprofil eingebaute Spalte aus gewellten Blechplatten geleitet wird (Bild 3.27d). Diese Verzögerungslinsen heißen auch *Weglängenlinsen*, deren Brechungsindex sich aus

$$n = \frac{l}{l_0} > 1 \qquad (314)$$

ergibt.

Die Verzögerungslinse (Bilder 3.27b, c, d) ist eine Sammellinse und hat das gleiche Aussehen wie eine optische Sammellinse. Die besprochenen Verzögerungslinsen sind einfach in der Herstellung und sehr breitbandig. Die erforderliche Herstellungsgenauigkeit ist geringer als bei Parabolantennen. Eine technisch aufwendige und damit teure dielektrisch-metallische Verzögerungslinse mit einer Linse aus Polystyrolschaum mit eingebetteten Metallstreifen ist in [11] beschrieben. Linsenantennen werden bei Frequenzen oberhalb 1 GHz eingesetzt. Ihr Richtdiagramm läßt sich aus den Beziehungen für den Flächenstrahler ermitteln.

3.11. Schlitzantenne — Theorem von BABINET

Ein Schlitz der Länge $\frac{\lambda_0}{2}$ in einer unendlich ausgedehnten leitenden Ebene sei in seiner Mitte an den Punkten 1–2 von einem auf die Wellenlänge λ_0 abgestimmten Sender gespeist (Bild 3.28b). Untersucht man die Eigenschaften dieser Anordnung, so stellt man fest, daß dieser gespeiste Schlitz als Antenne eine Welle abstrahlt [6]. Ein Vergleich dieser *Schlitzantenne* mit einem vom gleichen Sender gespeisten $\frac{\lambda_0}{2}$-Dipol, dessen Leiter aus den ausgeschnittenen Blechteilen des Schlitzes gebildet sind, führt zu folgenden Ergebnissen: Die Richtdiagramme der $\frac{\lambda_0}{2}$-Schlitzantenne und des komplementären $\frac{\lambda_0}{2}$-„Blechstreifen"-Dipols (B i l d e r 3.28a–b) sind gleich bis auf zwei Unterschiede: Der Vektor des elektrischen Feldes $\vec{E}$ und der Vektor des magnetischen Feldes $\vec{H}$ der komplementären Antennen sind im Fernfeld gegeneinander ver-

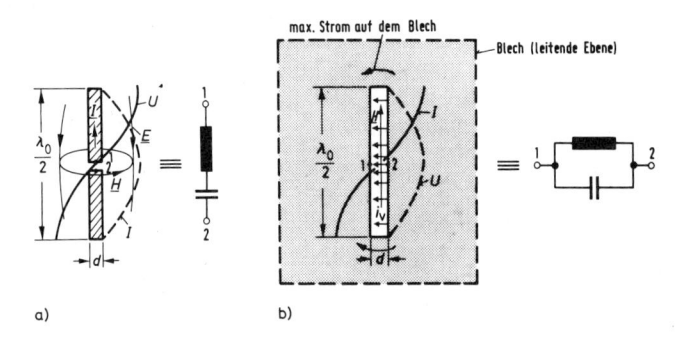

Bild 3.28 Gegenüberstellung von Streifendipol (a) und Schlitzantenne (b)

tauscht, und das elektrische Feld der Schlitzantenne, dessen Feldlinien senkrecht auf der leitenden Ebene stehen, wechselt seine Richtung beim Übergang von der einen Seite zur anderen Seite der leitenden Ebene. Dementsprechend ist auch die Tangentialkomponente des magnetischen Feldes der Schlitzantenne in der leitenden Ebene unstetig.

3.11. Schlitzantenne – Theorem von BABINET

Vertauscht man den Verlauf der Spannung $\underline{U}$ und des Stromes $\underline{I}$ längs des $\frac{\lambda_0}{2}$-Dipols, so hat man den Verlauf der Spannung und des Stromes längs der komplementären Schlitzantenne (Bilder 3.28 a–b). Weiter ergibt sich, daß die Eingangsimpedanz $\underline{Z}_A$ des Schlitzes an den Klemmen 1–2 proportional ist der Eingangsadmittanz $\underline{Y}_A$ des komplementären Dipols und umgekehrt.

Diese Zusammenhänge wurden erstmalig von H. G. BOOKER 1946 erkannt [32]. Sie sollen im folgenden näher untersucht werden. Das elektrische Feld des Dipols ist in Richtung des Dipols polarisiert, und das magnetische Feld umschließt ihn kreisförmig.

Das magnetische Feld des Schlitzstrahlers verläuft in den Ebenen, die in seiner Längsachse verlaufen (Meridianebenen). Die elektrischen Feldlinien erstrecken sich über die Schmalseite des Schlitzes. Eine vertikale Schlitzantenne strahlt deshalb im Gegensatz zum vertikalen Dipol horizontal polarisierte Wellen ab. B i l d 3.29 zeigt das Richtdiagramm einer vertikalen Schlitzantenne, die von einer unendlich großen leitenden Ebene umgeben ist. Auch hier wird das Kugelkoordinatensystem von Bild 1.5 a verwendet.

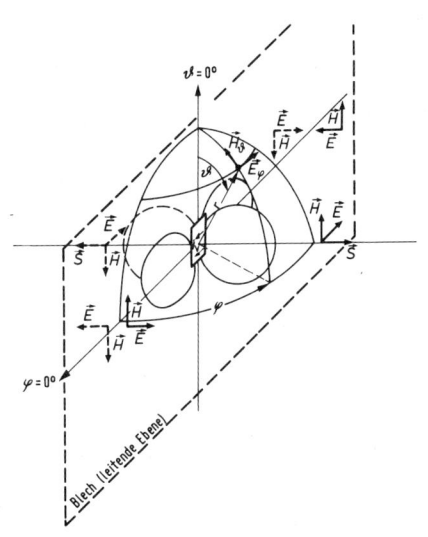

Bild 3.29 Richtdiagramm eines vertikalen Schlitzes in einer unendlichen leitenden Ebene

In B i l d 3.29 sind die Vektoren des elektrischen und magnetischen Fernfeldes, welches sich um den Schlitz ausbreitet, eingezeichnet. Man sieht, daß die Komponenten des elektrischen Feldes, die senkrecht auf der leitenden Ebene stehen, ihre Richtung beim Übergang von einer Seite der leitenden Ebene zur anderen wechseln. Ebenso ist die Tangentialkomponente des magnetischen Feldes vor und hinter der leitenden Ebene entgegengesetzt gerichtet. Diese Feldkomponenten sind in Bild 3.29 an der $\varphi = 0°$-Achse eingezeichnet. Ihre Unstetigkeit stört nicht, da eine leitende Ebene dazwischen liegt. Aus Bild 3.29

ist zu entnehmen, daß das elektrische Feld bei einer vertikalen Schlitzantenne nur eine Horizontalkomponente hat: die abgestrahlte Welle ist horizontal polarisiert.

Dreht man den Schlitz in der leitenden Ebene um 90°, so hat man eine horizontale Schlitzantenne, die vertikal polarisierte Wellen abstrahlt.

Wenn der vertikale Schlitz sehr schmal $(d \ll \lambda_0)$ und $\frac{\lambda_0}{2}$ lang ist, erhält man die Richtcharakteristik der Schlitzantenne nach Gl. (226) aus

$$A = A'_0 \cdot \left| \frac{\cos\left(\frac{\pi}{2} \cdot \cos \vartheta\right)}{\sin \vartheta} \right|. \tag{315}$$

Sie ist also nur von ϑ abhängig. Das Richtdiagramm der Schlitzantenne entspricht dem in Bild 3.5a gezeigten Vertikaldiagramm für den vertikalen $\frac{\lambda_0}{2}$-Dipol mit sinusförmiger Stromverteilung. Dabei wird eine unendlich große leitende Ebene um den Schlitz vorausgesetzt. Dann ist das horizontale Richtdiagramm der vertikalen Schlitzantenne (s. Bild 3.29) ein Kreis:

$$\frac{A}{A'_0} = \text{konstant}. \tag{316}$$

Viele Probleme, die bei Schlitzantennen auftreten, können durch Anwenden des Theorems von BABINET auf bereits bekannte Lösungen für komplementäre Dipolantennen zurückgeführt werden. Das Theorem läßt sich bei allen komplementären Antennenformen zur Problemlösung einsetzen.

Das Theorem von BABINET wird in der Optik bei der Erklärung von Beugungserscheinungen angewendet.

Zur Formulierung des Theorems stellen wir uns vor:
1. Eine unendliche leitende Ebene sei von einem Schlitz durchbrochen. Trifft auf diese Ebene eine ebene Welle (im Fernfeld kann man diese Bedingung als erfüllt ansehen), so tritt ein Teil des Wellenfeldes durch den Schlitz und breitet sich hinter der Ebene aus. Dort stellt man an einer bestimmten Stelle die Feldstärke E_1 fest.
2. Setzt man an die Stelle der leitenden Ebene in das gleiche Wellenfeld das zum Schlitz komplementäre Gebilde, so kann man hinter dem komplementären Schlitz an der gleichen Stelle wie bei 1. eine Feldstärke E_2 feststellen. Addiert man beide Feldstärken, so erhält man eine Feldstärke

$$E_0 = E_1 + E_2, \tag{317}$$

3.11. Schlitzantenne – Theorem von BABINET

die sich an dieser Stelle ergibt, wenn sich die ebene Welle ungestört ausbreiten kann [6, S. 362]. An Stelle von Gl. (317) kann man auch schreiben

$$\frac{E_1}{E_0} + \frac{E_2}{E_0} = 1. \tag{318}$$

Bezeichnet man die leitende Ebene um den Schlitz oder um andere Durchbruchformen der Ebene als *Schirm* und das dazu komplementäre Gebilde als *komplementären Schirm,* so lautet das Theorem von BABINET:

Addiert man das von einem Schirm ausgeblendete Feld E_1 einer ebenen elektromagnetischen Welle an einem Punkt mit dem durch einen komplementären Schirm aus der gleichen Welle ausgeblendeten Feld E_2, so erhält man das Feld E_0, das gleich ist dem Feld am selben Punkt, wenn kein Schirm vorhanden ist.

BABINETS Theorem wurde von BOOKER [32] erweitert, um die vektorielle Natur des linear polarisierten elektromagnetischen Feldes zu berücksichtigen: Nimmt man an, daß der Schirm eben, ideal leitend und unendlich dünn sei, so muß der komplementäre Schirm – der die durch den Schlitz unvollständige Ebene zur geschlossenen Vollebene ergänzt – unendlich gute „magnetische Leitfähigkeit" haben. Da kein Material dieser Eigenschaft existiert, macht man beide Schirme aus Metallen hoher elektrischer Leitfähigkeit (Silber, Kupfer), für die man hier unendliche Leitfähigkeit bei nur kleinem Fehler annehmen kann. Man muß dann, um die Wirkung eines komplementären Schirmes zu erreichen, das komplementäre Gebilde gegenüber dem Schirm um 90° drehen.

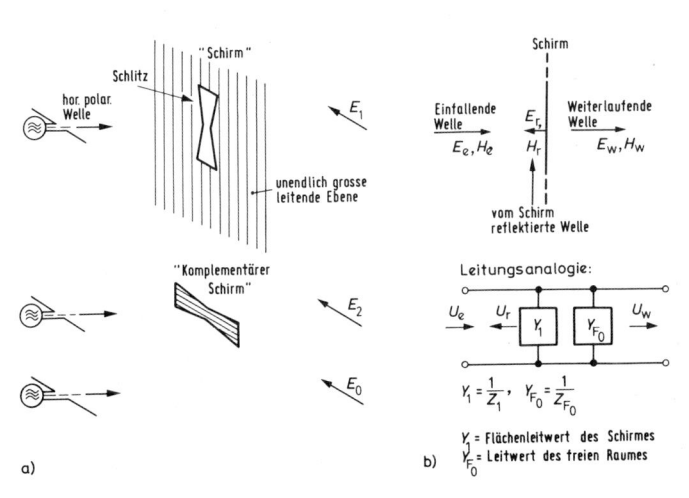

Bild 3.30 a) Babinetsches Theorem angewandt auf einen Schlitz und den dazu komplementären Streifendipol. b) Schirm im Wellenfeld und Leitungsanalogie

Dadurch erreicht man eine Vertauschung der elektrischen und magnetischen Feldgrößen. In B i l d 3.30a ist das für den Schlitz und sein komplementäres Gebilde, d. h. den ausgeschnittenen Blechstreifendipol, der um 90° gedreht ist, gezeigt.

Die Impedanzen von Schirmen und komplementären Schirmen wurden von BOOKER [32] mit Hilfe einer Leitungsanalogie untersucht (B i l d 3.30b): Der Leitwert des freien Raumes ist

$$Y_{F0} = \frac{1}{Z_{F0}} = \frac{1}{120\pi} S = \frac{1}{377} S. \tag{319}$$

Weiter gilt im freien Raum nach Gl. (35)

$$Y_{F0} = \frac{H_e}{E_e} = -\frac{H_r}{E_r} = \frac{H_w}{E_w}, \tag{320}$$

denn jede ebene Welle, ob einfallend, reflektiert oder weiterlaufend, hat diesen Wert.

BOOKER definiert für seine Leitungsanalogie eine Flächenimpedanz Z_1 für den Schirm und eine Flächenimpedanz Z_2 für den komplementären Schirm. In Bild 3.30b ist die Flächenadmittanz $Y_1 = \frac{1}{Z_1}$ des Schirmes eingezeichnet, für den komplementären Schirm ist die Flächenadmittanz $Y_2 = \frac{1}{Z_2}$.

Betrachtet man eine unendlich lange Leitung (Bild 3.30b) mit einem Wellenwiderstand $Z_{F0} = \frac{1}{Y_{F0}}$ und dazu parallelgeschaltet die Admittanz Y_1, so bewirkt eine auf der Leitung ankommende Welle die zwischen den Leitern meßbare Spannung U_e. Die Welle wird am Leitwert Y_1 teilweise reflektiert. Die reflektierte Welle bewirkt eine Spannung U_r und die hinter den Admittanzen weiterlaufende Welle eine Spannung U_w auf der Leitung.

Dieses Analogbild ist vergleichbar mit einer ebenen Welle mit den Feldstärken E_e und H_e, die senkrecht auf einen unendlich großen ebenen Schirm einfällt (Bild 3.30b). Der Schirm habe eine Flächenadmittanz Y_1, die für jedes quadratische Flächenstück des Schirmes gleich ist [6, S. 364]. Die Felder der am Schirm reflektierten Welle sind mit E_r und H_r, die der hinter dem Schirm weiterlaufenden Welle mit E_w und H_w bezeichnet.

Das Verhältnis der Spannungen $\frac{U_w}{U_e}$ wird *Transmissionskoeffizient* τ_u genannt. Dieser Koeffizient ist in [26, S. 212] ausführlich abgeleitet. Der Transmissionskoeffizient τ_u der Spannung auf der Leitung ist

$$\tau_u = \frac{U_w}{U_e} = \frac{2 Y_{F0}}{2 Y_{F0} + Y_1}. \tag{321}$$

3.11. Schlitzantenne – Theorem von BABINET

Für die elektrischen Felder gilt analog

$$\tau_E = \frac{E_w}{E_e} = \frac{2\,Y_{F0}}{2\,Y_{F0} + Y_1}. \qquad (322)$$

Ersetzt man den Schirm durch seinen komplementären Schirm mit der Flächenadmittanz Y_2, so gilt auch in diesem Fall:

$$\tau_{E'} = \frac{E'_w}{E_e} = \frac{2\,Y_{F0}}{2\,Y_{F0} + Y_2}. \qquad (323)$$

Mit Gl. (318) erhält man:

$$\tau_E + \tau_{E'} = \frac{2\,Y_{F0}}{2\,Y_{F0} + Y_1} + \frac{2\,Y_{F0}}{2\,Y_{F0} + Y_2} = 1. \qquad (324)$$

Aus Gl. (324) ergibt sich:

$$Y_1 \cdot Y_2 = 4 \cdot Y_{F0}^2. \qquad (324)$$

Ersetzt man die Admittanzen durch ihre Impedanzen, so wird daraus

$$Z_1 \cdot Z_2 = \frac{Z_{F0}^2}{4} \qquad (326)$$

oder $\sqrt{Z_1 \cdot Z_2} = \dfrac{Z_{F0}}{2} = 60\,\pi\,\Omega.$ \qquad (327)

Der geometrische Mittelwert aus den Flächenimpedanzen des Schirms und des komplementären Schirms ist gleich dem halben Wellenwiderstand des freien Raumes.

Ist z. B. der Schirm eine Schlitzantenne mit der Impedanz Z_S und der komplementäre Schirm ein Dipol mit der Impedanz Z_D am jeweiligen Speisepunkt 1–2 (Bilder 3.28a, b und 3.30a), so gilt nach Gl. (327):

$$\sqrt{Z_S \cdot Z_D} = 60\,\pi\,\Omega \qquad (328)$$

oder $Z_S = \dfrac{(60\pi)^2}{Z_D} = (60\pi)^2 \cdot Y_D.$ \qquad (329)

D. h., die Impedanz des Schlitzes ist proportional der Admittanz des komplementären Dipols und umgekehrt. Man erhält das gleiche Ergebnis durch Integration des elektrischen und des magnetischen Feldes eines Schlitzes und des zu ihm komplementären Dipols [6, S. 367]. Meist ist $\underline{Z}_D = R_A + jX_A$ komplex, so daß Gl. (329) übergeht in:

$$\underline{Z}_S = \frac{(60\pi)^2}{R_A + jX_A} = \frac{(60\pi)^2}{R_A^2 + X_A^2}(R_A - jX_A). \tag{330}$$

Man sieht, daß $\underline{Z}_S$ kapazitiv wird, wenn $\underline{Z}_D$ induktiv ist und umgekehrt. Macht man einen $\frac{\lambda_0}{2}$-Dipol länger, so wird er mehr induktiv. Ein $\frac{\lambda_0}{2}$-Schlitz wird beim Verlängern mehr kapazitiv.

B i l d 3.31 zeigt eine Gegenüberstellung von Dipol und Schlitzantenne nach [6].

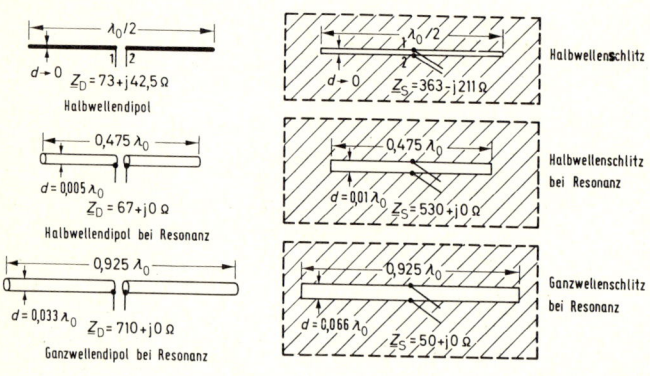

Bild 3.31 Vergleich der Impedanzen von zylindrischen Dipolantennen mit den dazu komplementären Schlitzantennen nach [6]. (Über die Verkürzungen der Antennenlängen s. „Antennen" Band 2)

3.12. Rahmenantenne

Eine Rahmenantenne ist eine flache Spule von meist kreisförmigem oder quadratischem Querschnitt. Allgemein werden Rahmenantennen mit sehr kleinen Rahmenabmessungen gegenüber der Betriebswellenlänge gebaut, weil bei einem zu großen Rahmen das Richtdiagramm in viele Einzelkeulen zerfällt [6, S. 165]. Hier soll die Richtcharakteristik einer Rahmenantenne im freien Raum für den einfachen Fall abgeleitet werden, daß der Rahmen aus vier kurzen horizontalen Dipolen (1 ··· 4) gebildet wird (B i l d 3.32a). Er stellt eine rechteckige Leiterschleife in der Horizontalebene $\vartheta = \pm 90°$ dar. Die vier Dipole sollen von gleichen Strömen durchflossen werden. Für kleine Werte von $\frac{a}{\lambda_0}$ wird die Abstrahlung und deshalb A sehr klein, weil gegenläufige Ströme

3.12. Rahmenantenne

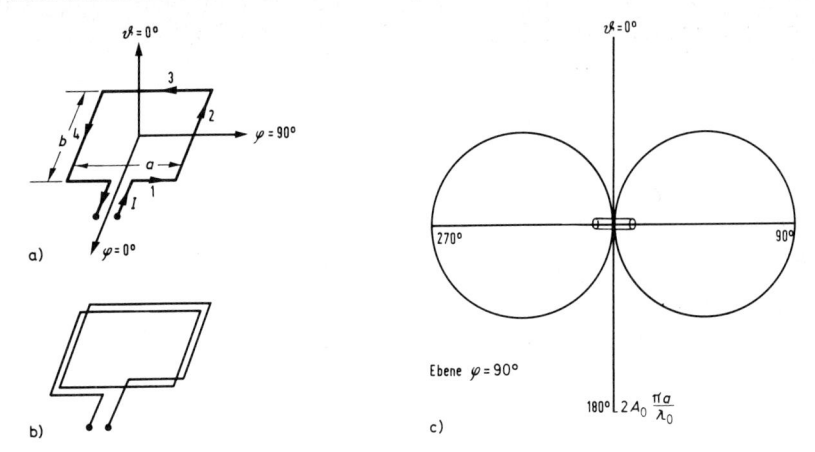

Bild 3.32 a) Rahmenantennen aus vier kurzen horizontalen Leiterstücken. b) Rahmenantenne mit mehr Windungen. c) Vertikaldiagramm einer in der Ebene $\vartheta = \pm 90°$ liegenden Rahmenantenne

in geringem Abstand ihre Ausstrahlung größtenteils kompensieren. Bei gegebenem Strom kann man die Wellenabstrahlung dadurch etwas verbessern, daß man die Rahmenantenne aus mehreren Windungen baut (Bild 3.32b).

Wir wollen nun das vertikale Richtdiagramm (Ebene $\varphi = 90°$) der aus vier kurzen Dipolen gebildeten Rahmenwindung ermitteln. Weil die Dipole 1 und 3 praktisch nichts zur Abstrahlung in der Vertikalebene $\varphi = 90°$ beitragen, kann man sich auf die Abstrahlung der beiden Dipole 2 und 4 in Bild 3.32a beschränken. Diese Dipole werden von gleich großen gegenläufigen Strömen durchflossen ($\beta_0 = \pi$) und haben den Abstand a. Sie können deshalb als horizontale Dipolzeile aus zwei horizontalen Dipolen aufgefaßt werden und ihr vertikales Richtdiagramm erhält man aus Gl. (112)

$$\frac{A}{A_0} = \left| 2 \cdot \cos\left(\frac{\beta_0}{2} + \frac{\pi a}{\lambda_0} \sin \vartheta\right) \right| \qquad (331)$$

oder mit $\beta_0 = \pi$:

$$\frac{A}{A_0} = \left| 2 \cdot \sin\left(\frac{\pi a}{\lambda_0} \sin \vartheta\right) \right|. \qquad (332)$$

Ist $\dfrac{a}{\lambda_0}$ sehr klein ($\leqq 0{,}1$), so kann man bei einem Fehler $< 2\%$ $\sin x = x$ setzen und damit wird aus Gl. (332):

$$\frac{A}{A_0} = \left| 2 \cdot \frac{\pi a}{\lambda_0} \sin \vartheta \right|. \qquad (333)$$

Das vertikale Richtdiagramm der in der Horizontalebene $\vartheta = \pm 90°$ liegenden Rahmenantenne besteht wie das Vertikaldiagramm des vertikalen Dipols aus zwei Kreisen (vergl. Bild 1.15a) mit Maximalwerten bei $\vartheta = \pm 90°$ und Nullstellen bei $\vartheta = 0°$ bzw. 180° (B i l d 3.32c). Es besteht aber ein Unterschied zwischen den vom vertikalen (elektrischen) Dipol und von der horizontalen Rahmenantenne abgestrahlten Wellenfeldern: Im Fernfeld enthält die vom Dipol abgestrahlte Welle die Feldvektoren $\vec{E}_\vartheta$ und $\vec{H}_\varphi$, während das Wellenfeld des kleinen Rahmens die Feldvektoren $\vec{H}_\vartheta$ und $\vec{E}_\varphi$ hat. $\vec{H}_\vartheta$ hat die gleiche Richtung wie $\vec{E}_\vartheta$, während $\vec{E}_\varphi$ entgegengesetzt zu $\vec{H}_\varphi$ gerichtet ist [6, S. 156]. Deshalb nennt man den kleinen Rahmen auch *magnetischen Dipol*. Nach Gl. (333) ist die Feldstärke A dem Verhältnis $\dfrac{a}{\lambda_0}$ direkt proportional. Wird $\dfrac{a}{\lambda_0}$ größer, so muß Gl. (332) zur Berechnung der vertikalen Richtdiagramme verwendet werden.

Einen Maximalwert der Feldstärke A erhält man, wenn in Gl. (332) $\dfrac{\pi a}{\lambda_0} \cdot \sin \vartheta = \pm \dfrac{\pi}{2}$ ist, z. B. für $\dfrac{a}{\lambda_0} = 0{,}5$ und $\vartheta = \pm 90°$.

Bei Rahmen aus n Windungen (Bild 3.32b) gilt an Stelle von Gl. (333)

$$A = 2 \cdot A_0 \cdot n \cdot \left| \dfrac{\pi a}{\lambda_0} \sin \vartheta \right|. \tag{334}$$

Ersetzt man A_0 nach Gl. (74) durch $\dfrac{1}{r} H' \cdot Z_{F0}$ mit H' aus Gl. (48) — wobei b an Stelle von Δ geschrieben wird — so wird aus Gl. (334) die elektrische Feldstärke des Fernfeldes im Abstand r in der Ebene $\varphi = 90°$:

$$E_\varphi = \dfrac{120 \pi^2 I \cdot a \cdot b \cdot n}{r \cdot \lambda_0^2} \cdot \sin \vartheta \tag{335}$$

mit A_0 aus Gl. (73) erhält man die magnetische Feldstärke des von der Rahmenantenne abgestrahlten Fernfeldes im Abstand r:

$$H_\vartheta = \dfrac{\pi \cdot I \cdot a \cdot b \cdot n}{r \cdot \lambda_0^2} \cdot \sin \vartheta. \tag{336}$$

Diese Ausdrücke gelten für kleine $\dfrac{a}{\lambda_0}$ des Rahmens [6], [11].

Man sieht, daß die Feldstärken mit größer werdender Rahmenfläche $F = a \cdot b$ und größer werdender Windungszahl des Rahmens steigen, aber mit dem Quadrat der Wellenlänge abnehmen. Deshalb werden im Langwellenbereich als Sendeantennen betriebene Rahmen sehr selten benutzt (z. B. bei einer älteren

3.12. Rahmenantenne

Ausführung eines Langwellen-Vierkursfunkfeuers der Flugsicherung mit vertikal stehenden Rahmen).
Rahmen werden im Ultrakurzwellenbereich häufig (seltener im Kurzwellenbereich) als Sendeantennen verwendet. Die Rahmenantennen haben dabei wenige oder oft nur eine Windung ($n = 1$). Rahmenantennen mit nur einer Windung werden wegen ihrer Ringform auch *Ringantennen* genannt.
Im Fernfeld erhält man die Strahlungsdichte S der von dem Rahmen abgestrahlten Welle aus Gl. (72):

$$S = \frac{1}{2} E_\varphi \cdot H_\vartheta = \frac{60 \pi^3 \cdot I^2 \cdot a^2 \cdot b^2 \cdot n^2}{r^2 \cdot \lambda_0^4} \sin^2 \vartheta \qquad (337)$$

und die vom Rahmen durch eine Kugelzone dF aus dem Kugelraum ins Fernfeld gestrahlte Leistung erhält man nach Gl. (56) aus

$$dP_s = S \cdot dF \qquad (338)$$

(s. dazu Bild 1.9a).
Die abgestrahlte Gesamtleistung P_s erhält man mit Gl. (57) und $dF = 2 \pi r^2 \sin \vartheta \, d\vartheta$ aus

$$P_s = \int dP_s = \int_{\vartheta=0}^{\vartheta=\pi} \frac{60 \pi^3 \cdot I^2 \cdot a^2 \cdot b^2 \cdot n^2}{r^2 \cdot \lambda_0^4} \sin^2 \vartheta \, 2 \pi r^2 \sin \vartheta \, d\vartheta. \qquad (339)$$

Aus Gl. (339) wird

$$P_s = \frac{120 \pi^4 \cdot I^2 \cdot a^2 \cdot b^2 \cdot n^2}{\lambda_0^4} \int_0^\pi \sin^3 \vartheta \, d\vartheta.$$

Mit $\int_0^\pi \sin^3 \vartheta \, d\vartheta = \frac{4}{3}$ ergibt sich

$$P_s = \frac{160 \pi^4 \cdot I^2 \cdot a^2 \cdot b^2 \cdot n^2}{\lambda_0^4}. \qquad (340)$$

Weil aber $P_s = \frac{1}{2} I^2 \cdot R_A \qquad (341)$

ist, kann man den Eingangswiderstand (Strahlungswiderstand) R_A der Rahmenantenne (des magnetischen Dipols) berechnen aus:

$$R_A = \frac{2 P_s}{I^2} = \frac{320 \pi^4 \cdot a^2 \cdot b^2 \cdot n^2}{\lambda_0^4}. \qquad (342)$$

Vergleicht man den für den elektrischen Dipol unter gleichen Bedingungen gefundenen Wert Gl. (294), so kann man sicher auch für den magnetischen Dipol den Begriff der *effektiven Höhe* h_{eff} einführen. Man erhält mit Gl. (342)

$$R_A = 80\pi^2 \cdot \frac{4\pi^2 \cdot a^2 \cdot b^2 \cdot n^2}{\lambda_0^4} = 80\pi^2 \left(\frac{h_{eff}}{\lambda_0}\right)^2, \qquad (343)$$

wobei für die Rahmenantenne

$$h_{eff} = \frac{2\pi a \cdot b \cdot n}{\lambda_0} \qquad (344)$$

ist.

Eine Rahmenantenne, die im freien Raum senkrecht steht, d. h. so, daß die Rahmen-„Dipole" 2 und 4 parallel zur $\vartheta = 0°$-Achse verlaufen, hat ein horizontales Richtdiagramm, das dem eines horizontalen Dipols entspricht (B i l d e r 3.33 a–b).

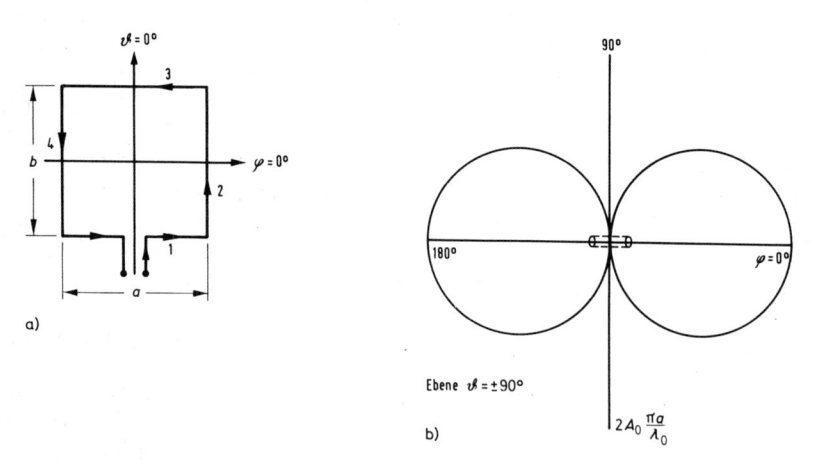

Bild 3.33 a) Im Raum senkrecht stehende Rahmenantenne. b) Horizontaldiagramm der senkrecht stehenden Rahmenantenne

Man erhält das Horizontaldiagramm aus Gl. (102), dem Ausdruck für die horizontale Dipolzeile aus zwei vertikalen Dipolen.
Mit $\beta_0 = \pi$ wird aus Gl. (102):

$$\frac{A}{A_0} = \left|2 \cdot \sin\left(\frac{\pi a}{\lambda_0} \cos\varphi\right)\right| \qquad (345)$$

3.12. Rahmenantenne

und für kleine $\dfrac{a}{\lambda_0}$ erhält man wie bei Gl. (333)

$$\frac{A}{A_0} = \left| 2 \cdot \frac{\pi a}{\lambda_0} \cos \varphi \right|. \tag{346}$$

Das Horizontaldiagramm der Rahmenantenne nach Bild 3.33a hat eine ausgeprägte Richtwirkung in den Richtungen $\varphi = 0°, 180°$.

Auch hier sind die Feldvektoren der vertikalen Rahmenantenne ($\vec{E}_\vartheta, \vec{H}_\varphi$) gegenüber denen des horizontalen elektrischen Dipols ($\vec{E}_\varphi, \vec{H}_\vartheta$) des gleichen Horizontaldiagramms vertauscht: $\vec{H}_\varphi$ und $\vec{E}_\varphi$ haben gleiche, $\vec{E}_\vartheta$ und $\vec{H}_\vartheta$ entgegengesetzte Richtung. Die Ausdrücke Gl. (342) und Gl. (344) behalten auch für die vertikale Rahmenantenne ihre Gültigkeit. Auch für kreisförmige Rahmen kann man die abgeleiteten Beziehungen verwenden unter der Voraussetzung, daß die Flächen, die vom Rahmen umschlossen werden, gleich sind und die Leiterlänge ($n \cdot$ Umfang) kleiner als $0,1 \lambda_0$ bleibt [6], [11].

Es ist nützlich, hier einmal praktische Werte in die gefundenen Ausdrücke einzusetzen: Die vertikale Rahmenantenne eines Langwellen-Vierkursfunkfeuers für die Funknavigation ($\lambda_0 = 1000$ m) hat eine Leiterschleife mit $a = b = 20$ m, $n = 1$. Dann ist $h_{\text{eff}} = 2,5$ m und $R_A = 4,9 \cdot 10^{-3}$ Ω! D. h., die Verlustwiderstände der Leiter sind sicher größer als der Strahlungswiderstand. Die Antenne hat einen sehr schlechten Wirkungsgrad. Im Langwellenbereich verwendet man Rahmenantennen als Sendeantennen nur, wenn dies besondere Bedingungen (Richtdiagramm!) erfordern. Im Kurzwellen- und Ultrakurzwellenbereich werden diese Antennen häufiger verwendet, wobei man oft durch Speisung des Rahmens an mehreren Stellen eine gleichmäßige Stromverteilung zu erreichen sucht [11].

Bei der exakten Berechnung von kreisförmigen Rahmen- oder Ringantennen treten an Stelle der Winkelfunktionen die Besselfunktionen [6].

Eine weite Verbreitung hat die Rahmenantenne im Lang- und Mittelwellenbereich als Empfangsantenne gefunden. In Form der Ferritantenne ist sie in den meisten Rundfunkempfängern vorhanden. Als Antenne für Peilempfänger wird die Rahmenantenne wegen ihrer ausgeprägten Richtcharakteristik bei langen Wellen oft verwendet.

Auch als Empfangsantenne kann die Rahmenantenne als Spule aufgefaßt werden, deren Windungen in einer Ebene liegen. Ist diese „Spule" mit einem magnetischen Wechselfeld — der magnetischen Komponente der elektromagnetischen Welle — verkettet, so wird in ihr eine EMK induziert, die im Leerlauf an den Rahmenklemmen eine gleichgroße Leerlaufspannung U_0 hervorruft (B i l d 3.34a).

Man erkennt, daß die maximale Leerlaufspannung an den Rahmenklemmen dann auftreten wird, wenn die Rahmenebene in die Richtung $\varphi = 0°$ fällt (Bild 3.34a). Keine Spannung tritt an den Rahmenklemmen auf, wenn die

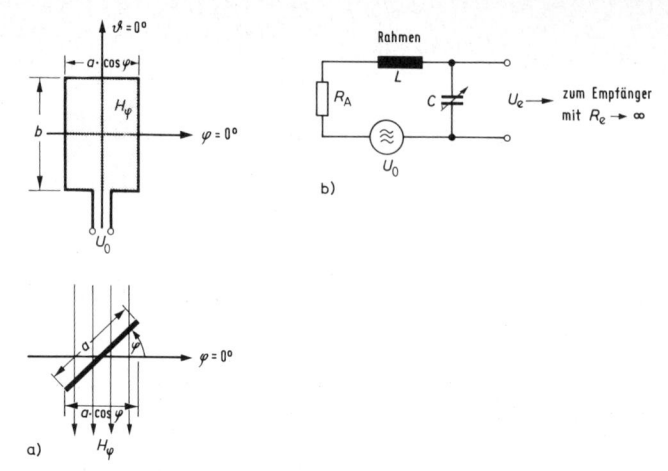

Bild 3.34 a) Rahmenantenne um den Winkel φ im Magnetfeld der Welle gedreht. b) Ersatzbild der Rahmenantenne mit Abstimmkondensator

Rahmenebene in die $\varphi = 90°$-Richtung fällt, dann ist die Spule nicht mit dem magnetischen Wechselfeld verkettet.

Hat der Rahmen die Windungszahl n, so ist bei einer maximalen magnetischen Feldstärke H des einfallenden Wellenfeldes nach dem Induktionsgesetz:

$$U_0 = \omega \cdot n \cdot \Phi \cdot \cos \varphi = \omega \cdot n \cdot a \cdot b \mu_0 \cdot H_\varphi \cos \varphi. \tag{347}$$

Dabei ist angenommen, daß sich der Rahmen im freien Raum befindet und damit der mit dem Rahmen verkettete Induktionsfluß $\Phi = \mu_0 H_\varphi \cdot a \cdot b$ ist.
Mit Gl. (35) erhält man $H_\varphi = \sqrt{\dfrac{\epsilon_0}{\mu_0}} E_\vartheta$, so daß

$$U_0 = 2\pi f \cdot n \cdot a \cdot b \sqrt{\mu_0 \cdot \epsilon_0} E_\vartheta \cdot \cos \varphi \tag{348}$$

wird.
Mit $\sqrt{\mu_0 \cdot \epsilon_0} = \dfrac{1}{c_0}$ und $\dfrac{f}{c_0} = \dfrac{1}{\lambda_0}$ ergibt sich:

$$U_0 = \frac{2\pi n \cdot a \cdot b}{\lambda_0} \cdot E_\vartheta \cos \varphi \tag{349}$$

und mit Gl. (344) wird daraus

$$U_0 = h_{\text{eff}} \cdot E_\vartheta \cos \varphi \tag{350}$$

oder $U_0 = h_{\text{eff}} \cdot H_\varphi \sqrt{\dfrac{\mu_0}{\epsilon_0}} \cdot \cos\varphi.$ (351)

Weil $\sqrt{\dfrac{\mu_0}{\epsilon_0}} = Z_{F0} = 120\,\pi\,\Omega$ ist, kann man mit einer Rahmenantenne mit bekannter effektiver Höhe aus der Leerlaufspannung die elektrische Feldstärke E_ϑ oder die magnetische Feldstärke H_φ der empfangenen Welle bestimmen (Feldstärkemeßgerät).

Trägt man die in einem ebenen Wellenfeld induzierte Rahmenspannung als Funktion der Rahmendrehung φ auf (Bild 3.34a), so erhält man wieder das Horizontaldiagramm der Rahmenantenne in Bild 3.33b, wenn die Rahmenabmessungen klein gegen die Wellenlänge sind. Für besten Empfang dreht man den Rahmen so, daß U_0 ein Maximum wird. Die Rahmenebene fällt dann in die $\varphi = 0°$-Richtung. Störsender in den Richtungen $\varphi = \pm 90°$ werden dabei unterdrückt, ein Vorteil gegenüber einer Antenne mit Rundumempfang.

Beim Peilen wird dagegen das schärfer einstellbare Minimum von U_0 eingestellt ($\varphi = \pm 90°$).

Bei kleinen Rahmenabmessungen und großer Wellenlänge ist die effektive Höhe und damit auch die Leerlaufspannung U_0 des Rahmens sehr klein. Man kann jedoch die induktive Rahmenantenne durch Einschalten eines Drehkondensators an den Klemmen der Antenne zu einem Schwingkreis ergänzen. Der in Bild 3.34b gezeigte Serienkreis hat bei Resonanzabstimmung am Kondensator eine um die Güte Q des Kreises höhere Spannung

$U_e = Q \cdot U_0.$ (352)

Damit wird die Rahmenantenne als Empfangsantenne gut verwendbar.

3.13. Wendelantenne

Für die Nachrichten- und Telemetrieverbindungen mit Satelliten werden z. B. in den Sende- und Empfangsanlagen der Bodenstationen Antennen benötigt, bei denen eine Änderung der Polarisationsrichtung der vom umlaufenden Satelliten einfallenden Welle ebenso wie eine Änderung der Polarisationsrichtung der Empfangsantenne des Satelliten nicht ins Gewicht fallen.

Die Wendel- oder Helixantenne, die in B i l d 3.35a gezeigt ist, bietet wegen ihres zirkular polarisierten Wellenfeldes (s. Bild 3.36c) eine Möglichkeit, diese Forderung im Frequenzbereich oberhalb 100 MHz bis etwa 1 GHz zu erfüllen. In diesem Bereich haben die Wendelantennen Abmessungen, die keine zu großen Probleme an die technische Ausführung stellen.

Eine weitere Möglichkeit ist z. B. die Kreuzdipolantenne, die in größerer Zahl auf Flächenantennen kombiniert oder in der Kreuz-Yagi-Antenne zirkular polarisierte Wellen abstrahlen oder empfangen kann (s. dazu „Antennen" Band 2 – Praxis –).

3. Technische Antennen

a)

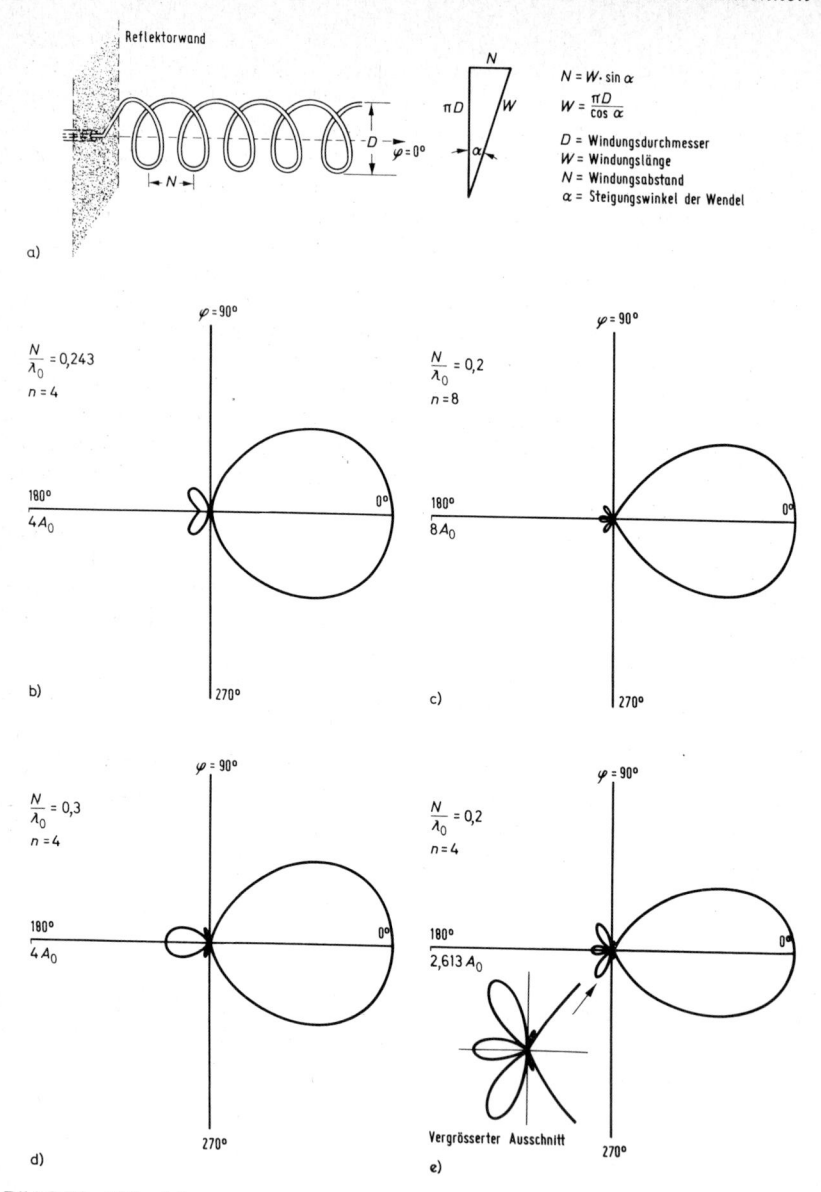

$N = W \cdot \sin \alpha$
$W = \dfrac{\pi D}{\cos \alpha}$

D = Windungsdurchmesser
W = Windungslänge
N = Windungsabstand
α = Steigungswinkel der Wendel

b) $\dfrac{N}{\lambda_0} = 0{,}243$, $n = 4$; $4A_0$

c) $\dfrac{N}{\lambda_0} = 0{,}2$, $n = 8$; $8A_0$

d) $\dfrac{N}{\lambda_0} = 0{,}3$, $n = 4$; $4A_0$

e) $\dfrac{N}{\lambda_0} = 0{,}2$, $n = 4$; $2{,}613\,A_0$

Vergrösserter Ausschnitt

Bild 3.35 a) Wendelantenne mit Reflektorwand (Rechtsdrehsinn). b–d) Horizontaldiagramme der Wendelantenne (n Windungen) als einfacher Längsstrahler. Die Diagramme der Wendelantennen sind rotationssymmetrisch zur Achse in der Hauptstrahlrichtung. e) Horizontaldiagramm der Wendelantenne (n Windungen) mit verbesserter Richtwirkung nach HANSEN und WOODYARD

3.13. Wendelantenne

Die in Bild 3.35a gezeigte Wendelantenne besteht aus einem gewendelten Leiter, dessen Wendelachse senkrecht auf einer leitenden Ebene (Reflektorwand aus z. B. Drahtgeflecht) steht. Die Wendel wird aus einer Koaxialleitung über einen koaxialen Anpassungstransformator gespeist, dessen Innenleiter an die Wendel und dessen Außenleiter an die Reflektorwand angeschlossen sind. Wenn die Windungslänge W einer Windung der Wendel in die Größenordnung einer Wellenlänge λ_0 fällt und der Steigungswinkel α der Wendel etwa $12° \cdots 15°$ ist, strahlt die Antenne zirkular polarisierte Wellen in Richtung der Wendelantennenachse aus [6, S. 173]. Die Antenne ist ein *Längsstrahler*. Wenig verwendet wird eine Wendelantenne mit $W \ll \lambda_0$, die als *Querstrahler* wirkt [6, S. 174].

Speist man eine Wendelantenne mit ihrer Betriebsfrequenz, so wird auf ihr eine Welle angeregt, die längs des gewendelten Leiters mit einer Geschwindigkeit v wandert. Damit die Antenne in Richtung der Wendelachse strahlt (Längsstrahler), müssen sich die abgestrahlten Wellenfelder zweier in Achsrichtung hintereinander liegender Wendelelemente gleichphasig überlagern. Diese Wendelelemente kann man als Elementardipole auffassen, so daß eine Reihe hintereinander liegender, z. B. vertikaler Wendelelemente die Gruppencharakteristik einer horizontalen Dipolzeile aus n vertikalen Elementardipolen im Abstand N hat (s. Bilder 3.35a und 2.21). n ist die Zahl der Wendelwindungen. Für das horizontale Richtdiagramm dieser Dipolzeile erhält man die Gruppencharakteristik aus Gl. (140), wenn man an Stelle von a die Bezeichnung N und $\vartheta = 90°$ setzt.

Weil die Helixantenne in ihrer Wendelrichtung ($\varphi = 0°$) strahlen soll, muß man in die Gruppencharakteristik der horizontalen Dipolzeile die Längsstrahlerbedingung einführen, die im Abschnitt 2.4.4. bei der Dipolgeraden schon einmal angewendet wurde: Die Phasenwinkel β_0 der Ströme in aufeinanderfolgenden Strahlerelementen sind dabei längs der Antenne so verteilt wie bei einer ebenen Welle, die mit Lichtgeschwindigkeit längs der Wendelantenne in Abstrahlrichtung ($\varphi = 0°$) läuft. Dies ist bei der Dipolzeile der Fall, wenn

$$\beta_0 = -\left(\frac{2\pi a}{\lambda_0} + k \cdot 2\pi\right) \text{ ist. } (k = 0, 1, 2, 3, \ldots).$$

k ist dabei der *Wellenmodus*, d. h. die Zahl der vollen Perioden auf einer Wendel der Wendelantenne, wobei $k = 1$ am häufigsten ist. Mit $k = 1$ muß bei der Wendelantenne dann

$$\beta_0 = -\left(\frac{2\pi N}{\lambda_0} + 2\pi\right) \quad \text{oder} \quad \frac{\beta_0}{2} = -\left(\frac{\pi N}{\lambda_0} + \pi\right) \text{ sein.}$$

Die Richtcharakteristik einer Einzelwindung der Wendel kann man nach [6, S. 202] näherungsweise durch Multiplikation der Gruppencharakteristik Gl. (140) mit $\cos\varphi$ berücksichtigen. Man erhält dann das Richtdiagramm der Wendelantenne angenähert aus:

$$\frac{A}{A_0} = \cos\varphi \left| \frac{\sin\left[n\left(-\frac{\pi N}{\lambda_0} - \pi + \frac{\pi N}{\lambda_0}\cos\varphi\right)\right]}{\sin\left(-\frac{\pi N}{\lambda_0} - \pi + \frac{\pi N}{\lambda_0}\cos\varphi\right)} \right| =$$

$$= \cos\varphi \left| \frac{\sin\left[n\left\{\frac{\pi N}{\lambda_0}(\cos\varphi - 1) - \pi\right\}\right]}{\sin\left\{\frac{\pi N}{\lambda_0}(\cos\varphi - 1) - \pi\right\}} \right| . \tag{353}$$

Bei $\varphi = 0°$ erhält man aus einer Grenzwertbetrachtung $A = n \cdot A_0$ als Maximalwert des Richtdiagramms. Diese grobe Näherung wird im folgenden noch verbessert Gl. (362). Die B i l d e r 3.35 b bis d zeigen Richtdiagramme nach Gl. (353).

Die Gleichung Gl. (353) vernachlässigt die Reflektorfläche in Bild 3.35 a. Das ist hier zulässig, da die Wendelantenne als Längsstrahler nur kleine Abstrahlung in „Rückwärtsrichtung" aufweist (Bilder 3.35 b bis d).

Die Verhältnisse auf der Wendel sollen nun noch etwas genauer untersucht werden. Die Phasenverschiebung β_0 der Welle auf hintereinander liegenden Wendelelementen ist

$$\beta_0 = -\frac{2\pi \cdot W}{\lambda_0 p} . \tag{354}$$

Dabei ist

$$p = \frac{v}{c_0} \tag{355}$$

die relative Phasengeschwindigkeit der Welle entlang der Wendel. (v = Ausbreitungsgeschwindigkeit der Welle auf der Wendel, c_0 = Lichtgeschwindigkeit.)

Das Vorzeichen von β_0 ist bereits im Abschnitt 2.2. festgelegt worden: Bei der in Bild 3.35 a eingetragenen Richtung $\varphi = 0°$ ist β_0 negativ.

Damit sich die von hintereinander liegenden Wendelelementen abgestrahlten Wellenfelder gleichphasig überlagern können, muß die Phasenverzögerung um eine Windung $\left(\frac{2\pi f}{v} \cdot W\right)$ vermindert um die Phasenverzögerung der sich mit Lichtgeschwindigkeit zwischen den Wendelelementen im Raum ausbreitenden Welle $\left(\frac{2\pi f}{c_0} \cdot N\right)$ ein ganzzahliges Vielfaches von 2π sein:

$$\frac{2\pi f}{v} \cdot W - \frac{2\pi f}{c_0} \cdot N = k \cdot 2 \quad . \tag{356}$$

3.13. Wendelantenne

$k = 0, 1, 2, 3, \ldots$. Der Fall $k = 0$ ist für Wendelantennen nicht möglich. Wenn $W \approx \lambda_0$ ist, gilt $k = 1$ [6, S. 189].

Mit $k = 1$, mit $\dfrac{f}{c_0} = \dfrac{1}{\lambda_0}$ und Gl. (355) erhält man aus Gl. (356) die Bedingung für eine Längsstrahlerwirkung der Wendelantenne:

$$\frac{2\pi}{p \cdot \lambda_0} \cdot W - \frac{2\pi}{\lambda_0} \cdot N = 2\pi. \tag{357}$$

Aus Gl. (357) erhält man die Windungslänge der Wendel für die Längsstrahlerbedingung:

$$W = p(N + \lambda_0). \tag{358}$$

Mit dem Dreieck in Bild 3.35a wird aus

$$p = \frac{\dfrac{W}{\lambda_0}}{\left(\dfrac{N}{\lambda_0} + 1\right)} \tag{358a}$$

$$p = \frac{1}{\sin\alpha + \dfrac{\cos\alpha}{\dfrac{\pi D}{\lambda_0}}}. \tag{358b}$$

D. h. die relative Phasengeschwindigkeit p sinkt bei konstanter Wendelsteigung α mit kleiner werdendem Wendelumfang und umgekehrt. Wird bei konstantem Wendelumfang α geändert, so ergibt ein steigender Winkel α sinkende Phasengeschwindigkeit p (das gilt für die bei Helix-Antennen üblichen Wendelsteigungen α.)

Man sieht aus Gl. (358), daß zum Erfüllen der Längsstrahlerbedingung die Windungslänge W um $p \cdot N$ größer sein muß als die „reduzierte Wellenlänge" $p \cdot \lambda_0$.

HANSEN und WOODYARD [33] haben für Längsstrahler-Antennen allgemein berechnet, daß die in Gl. (356) abgeleitete Differenz der Phasenverzögerungen von 2π pro Längeneinheit der Antenne (hier pro Wendelwindung) nicht der optimal erreichbare Wert für die Richtwirkung der Antenne ist. Sie fanden, daß eine zusätzlich Phasenverzögerung um $\dfrac{\pi}{n}$ eine erhöhte Richtwirkung der Antenne ergibt. (n = Anzahl der Antennenelemente, hier der Wendelwindungen.)

Setzt man dieses in Gl. (357) ein, so erhält man für die Differenz der Phasenverzögerungen bezogen auf eine Wendelwindung:

$$\frac{1}{p} \cdot \frac{2\pi}{\lambda_0} \cdot W - \frac{2\pi}{\lambda_0} \cdot N = 2\pi + \frac{\pi}{n}. \tag{359}$$

Aus Gl. (358) wird dann:

$$W = p\left(\lambda_0 + \frac{\lambda_0}{2n} + N\right) \tag{360}$$

also eine etwas größere Windungslänge als nach Gl. (358). Mit Gl. (360) in Gl. (354) erhält man

$$\beta_0 = -\left[\frac{2\pi\left(\lambda_0 + \frac{\lambda_0}{2n} + N\right)}{\lambda_0}\right]. \tag{361}$$

β_0 ist die bei Berücksichtigung der „Hansen-Woodyard-Bedingung für Längsstrahler erhöhter Richtwirkung" auftretende Phasenverschiebung der Ströme auf hintereinander liegenden Wendelelementen.

Mit Gl. (361) wird $\beta = \dfrac{2\pi N}{\lambda_0} \cdot \cos\varphi + \beta_0$ oder

$$\beta = 2\pi\left[\frac{N}{\lambda_0} \cdot (\cos\varphi - 1) - \frac{2n+1}{2n}\right]$$

(vergleiche $\dfrac{\beta}{2}$ in Gl. (353)).

Man kann nun schreiben:

$$\beta = -2\pi\left[\frac{N}{\lambda_0} \cdot (1 - \cos\varphi) + 1 + \frac{1}{2n}\right].$$

Darin kann 1 wegfallen, da der Winkel β nach 2π wieder den gleichen Wert hat. Ebenso kann das negative Vorzeichen entfallen, weil es nach dem Einsetzen von β in Gl. (353) verschwindet. Damit ergibt sich:

$$\beta = 2\pi\left[\frac{N}{\lambda_0}(1 - \cos\varphi) + \frac{1}{2n}\right]$$

oder $\dfrac{\beta}{2} = \dfrac{\pi N}{\lambda_0}(1 - \cos\varphi) + \dfrac{\pi}{2n}.$ \hfill (362a)

3.13. Wendelantenne

Die Richtcharakteristik einer Wendelantenne mit verstärkter Richtwirkung nach HANSEN und WOODYARD ist mit den Gln. (353) und (362a)

$$\frac{A}{A_0} = \cos \varphi \left| \frac{\sin\left[n\left\{\frac{\pi N}{\lambda_0}(1-\cos\varphi) + \frac{\pi}{2n}\right\}\right]}{\sin\left[\frac{\pi N}{\lambda_0}(1-\cos\varphi) + \frac{\pi}{2n}\right]} \right|. \tag{362}$$

Für die Hauptstrahlrichtung ($\varphi = 0°$) erhält man nun nach Gl. (362):

$$\left(\frac{A}{A_0}\right)_{\varphi=0°} = \left|\frac{\sin\left(\frac{n\pi}{2n}\right)}{\sin\left(\frac{\pi}{2n}\right)}\right| = \left|\frac{1}{\sin\left(\frac{\pi}{2n}\right)}\right|;$$

$$\text{bzw.}\ A = A_0 \cdot \left|\frac{1}{\sin\left(\frac{\pi}{2n}\right)}\right|.$$

Bei $\varphi = 0°$ steht hier an Stelle von n in Gl. (353) der Ausdruck $\left|\dfrac{1}{\sin\left(\dfrac{\pi}{2n}\right)}\right|$.

Das in Bild 3.35e gezeigte Richtdiagramm mit verstärkter Richtwirkung nach Gl. (362) macht den Unterschied zu den Diagrammen der einfachen Längsstrahlerwendelantennen (Bilder 3.35b bis d) deutlich. Verglichen mit dem Richtdiagramm in Bild 3.35c ($2\varphi_H \approx 70°; A_{max} = 8 A_0$) hat das Richtdiagramm einer Wendelantenne mit $\frac{N}{\lambda_0} = 0{,}2$ und $n = 8$ bei verstärkter Richtwirkung eine Halbwertsbreite $2\varphi_H \approx 43°$ und $A_{max} = 5{,}126 A_0$.

Die relative Phasengeschwindigkeit p entlang der Wendel ergibt sich aus Gl. (360)

$$p = \frac{\frac{W}{\lambda_0}}{\left(1 + \frac{1}{2n} + \frac{N}{\lambda_0}\right)}. \tag{363}$$

Man könnte nun annehmen, daß die Leitungswelle auf der Wendel wie auf einer verlustfreien Leitung frequenzunabhängig mit Lichtgeschwindigkeit wandert [27]. Dann wäre $v = c_0$ und $p = 1$. Mit Gl. (363) könnte man dann die Wendelantenne dimensionieren. Es zeigt sich aber, daß sich bei der Wendelantenne über einen größeren Frequenzbereich die Phasengeschwindigkeit entlang der Wendel und damit p von selbst so einstellt, daß die Hansen-Woodyard-Bedingung für maximale Richtwirkung erfüllt ist.

Hat die Wendelantenne mehr als drei Windungen, so kann man angenähert annehmen, daß infolge der Energieabstrahlung die Dämpfung längs der Wendel so groß ist, daß am Wendelende nur ein vernachlässigbar kleiner Teil der vom Speisepunkt zum Ende der Wendel laufenden Welle zum Eingang reflektiert wird. Die Wendelantenne hat deshalb über einen größeren Frequenzbereich einen Wirkwiderstand als Antennen-Eingangsimpedanz. In einem Wellenlängenbereich von 1 : 2 liegt diese Impedanz etwa bei 100 Ω $\cdots$ 200 Ω. Die Wendelantenne kann demnach ohne Schwierigkeiten über ein Frequenzband bis zu einer Oktave eingesetzt werden. In diesem Bereich bleibt auch die zirkulare Polarisation der abgestrahlten Welle erhalten. Die Bandbreite der Wendelantenne nimmt jedoch mit steigender Windungszahl der Wendel ab.

Nach [6] kann man brauchbare Wendelantennen bauen mit:

$$12° < \alpha < 15°,$$

$$\frac{3}{4} < \frac{\pi D}{\lambda_0} < \frac{4}{3},$$

$$3 < n.$$

Die Halbwertsbreite des Richtdiagramms wird nach [6, S. 196] halbempirisch ermittelt zu:

$$2 \varphi_H = 2 \vartheta_H = \frac{52}{\frac{\pi D}{\lambda_0} \sqrt{n \cdot \frac{N}{\lambda_0}}} \text{ Grad.} \tag{364}$$

Denkt man sich bei einer Windung einer Wendelantenne mit $W \approx \lambda_0$ den Strombelag eines Augenblicks „festgehalten" und projiziert ihn auf eine senkrecht zur Wendelachse stehende Ebene, so erhält man den in B i l d 3.36a gezeigten Verlauf, der leicht aus dem Strombelag der geradegezogenen Windung (B i l d 3.36b) abgeleitet werden kann.

Man erkennt, daß gegenüberliegende Windungselemente gleichphasige Ströme führen. Diese Elemente strahlen wie gleichphasig gespeiste Halbwellendipole. Bei mehreren Windungen kann man die Wendelantenne im „festgehaltenen Augenblick" wie eine Kombination von zwei parallelen Dipolzeilen aus Halbwellendipolen auffassen.

Weil die Welle auf der Wendel vom Speisepunkt ausgehend in jeder Periode um eine Windung zum Wendelende wandert, drehen sich die Strombeläge – d. h. die gedachten Halbwellendipole oder die von ihnen gebildeten „Dipolzeilen" – mit der Winkelgeschwindigkeit ω im Sinn der Wendel um die Wendelachse. Es

3.13. Wendelantenne

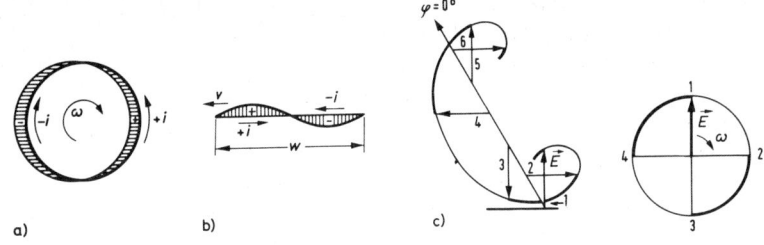

Bild 3.36 Augenblicksbild des Strombelages auf einer Windung einer Wendelantenne.
a) Auf den Wendelquerschnitt projiziert. b) Wendel auseinandergezogen. c) Feldvektor des elektrischen Feldes einer rechtsdrehend zirkular polarisierten Welle

ist einzusehen, daß sich auch die „von den sich drehenden Dipolen" abgestrahlten Wellenfelder im Fernfeld mit der Winkelgeschwindigkeit ω im Sinn der Wendel um die Wendelantennenachse drehen. Der Feldvektor z. B. des elektrischen Feldes der Welle vollführt innerhalb einer Periode im Fernfeld (Ausbreitung um λ_0) eine Drehung um 360°. Die Wendelantenne strahlt demnach in Richtung ihrer Helixachse „zirkular polarisierte Wellen" aus (B i l d 3.36c).

Über die Drehrichtungsbezeichnung wurde folgende internationale Vereinbarung getroffen: Hat eine vom Einspeisepunkt in Abstrahlrichtung betrachtete Wendel Rechtsdrehsinn (Uhrzeigersinn), so strahlt sie „rechtsdrehend zirkular polarisierte Wellen" aus (Bild 3.36c). Eine mit gleichem Rechtsdrehsinn aufgebaute Empfangsantenne nimmt rechtsdrehend zirkular polarisierte Wellen auf. Die Wendel der Empfangsantenne hat, wenn man vom Raum in Richtung der ankommenden Welle in die Wendelantenne blickt, Rechtsdrehsinn.

Das gleiche gilt für Wendelantennen mit Linksdrehsinn der der Wendel: Sie strahlen linksdrehend zirkular polarisierte Wellen ab und empfangen Wellen dieser Drehrichtung [6, S. 465].

Zirkular polarisierte Wellen können z. B. mit gleichsinnig gewendelten Antennen, mit Kreuzdipolantennen gleichen Drehsinns oder — mit geringerer Empfangsleistung — mit Dipolen oder Dipolzeilen, deren Dipolachsen senkrecht zur Ausbreitungsrichtung beliebig gerichtet sein können, empfangen werden.

Ebenso können linear polarisierte Wellen, wie sie ein Dipol abstrahlt, von einer Wendelantenne beliebigen Drehsinns empfangen werden, wenn die Wendelachse gegen die Ausbreitungsrichtung der einfallenden Welle gerichtet ist. Allerdings ist die Empfangsleistung der Wendelantenne gegenüber dem Empfang gleichsinnig zirkular polarisierter Wellen herabgesetzt.

Antennen, deren Wendel gegensinnig zur Drehrichtung der ankommenden zirkular polarisierten Welle gewendelt ist, sind zum Empfang dieser Welle nicht geeignet. Die Eigenschaft der Wendelantenne, nur gleichsinnig drehende Wellenfelder zu empfangen, hat den Vorteil, daß z. B. am Boden reflektierte Wellen nicht von ihr aufgenommen werden, denn die zirkular polarisierte Welle kehrt bei Reflektion ihren Drehsinn um. Deshalb verwendet man Wendelantennen auch bei Richtfunkverbindungen über reflektierendes Gelände. Bei zwei dicht beieinander liegenden Richtfunkstrecken, die z. B. mit gleicher oder nahe beieinander liegenden Frequenzen arbeiten müssen, kann man eine Strecke mit rechtsdrehend zirkular polarisierten Wellen, die zweite mit linksdrehend zirkular polarisierten Wellen betreiben. Dadurch wird die Entkopplung der Funkstrecken wesentlich verbessert.

3.14. Gewinn der Sendeantenne

Nach den Gln. (224) und (226) ist die elektrische Feldstärke einer Welle, die von einem vertikalen Halbwellendipol unter einem Winkel ϑ abgestrahlt wird im Abstand r (Fernfeld):

$$E_\vartheta = \frac{60 I_m}{r} \cdot \left| \frac{\cos\left(\frac{\pi}{2} \cdot \cos\vartheta\right)}{\sin\vartheta} \right|. \tag{365a}$$

Die Strahlungsdichte S_D der Dipolwelle im Abstand r vom Dipol erhält man aus Gl. (72) mit den Gln. (36) und (38) zu:

$$S_D = \frac{1}{2} \frac{E_\vartheta^2}{Z_{F0}} = \frac{15 I_m^2}{\pi r^2} \cdot \left| \frac{\cos\left(\frac{\pi}{2} \cos\vartheta\right)}{\sin\vartheta} \right|^2. \tag{365}$$

Die durch die Kugeloberfläche des Kugelraumes um den Dipol gestrahlte Leistung ist

$$P_s = 4\pi r^2 \cdot S_D, \tag{366}$$

wobei r der Kugelradius ist.

Der Strahlungswiderstand R_A eines Halbwellendipols liegt bei $R_A = 73{,}2\ \Omega$. Der Strahlungswiderstand ist dabei nach Abschnitt 3.4. auf die Eingangsklemmen des im Strombauch gespeisten Dipols bezogen. Wie man aus Bild 3.5a sehen kann, wird das Wellenfeld des vertikalen Dipols senkrecht zur Antennenachse gebündelt abgestrahlt. Die maximale Strahlungsdichte tritt in der Ebene $\vartheta = \pm 90°$ auf. Die Nullstellen liegen in der Antennenachse. Diese maximale Strahlungsdichte im Abstand r vom Dipol sei $S_{D\,max}$. Betrachtet man dagegen einen für eine Polarisation [38] nicht realisierbaren Kugelstrahler (isotroper Strahler), der gleichmäßig in alle Richtungen des Kugelraums strahlen soll und setzt voraus, daß er die gleiche Leistung $P_s = \frac{I_m^2}{2} \cdot R_A$, wie der Dipol in den Raum strahlen kann, so ist einzusehen, daß die vom Kugelstrahler im Abstand r erreichte Strahlungsdichte S_k kleiner sein muß, als die $S_{D\,max}$ des Dipols: Der

3.14. Gewinn der Sendeantenne

Kugelstrahler muß auch die Raumteile, in die der Dipol nicht strahlt, mit Wellenfeld „füllen".

Die Strahlungsdichte des Kugelstrahlers im Abstand r ergibt sich aus:

$$S_k = \frac{P_s}{4\pi r^2} = \frac{I_m^2 \cdot R_A}{2 \cdot 4\pi r^2}. \tag{367}$$

Durch die Bündelung der Abstrahlung der Richtantenne (auch der Dipol ist als Richtantenne aufzufassen) hat man einen „Gewinn" gegenüber dem Kugelstrahler.

Der Gewinn G_s einer Richtantenne ist definiert als das Verhältnis der Strahlungsdichte der Richtantenne in der Hauptstrahlrichtung zur Strahlungsdichte des Kugelstrahlers im gleichen Abstand r:

$$G_s = \frac{S_{D\max}}{S_k}. \tag{368}$$

Mit den Gln. (365) und (367) wird für $\vartheta = \pm 90°$ und $R_A = 73{,}2\,\Omega$ der Gewinn des Halbwellendipols gegenüber dem Kugelstrahler:

$$G_s = \frac{15\,I_m^2}{\pi r^2} \cdot \frac{2 \cdot 4\pi r^2}{I_m^2 \cdot 73{,}2} = 1{,}64. \tag{368a}$$

Der „Gewinn" G_{s0} des Kugelstrahlers oder isotropen Strahlers ist nach Gl. (368)

$$G_{s0} = 1.$$

Der vertikale Elementardipol[1]) hat bei Speisung mit der Leistung P_s nach Gl. (72), mit $\vartheta = \pm 90°$ und mit Gl. (61) die maximale Strahlungsdichte im Abstand r:

$$S_{Hz\max} = \frac{1}{2}\frac{E_\vartheta^2}{Z_{F0}} = \frac{1}{2Z_{F0}} \cdot \frac{P_s}{40^2} \cdot \frac{1}{r^2} \cdot Z_{F0}^2 = 0{,}12\,\frac{P_s}{r^2} \approx \frac{3P_s}{8\pi r^2}. \tag{369}$$

Der Gewinn G_s des kurzen Dipols (Elementardipols) verglichen mit dem Kugelstrahler ergibt sich mit den Gln. (367) und (369) aus

$$G_s = \frac{S_{Hz\max}}{S_K} = 1{,}5. \tag{370}$$

---

[1]) In der Praxis bezeichnet man einen Dipol mit einer Länge $< \dfrac{\lambda_0}{8}$ als „kurzen Dipol" (Elementardipol, Hertzscher Dipol).

Bild 3.5a zeigt eine etwas geringere Bündelung des kurzen Dipols verglichen mit dem Halbwellendipol. Deshalb ist der Gewinn des kurzen Dipols bezogen auf den Kugelstrahler etwas kleiner als der des Halbwellendipols.

Die abgeleiteten Beziehungen gelten auch für den Antennengewinn beliebiger Richtantennen, wobei stets die Strahlungsdichte S_{Rmax} in der Hauptstrahlrichtung der Richtantenne im Ausdruck

$$G_s = \frac{S_{Rmax}}{S_K} \qquad (371)$$

verwendet wird.

Die Hauptstrahlrichtung ist aus den Richtdiagrammen (Hauptstrahlungskeulen) der Richtantennen zu entnehmen (s. Abschnitt 2.). Der Gewinn einer Antenne wird häufig in logarithmischem Maß angegeben:

$$g_s = 10 \log G_s \quad \text{dB}. \qquad (372)$$

Weil man den isotropen Strahler für eine Polarisation nicht herstellen kann, wird der Gewinn einer Richtantenne oft auf den kurzen Dipol (Elementardipol) bezogen, so daß

$$G_{sHz} = \frac{S_{Rmax}}{S_{Hzmax}} \qquad (373)$$

wird.

Hier ist für die Vergleichsantenne (kurzer Dipol) ebenfalls die Strahlungsdichte in der Hauptstrahlrichtung S_{Hzmax} einzusetzen. Auch der Halbwellendipol wird bei der Ermittlung des Gewinns einer Antenne als Bezugsantenne an Stelle des isotropen Strahlers herangezogen. Dabei wird wie vorher die Strahlungsdichte in der Hauptstrahlrichtung eingesetzt:

$$G_{sD} = \frac{S_{Rmax}}{S_{Dmax}}. \qquad (374)$$

Die Umrechnung der Gewinn-Werte aus den Gln. (373) und (374) auf den Gewinn bezogen auf den Kugelstrahler ist einfach:

$$G_s = 1{,}5\, G_{sHz} \qquad (375)$$
oder $\quad G_s = 1{,}64\, G_{sD} \qquad (376)$
und $\quad G_{sHz} = 1{,}1\, G_{sD}. \qquad (377)$

Aus Gl. (365) sieht man, daß die Strahlungsdichte dem Quadrat der Feldstärke und damit der Empfangsleistung Gl. (395) in einer im Abstand r vom Sender befindlichen Empfangsantenne proportional ist.

3.15. Empfangsantennen

Man kann deshalb den Gewinn einer Richtantenne bezogen z. B. auf einen kurzen Dipol angeben zu:

$$G_{sHz} = \frac{(E_{Rmax})^2}{(E_{Hzmax})^2} .\tag{378}$$

Ersetzt man bei gleichen von den Antennen abgestrahlten Leistungen P_s einen kurzen Dipol als Sendeantenne durch eine Richtantenne, so gibt der Antennengewinn an, um welchen Faktor die Empfangsleistung in einer fernen Antenne wächst, wenn man den kurzen Dipol durch die Richtantenne als Sendeantenne ersetzt. Dabei werden die Sendeantennen so ausgerichtet, daß der Ort der Empfangsantenne in deren Hauptstrahlrichtung liegt.

Man kann zur Ermittlung des Antennengewinns auch umgekehrt verfahren und die Empfangsleistung P_E in einer weit entfernten Empfangsantenne konstant halten: Dabei speist der Sender die Richtantenne, welche die Strahlungsleistung P_{Rs} abstrahlt. Die Empfangsantenne nimmt dann die Leistung P_E aus dem Wellenfeld auf. Ersetzt man die Richtantenne durch z. B. einen Halbwellendipol und erhöht die Leistung des Senders auf einen Wert P_{Ds}, so daß die Empfangsantenne die gleiche Leistung P_E wie vorher empfängt, dann ist der Antennengewinn der Richtantenne:

$$G_{sD} = \frac{P_{Ds}}{P_{Rs}} .\tag{379}$$

Auch hier liegt die Empfangsantenne in den Hauptstrahlrichtungen der Sendeantennen.

Man kann den Gewinn einer Antenne neben den angedeuteten meßtechnischen Methoden auch durch Integration über die Richtcharakteristik ermitteln. Diese ist meist nur graphisch auszuführen [34].

3.15. Empfangsantennen

In fast allen vorhergehenden Abschnitten wurde bei der Behandlung der Antennen angenommen, daß sie als Sendeantennen dienen sollen. Dieselben Antennen, die zum Senden benutzt werden, lassen sich auch als Empfangsantennen verwenden. Empfangsantennen sind also in ihrem grundsätzlichen Aufbau gleich den Sendeantennen.

Die Empfangsantenne hat die Aufgabe, dem Empfänger aus der Energieströmung der an ihr vorbeiwandernden elektromagnetischen Welle (Bilder 1.12 und 1.13) einen möglichst großen Teil zuzuführen. Der Empfänger „belastet" die Antennenklemmen mit seinem Eingangswiderstand. Wir stellen uns als Empfangsantenne z. B. einen kurzen Dipol (Elementardipol) vor, dessen Achse in Richtung der elektrischen Feldlinien des Wellenfeldes orientiert sein soll

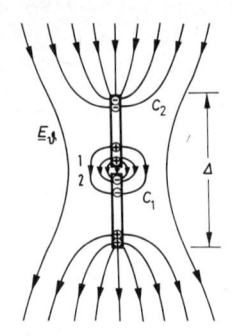

Bild 3.37 Kurzer Empfangsdipol im Augenblick höchster Aufladung

(B i l d 3.37), [1, S. 241], [29]. Man erhält für den Fall offener Antennenklemmen (Leerlauf) an diesen die Leerlaufspannung

$$\underline{U}_0 = \underline{E}_\vartheta \cdot \varDelta. \tag{380}$$

$\underline{U}_0$ ist dabei die komplexe Amplitude der Wechselspannung, die im Moment höchster Aufladung im Feld zwischen den äußeren Dipolenden vorhanden wäre, wenn die Dipolstäbe nicht existierten. Diese Spannung wird durch die Leiterstäbe des Dipols an seine Anschlußklemmen verschoben [1, S. 241].

Hat man einen Dipol größerer Länge, so kann man nicht mehr annehmen, daß der Strom auf dem Dipol an allen Stellen den gleichen Wert hat. Bei nicht gleichmäßiger Stromverteilung kann wieder eine auf den Strom I_A an den Eingangsklemmen des Dipols bezogene effektive Länge oder Höhe h_{eff} nach Gl. (273) eingesetzt werden. Weil bei der Berechnung von Empfangsantennen meist von der Spannung an den Antennenklemmen ausgegangen wird, ist es im Gegensatz zu Sendeantennen zweckmäßig, die effektive Länge mit der Spannung zu verbinden.

Aus Gl. (380) wird dann:

$$\underline{U}_0 = \underline{E}_\vartheta \cdot h_{\text{eff}}. \tag{381}$$

Dabei ist die effektive Länge der Antenne — wie bei den Sendeantennen — nur aus der wirklichen Leiterlänge zu ermitteln: Für das „Spiegelbild" einer Antenne über einer leitenden Ebene existieren keine elektrischen Wechselfelder, die durch Influenz eine Spannung in der Empfangsantenne hervorrufen könnten.

Hat die Dipolantenne einen Neigungswinkel ϑ (B i l d 3.38a) gegen die Richtung der elektrischen Feldlinien der Welle, so wird die Leerlaufspannung kleiner sein als im zuerst angenommenen Fall der maximalen Leerlaufspannung, der in Bild 3.37 für $\vartheta = 90°$ gezeichnet ist.

Man erkennt, daß für $\vartheta = 0°$ keine Spannung an den Klemmen des Dipols auftreten wird, da dann die Leiter senkrecht zu den Feldlinien stehen. Nennt

3.15. Empfangsantennen

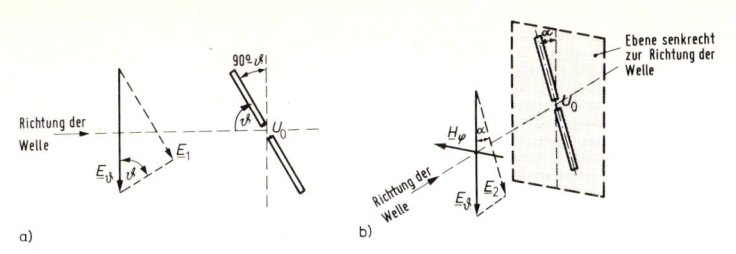

Bild 3.38 Empfangsdipol; a) in der Ebene der Ausbreitungsrichtung der Welle um den Winkel $(90° - \vartheta)$ geneigt; b) in der Ebene senkrecht zur Ausbreitungsrichtung der Welle um α gedreht

man die Feldkomponente des elektrischen Feldes, die in Richtung des geneigten Dipols verläuft und die Leerlaufspannung $\underline{U}_0$ erzeugt, $\underline{E}_1$, so gilt [1, Band 1 S. 6]:

$$\underline{E}_1 = \underline{E}_\vartheta \cdot \sin \vartheta. \tag{382}$$

Mit Gl. (381) wird die Leerlaufspannung

$$\underline{U}_0 = \underline{E}_1 \cdot h_{\text{eff}} = \underline{E}_\vartheta \cdot \sin \vartheta \cdot h_{\text{eff}}. \tag{383}$$

$\underline{U}_0$ ändert sich beim Drehen des Dipols in der Ebene der Wellenausbreitungsrichtung wie $\sin \vartheta$. Der Empfangsdipol hat daher ein Richtdiagramm, wie es in Bild 1.15a dargestellt ist.

Nimmt man weiter an, daß der Dipol um einen Winkel α in der Ebene senkrecht zur Wellenausbreitungsrichtung geneigt ist, so gilt nach B i l d 3.38b:

$$\underline{E}_2 = \underline{E}_\vartheta \cdot \cos \alpha. \tag{384}$$

Bei $\alpha = 90°$ wird $\underline{U}_0 = 0$ und bei $\alpha = 0°$ wird $\underline{U}_0$ ein Maximalwert sein. Damit wird

$$\underline{U}_0 = \underline{E}_2 \cdot h_{\text{eff}} = \underline{E}_\vartheta \cos \alpha \cdot h_{\text{eff}}. \tag{385}$$

Kombiniert man die beiden Möglichkeiten der Schräglage des Dipols gegen die Richtung der elektrischen Feldlinien, so erhält man aus den Gln. (383) und (385)

$$\underline{U}_0 = \underline{E}_\vartheta \cdot \sin \vartheta \cos \alpha \cdot h_{\text{eff}}. \tag{386}$$

Das Ersatzbild der Empfangsantenne nach [1] zeigt B i l d 3.39.

Darin ist $\underline{U}_0$ eine Spannungsquelle, die die Wirkung der von der Antenne aus dem Raum „ausgekoppelten" Welle darstellt (Bilder 1.12 und 1.13). Die Quelle liegt in Serie zu $\underline{Z}_A = R_A + jX_A$, dem komplexen Innenwiderstand der Empfangsantenne.

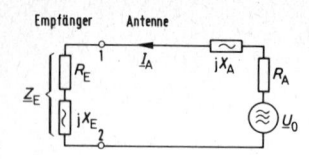

Bild 3.39 Ersatzbild der Empfangsantenne

Um maximale Wirkleistung aus der Antenne zu erhalten, muß der Eingangswiderstand $\underline{Z}_E$ des an die Antennenklemmen angeschlossenen Empfängers konjugiert komplex zu $\underline{Z}_A$ sein:

$$\underline{Z}_E = R_E + jX_E = \underline{Z}_A^*,$$

d. h. $R_E = R_A$ und $j(-X_E) = jX_A$.

Damit wird der aus den Antennenklemmen in den Empfänger fließende Strom

$$\underline{I}_A = \frac{U_0}{\underline{Z}_E + \underline{Z}_A} = \frac{U_0}{2R_A}. \tag{387}$$

Für maximale Wirkleistungsabgabe an den Empfänger (Leistungsanpassung) ist dann:

$$P_e = \frac{1}{2} I_A^2 \cdot R_A = \frac{1}{2} \frac{U_0^2}{4R_A^2} R_A = \frac{1}{8} \frac{U_0^2}{R_A}. \tag{388}$$

Bei Leistungsanpassung kommt die aus dem Wellenfeld von der Antenne entnommene Leistung nur zur Hälfte in den Empfänger. Die andere Hälfte wird im Wirkwiderstand R_A der Antenne „verbraucht", was aber nichts anderes bedeutet, als daß die von der Antenne aufgenommene Leistung — bei Vernachlässigung der Antennenverluste — zur Hälfte wieder abgestrahlt wird: Jede stromführende Antenne, also auch die Empfangsantenne, strahlt Energie in den Raum ab.

Der Widerstand R_A der Empfangsantennen-Impedanz ist für einen kurzen Dipol in Gl. (294) angegeben. Setzt man Gl. (294) mit Gl. (381) in Gl. (388) ein, so erhält man für eine bezüglich Richtwirkung und Polarisation optimal orientierte Antenne ($\alpha = 0°$, $\vartheta = 90°$) bei Leistungsanpassung an den Empfänger:

$$P_E = \frac{1}{8} \cdot E_\vartheta^2 \cdot h_{\text{eff}}^2 \cdot \frac{1}{80\pi^2 \left(\frac{h_{\text{eff}}}{\lambda_0}\right)^2} = \frac{3}{16\pi \cdot Z_{F0}} \cdot E_\vartheta^2 \cdot \lambda_0^2. \tag{389}$$

Man sieht aus Gl. (389), daß die aus einem kurzen Dipol entnehmbare maximale Leistung unabhängig von der effektiven Höhe h_{eff} der Empfangsantenne ist.

Nach [29] kann man auch bei Empfangsantennen die in Abschnitt 3.4. erläuterten Kapazitäten C_1 (Totkapazität) und C_2 (Raumkapazität) einführen. Die Felder dieser Kapazitäten sind in Bild 3.37, das einen kurzen Dipol im Augenblick maximaler Aufladung zeigt, zu erkennen. Mit C_2 ist die Antenne an die Raumwelle angekoppelt. Die Wirkung der Totkapazität C_1 ist am besten bei leerlaufender Antenne erkennbar. Je kleiner die Eingangsimpedanz des an die Antennenklemmen 1–2 angeschlossenen „Verbrauchers" ist, desto weniger wirkt C_1.

3.16. Reziprozitätstheorem

Bereits KIRCHHOFF hat für Schaltungen aus Widerständen das Reziprozitätstheorem bewiesen [16, S. 225]:

Zum Beispiel sei an die Vierpol-T-Schaltung in B i l d 3.40a eine EMK U_A an die Klemmen 1 1', und ein Strommeßinstrument an die Klemmen 2 2' angeschlossen.

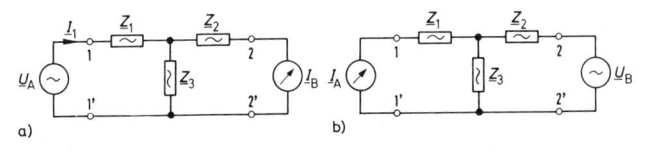

Bild 3.40 a–b) Zum Reziprozitätstheorem

Dann ist der Strom

$$\underline{I}_B = \underline{I}_1 \cdot \frac{\underline{Z}_3}{\underline{Z}_2 + \underline{Z}_3} \tag{390}$$

und $\quad \underline{I}_1 = \dfrac{U_A}{\underline{Z}_1 + \dfrac{\underline{Z}_2 \cdot \underline{Z}_3}{\underline{Z}_2 + \underline{Z}_3}} = \dfrac{U_A (\underline{Z}_2 + \underline{Z}_3)}{\underline{Z}_1 \cdot \underline{Z}_2 + \underline{Z}_2 \cdot \underline{Z}_3 + \underline{Z}_3 \cdot \underline{Z}_1}.$ \hfill (391)

Setzt man Gl. (391) in Gl. (390) ein, so ergibt sich

$$\underline{I}_B = \frac{U_A \cdot (\underline{Z}_2 + \underline{Z}_3)}{\underline{Z}_1 \cdot \underline{Z}_2 + \underline{Z}_2 \cdot \underline{Z}_3 + \underline{Z}_3 \cdot \underline{Z}_1} \cdot \frac{\underline{Z}_3}{\underline{Z}_2 + \underline{Z}_3} = \frac{U_A \cdot \underline{Z}_3}{\underline{Z}_1 \cdot \underline{Z}_2 + \underline{Z}_2 \cdot \underline{Z}_3 + \underline{Z}_3 \cdot \underline{Z}_1} \tag{392}$$

Vertauscht man nach B i l d 3.40b die Stromquelle und das Meßinstrument an der T-Schaltung, so erhält man auf gleiche Weise

$$\underline{I}_A = \frac{\underline{U}_B \cdot \underline{Z}_3}{\underline{Z}_1 \cdot \underline{Z}_2 + \underline{Z}_2 \cdot \underline{Z}_3 + \underline{Z}_3 \cdot \underline{Z}_1} . \qquad (393)$$

Vergleicht man Gl. (392) mit Gl. (393), so erkennt man: wenn $\underline{U}_A = \underline{U}_B$ ist, muß $\underline{I}_A = \underline{I}_B$ sein. Damit ist die Gültigkeit des Reziprozitätsgesetzes für diese Schaltung bewiesen.

Von J. R. CARSON [35] wurde das Reziprozitätstheorem verallgemeinert, so daß das Gesetz auch auf Antennen angewendet werden kann.

B i l d 3.41a zeigt eine Antennenanordnung aus Sende- und Empfangsantenne, die man — unter Berücksichtigung des Übertragungsmediums, das homogen und linear sei — als Vierpolnetzwerk auffassen kann. Jedes Vierpolnetzwerk läßt sich in eine äquivalente Vierpol-T-Schaltung überführen, wenn es nur um die Amplituden und Phasenwinkel von Eingangsspannung und Ausgangsstrom geht. Deshalb kann man die Anordnung in Bild 3.41a durch die Vierpolschaltung in Bild 3.40a ersetzten. Genauso kann man die Antennenanordnung in B i l d 3.41b durch die Vierpolschaltung in Bild 3.40b ersetzen.

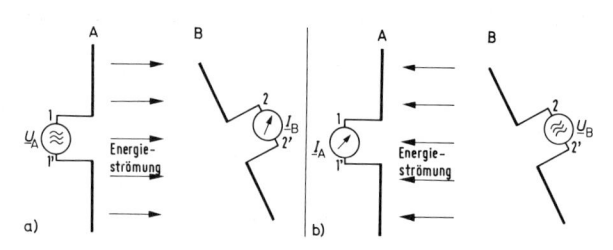

Bild 3.41 a–b) Zum Reziprozitätstheorem

Das Reziprozitätstheorem (Umkehrungssatz) lautet damit auf Antennen angewendet [6]:

„Wenn eine an den Klemmen 1 1' einer Antenne A liegende EMK $\underline{U}_A$ zwischen den Klemmen 2 2' einer Antenne B den Strom $\underline{I}_B$ hervorruft, so erzeugt eine phasen- und amplitudengleiche EMK $\underline{U}_B = \underline{U}_A$ an den Klemmen 2 2' der Antenne B einen mit $\underline{I}_B$ phasen- und amplitudengleichen Strom $\underline{I}_A = \underline{I}_B$ zwischen den Klemmen 1 1' der Antenne A" (Bilder 3.41a–b).

Vorausgesetzt ist dabei, daß die Spannungsquellen (Generatoren) und die Strommesser entweder widerstandslos sind, oder jeweils gleiche Innenwiderstände haben. Der Umkehrungssatz gilt selbstverständlich nur für jeweils gleiche Generatorfrequenzen. Aus dem Reziprozitätstheorem folgt, daß sich die bei Sendeantennen gefundenen Eigenschaften auf das Verhalten der gleichen An-

3.16. Reziprozitätstheorem

tenne als Empfangsantenne übertragen lassen: Die Richtdiagramme einer Antenne als Sende- und Empfangsantenne stimmen überein.

Dazu eine kurze Überlegung:
Verwendet man eine beliebig orientierte Antenne A (Bild 3.41 a) als Sendeantenne, die mit $\underline{U}_A$ erregt wird, und dreht sie, so ändert sich $\underline{I}_B$ in der beliebig orientierten Antenne B entsprechend der Richtcharakteristik der Antenne A.

In der gleichen Weise ändert sich nach dem Reziprozitätstheorem der Strom $\underline{I}_A$ in der als Empfangsantenne wirkenden Antenne A, wenn sie im Wellenfeld der festen Antenne B gedreht wird und Antenne B mit $\underline{U}_B$ erregt ist (Bild 3.41 b).

Sende- und Empfangsdiagramm der Antenne A sind also gleich. Nach dem in den Gln. (392) und (393) abgeleiteten Reziprozitätssatz sind auch die Antennenimpedanzen und damit die effektiven Längen bzw. effektiven Höhen für den Sende- und Empfangsfall gleich.

Man kann das auch so formulieren:
„Der Eingangswiderstand der Antenne im Fall des Sendens ist gleich dem Innenwiderstand einer die Empfangsantenne darstellenden Ersatzspannungsquelle."

Diese Zusammenhänge sind für die Antennenmeßtechnik von Bedeutung.

Ersetzt man in Bild 2.10a den Sender durch seinen Empfänger, dessen Eingangswiderstand gleich dem Innenwiderstand des Senders ist, so erhält man mit der horizontalen Dipolzeile aus zwei vertikalen Dipolen das gleiche Richtdiagramm, das die Antennenkombination auch beim Senden hat [1, S. 245]:

Die Empfangsantenne liege im Feld einer von einem weit entfernten Punkt P kommenden Welle. Zu den Dipolen sei für die Welle ein Wegunterschied Δr vorhanden, so daß die Leerlaufspannungen an den Antennenklemmen eine Phasendifferenz nach Gl. (79) haben.

Ein zusätzlicher Richteffekt wird bei Sendeantennen durch Speisen der Antennen mit um β_0 phasenverschobenen Strömen erreicht. Diese Phasenverschiebung wird in Phasendrehgliedern eingestellt, die in den Leitungen von den Antennen zum Verzweigungspunkt (Bild 2.10a) z. B. als homogene Leitungen unterschiedlicher Länge eingeschaltet sind.

Den gleichen Effekt der Phasenverschiebung durch die Phasendrehglieder erhält man auch beim Einsatz der Antennenkombination als Empfangsantenne. Vom Verzweigungspunkt addieren sich die komplexen Amplituden der von den Antennen kommenden phasenverschobenen Ströme.

Sie haben dort eine Phasendifferenz β aus Gl. (100). Daraus entsteht die Richtwirkung der Empfangsantenne.

Bleibt eine Richtantenne in ihrem Aufbau und den in den Zuleitungen eingebauten Phasendrehgliedern bis zum Verzweigungspunkt unverändert, so hat sie als Sendeantenne und als Empfangsantenne das gleiche Richtdiagramm. Deshalb gelten alle für die Richtdiagramme von Sendeantennen abgeleiteten Beziehungen im Abschnitt 2 auch für Empfangsantennen.

3.17. Wirkfläche und Gewinn der Empfangsantenne

Für die Empfangsantenne läßt sich eine wirksame Antennenfläche (Wirkfläche) F_E angeben, die über das Reziprozitätstheorem mit dem in Abschnitt 3.14. definierten Antennengewinn der Sendeantenne verbunden ist. Die Wirkfläche der Antenne hat folgende Definition:

Die von der Empfangsantenne aus der Energieströmung um die Antenne aufgenommene und an den angepaßten Empfänger weitergegebene Nutzleistung P_E ist gleich dem Produkt aus der Strahlungsdichte S des eintreffenden Wellenfeldes und der Wirkfläche F_E [16].

$$P_E = S \cdot F_E. \tag{394}$$

Nach B i l d 3.42 ist die Wirkfläche senkrecht zur Einfallsrichtung der Welle orientiert (s. dazu auch Abschnitt 1.7.). Dies ist der Normalfall. Ist die Antenne jedoch durch Drehung und Neigung nicht optimal an die einfallende Welle „angekoppelt", so ist Gl. (386) zu verwenden. Dann ist mit den Gln. (388), (386) und (35):

$$P_e = \frac{1}{8} \cdot \frac{(E_\vartheta \cdot \sin \vartheta \cdot \cos \alpha \cdot h_{\text{eff}})^2}{R_A} =$$
$$= \frac{1}{8} \cdot \frac{(\sin \vartheta \cdot \cos \alpha \cdot h_{\text{eff}})^2 \cdot E_\vartheta \cdot H_\varphi \cdot Z_{F_0}}{R_A}. \tag{395}$$

Aus Gl. (395) erhält man mit Gl. (72)

$$P_e = \frac{Z_{F_0}}{4} \cdot \frac{(\sin \vartheta \cdot \cos \alpha \cdot h_{\text{eff}})^2}{R_A} \cdot S. \tag{396}$$

Darin ist

$$F_E = \frac{Z_{F_0}}{4 R_A} \cdot (\sin \vartheta \cdot \cos \alpha \cdot h_{\text{eff}})^2 \tag{397}$$

die Wirkfläche der Antenne.

Ist die Antenne wie in Bild 3.37 so ausgerichtet, daß sie optimal an die einfallende Welle angekoppelt ist, so wird wegen $\vartheta = 90°$ und $\alpha = 0°$ (Bild 3.38) die Wirkfläche der Antenne (B i l d 3.42):

$$F_E = \frac{P_E}{S} = \frac{Z_{F_0}}{4 R_A} \cdot h_{\text{eff}}^2. \tag{398}$$

Die Wirkfläche F_E wird besonders anschaulich bei Flächenantennen wie z. B. Dipolwänden, Spiegelantennen und den nun als Empfangsantennen benutzten

3.17. Wirkfläche und Gewinn der Empfangsantenne

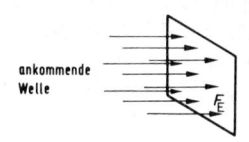

Bild 3.42 Wirkfläche

Flächen-;„Strahlern" und Trichter-„Strahlern". Die Öffnungsfläche dieser Antennen steht der ankommenden Welle entgegen und entnimmt ihr einen Teil der Leistung. Die geometrische Öffnungsfläche F_{geom} ist bei Flächenantennen ein wenig größer als die Wirkfläche F_E der Antenne, die aus der Messung von U_0 oder P_E an der Antenne gewonnen werden kann.

Das Verhältnis von Wirkfläche und geometrischer Öffnungsfläche wird bei Flächenantennen Flächenwirkungsgrad η_F genannt [1, S. 244].

$$\eta_F = \frac{F_E}{F_{geom}}. \qquad (399)$$

Bei guten Flächenantennen liegt η_F zwischen 0,5 und 0,9. Die Wirkfläche F_E eines kurzen, parallel zum elektrischen Feld der Welle gerichteten Dipols ist nach Gl. (398) mit Gl. (294):

$$F_E = \frac{120\,\pi}{4 \cdot 80\,\pi^2} \cdot \frac{h_{eff}^2}{\left(\dfrac{h_{eff}}{\lambda_0}\right)^2} = 1{,}5 \cdot \frac{\lambda_0^2}{4\,\pi} \approx \frac{1}{8} \cdot \lambda_0^2. \qquad (400)$$

Die Wirkfläche F_E ist also unabhängig von h_{eff} und etwa gleich dem Achtel eines Quadrates mit der Seitenlänge λ_0.

Weil F_E unabhängig von h_{eff} ist, kann man mit beliebig kurzen Dipolen ohne Minderung des Wertes von P_E empfangen, solange eine Leistungsanpassung des komplexen Innenwiderstandes $\underline{Z}_A$ der Antenne an den Empfängereingangswiderstand $\underline{Z}_E$ möglich ist.

Bei kürzer werdenden Antennen wird R_A schnell kleiner, und damit werden die zur Anpassung zwischen Antenne und Empfänger zu schaltenden Transformationsschaltungen wegen wachsender Verluste und sinkender Bandbreite immer schwerer zu verwirklichen (s. Abschnitt 3.4.).

Dadurch sind der Verwendung sehr kurzer Empfangsantennen Grenzen gesetzt.

Für die Wirkfläche des Halbwellendipols gilt mit $R_A = 73{,}2\ \Omega$ und Gl. (398):

$$F_E = \frac{120 \cdot \lambda_0^2}{4 \cdot 73{,}2 \cdot \pi} = 1{,}64\,\frac{\lambda_0^2}{4\,\pi}. \qquad (401)$$

Es seien in den Bildern 3.41a–b die Antennen A und B jeweils an den Generator (Sender) und den Strommesser (Empfänger) angepaßt und optimal zueinander ausgerichtet ($\alpha = 0°$, $\vartheta = 90°$ in Bild 3.38). Der Raum zwischen ihnen sei als Übertragungsmedium linear und homogen. Der Abstand r der verlustlos angenommenen Antennen sei so groß, daß die jeweilige Empfangsantenne im Fernfeld der Sendeantenne liegt. Dann ist für den im Bild 3.41a gezeigten Fall die Strahlungsdichte S_A der Sendeantenne A am Ort der Empfangsantenne B nach den Gln. (367) und (368)

$$S_A = \frac{P_{sA}}{4\pi r^2} \cdot G_{sA}. \tag{402}$$

Dabei ist G_{sA} der Gewinn der Antenne A bezogen auf den isotropen Strahler. Nach Gl. (394) ist für die Empfangsantenne B die Wirkfläche

$$F_{EB} = \frac{P_{EB}}{S_A} = \frac{P_{EB} \cdot 4\pi r^2}{P_{sA} \cdot G_{sA}} \tag{403}$$

mit P_{EB} als der bei Anpassung von der Antenne an den Empfänger weitergegebenen Leistung. Aus Gl. (403) ergibt sich

$$\frac{P_{EB}}{P_{sA}} = \frac{F_{EB} \cdot G_{sA}}{4\pi r^2}. \tag{404}$$

Wird die Anordnung nun in umgekehrter Richtung nach Bild 3.41b betrieben, so sendet die Antenne B – deren Gewinn G_{sB} sei – die Leistung P_{sB} aus. Die Empfangsantenne A – mit der Wirkfläche F_{EA} – gibt die Leistung P_{EA} an den Empfängereingang weiter. Für diesen Fall kann man an Stelle von Gl. (404) schreiben:

$$\frac{P_{EA}}{P_{sB}} = \frac{F_{EA} \cdot G_{sB}}{4\pi r^2}. \tag{405}$$

Nach dem Reziprozitätstheorem sind die Leistungsverhältnisse $\frac{P_E}{P_s}$ in beiden Übertragungsrichtungen gleich. Aus den Gln. (404) und (405) ergibt sich dann:

$$\frac{P_{EB}}{P_{sA}} = \frac{P_{EA}}{P_{sB}} \tag{406}$$

oder $\dfrac{F_{EB}}{F_{EA}} = \dfrac{G_{sB}}{G_{sA}}$ bzw. $\dfrac{F_{EB}}{G_{sB}} = \dfrac{F_{EA}}{G_{sA}}.$ (407)

3.17. Wirkfläche und Gewinn der Empfangsantenne

Das Verhältnis von Wirkfläche und Gewinn einer als Empfangs- bzw. Sendeantenne verwendeten Antenne ist unabhängig von der Antennenanordnung und für jede Antenne gleich.

Für den kurzen Dipol ist mit den Gln. (370) und (400)

$$\frac{F_E}{G_E} = \frac{\lambda_0^2}{4\pi} \quad \text{oder} \quad F_E = \frac{\lambda_0^2}{4\pi} \cdot G_E. \tag{408}$$

Die Wirkfläche der Antenne ist hier auf die isotrope Antenne bezogen. Bei der Ermittlung des Antennengewinns wird als Bezugsantenne auch der kurze Dipol (Elementardipol) verwendet. Dann ist in Gl. (408) an Stelle von G_E nach Gl. (375) der Wert 1,5 G_{EHz} einzusetzen. Mit dem *Gewinn* des isotropen Strahlers $G_{E0} = 1$ und Gl. (408) erhält man die *Wirkfläche* des isotropen Strahlers zu

$$F_{E0} = \frac{\lambda_0^2}{4\pi}. \tag{409}$$

Aus Gl. (408) ergibt sich der Gewinn einer als Empfangsantenne verwendeten Richtantenne:

$$G_E = \frac{4\pi}{\lambda_0^2} \cdot F_E. \tag{410}$$

Für den kurzen Dipol erhält man mit Gl. (400) den Gewinn $G_E = 1,5$. Das ist der gleiche Gewinn, wie ihn der kurze Dipol nach Gl. (370) als Sendeantenne hat.

Der Gewinn einer Antenne ist gleich, unabhängig davon, ob sie als angepaßte Sende- oder Empfangsantenne verwendet wird. Man kann den Gewinn einer Empfangsantenne auch so definieren:

Der Gewinn einer Empfangsantenne ist das Verhältnis der Leistung P_E, die eine in einem Wellenfeld befindliche angepaßte (Richt-) Empfangsantenne an den Empfänger gibt, zur Leistung P_0, die eine angepaßte isotrope Antenne an der gleichen Stelle im gleichen Wellenfeld an den Empfänger abgeben würde:

$$G_E = \frac{P_E}{P_0} = \frac{F_E}{F_{E0}} = F_E \cdot \frac{4\pi}{\lambda_0^2}. \tag{411}$$

Da es die isotrope Antenne für eine Polarisation nicht gibt, bestimmt man den Gewinn einer Richtantenne durch Leistungsvergleich z. B. mit einem Halbwellendipol:

$$G_{ED} = \frac{P_E}{P_D} = \frac{F_E}{1,64} \cdot \frac{4\pi}{\lambda_0^2} = \frac{G_E}{1,64}. \tag{412}$$

Ein Vergleich von Gl. (412) mit Gl. (376) zeigt, daß der Antennengewinn im Sende- und Empfangsfall gleich ist.

Rein formal kann man auch für die Sendeantenne eine Wirkfläche F_s definieren. Mit Gl. (410) erhält man für eine Sendeantenne mit dem Gewinn G_s:

$$F_s = G_s \cdot \frac{\lambda_0^2}{4\pi} . \qquad (413)$$

Man kann damit auch für Sendeantennen einen Flächenwirkungsgrad Gl. (399) angeben.

Eine Übertragungsstrecke besteht allgemein aus dem Sender, der Sendeantenne, dem Übertragungsweg der Länge r, der Empfangsantenne und dem Empfänger.

Bei Anpassung von Sender und Empfänger an die Antennen und linearem, homogenem Übertragungsmedium kann man nach Gl. (404) bzw. Gl. (405) schreiben:

$$\frac{P_E}{P_s} = \frac{F_E \cdot G_s}{4\pi r^2} . \qquad (414)$$

Setzt man darin Gl. (408) ein, so erhält man

$$P_E = P_s \left(\frac{\lambda_0}{4\pi r} \right)^2 \cdot G_E \cdot G_s \qquad (415)$$

oder $\quad P_E = P_s \cdot \dfrac{F_E \cdot F_s}{r^2 \cdot \lambda_0^2} . \qquad (416)$

Mit dieser einfachen Formel läßt sich — für den Fall ungestörter Wellenausbreitung — die im Empfänger ankommende Leistung nach Durchlaufen einer gegebenen Übertragungsstrecke berechnen. Das Verhältnis $\dfrac{P_E}{P_s}$ in Gl. (415) und Gl. (416) wird auch *Übertragungsfaktor* genannt.

4. ANHANG

Beispiel 1 (zu Abschnitt 1.5.)

Zur Nutzbarmachung der Sonnenenergie wird ein Projekt diskutiert, das einen Satelliten vorsieht, der – mit sehr großen Solarzellenflächen ausgestattet – Sonnenenergie in elektrische Energie umwandeln soll. Die Übertragung dieser Energie zur Erde könnte mit einem Satellitensender hoher Leistung über Antennen mit hoher Richtwirkung erfolgen. Ohne die Wirtschaftlichkeit oder den Wirkungsgrad dieses Projektes zu berücksichtigen, soll nach einem in [1, S. 16] angegebenen Beispiel die theoretisch von einer elektromagnetischen Welle maximal übertragbare Leistungsdichte S berechnet werden:

Die maximal zulässige elektrische Feldstärke bei trockener Luft ist $E_{max} = 30 \frac{kV}{cm}$.

Nach Gl. (36) bzw. Gl. (38) ist $H_{\varphi max} = \frac{E_{\vartheta max}}{Z_{F_0}} = 79{,}6 \frac{A}{cm}$.

Mit Gl. (72) wird $S = \frac{1}{2} E_{\vartheta max} \cdot H_{\varphi max} = 1193{,}6 \frac{kW}{cm^2}$.

Beispiel 2 (zu den Abschnitten 1.5. und 3.4.)

An den Eingangsklemmen eines 60 m hohen fußpunktgespeisten Antennenmastes (Stabstrahler) über ideal leitender Ebene wird eine Speisestromamplitude $I_A = 20$ A gemessen. Der mittlere Wellenwiderstand des Mastes ist $Z_M = 300\ \Omega$, die Betriebsfrequenz ist 1,2 MHz.

1. Die Antennenverluste seien vernachlässigt.
    a) Welche Eingangsimpedanz $\underline{Z}_A$ hat die Antenne?
    b) Wie groß ist der Scheitelwert der Spannung an den Speiseklemmen der Antenne?
    c) Welche Leistung strahlt die Antenne ab?
    d) Wie groß sind die elektrische und magnetische Feldstärke bei ungestörter Wellenausbreitung im Abstand 50 km bei $\vartheta = 90°$?
2. Die Antennenverluste werden mit dem Verlustwiderstand $R_v = 1{,}5\ \Omega$ berücksichtigt.
    a) Wie groß ist die Verlustleistung P_v bei gleicher Speisestromamplitude $I_A = 20\ A$?
    b) Wie groß ist nun die erforderliche Senderleistung, wenn die in 1 c) berechnete abgestrahlte Leistung gleich bleiben soll?
    c) Wie groß ist der Wirkungsgrad der Antenne?

Lösungen

1a) $\lambda_0 = \dfrac{c_0}{f} = 250$ m.

$h' = 60$ m.

Mit Gl. (271) ergibt sich $h'_{\text{eff}} = \dfrac{\lambda_0}{2\pi} \tan\left(\dfrac{\pi h'}{\lambda_0}\right) = 37{,}36$ m.

Mit Gl. (281) wird $R_A = 160\,\pi^2 \left(\dfrac{h'_{\text{eff}}}{\lambda_0}\right)^2 = 35{,}26\ \Omega$.

Aus Gl. (267) erhält man $jX_A = -jZ_M \cot\left(\dfrac{2\pi h'}{\lambda_0}\right) = -j\,18{,}87\ \Omega$.

Damit wird $\underline{Z}_A = R_A + jX_A = 35{,}26 - j\,18{,}87\ \Omega$.

1b) $Z_A = \sqrt{R_A^2 + X_A^2} = 40\ \Omega$.

$U_A = I_A \cdot Z_A = 800$ V.

1c) Nach Gl. (280) ist die Strahlungsleistung $P_s = \dfrac{1}{2} I_A^2 \cdot R_A = 7{,}052$ kW.

1d) Bei Abstrahlung in den Halbkugelraum wird nach Gl. (68):

$$H_\varphi = 1{,}13 \ \dfrac{\sqrt{\dfrac{P_s}{\text{kW}}}}{\dfrac{r}{\text{km}}} \ \dfrac{\text{mA}}{\text{m}} = 0{,}06 \ \dfrac{\text{mA}}{\text{m}}$$

und aus Gl. (69) erhält man

$$E_\vartheta = 425 \ \dfrac{\sqrt{\dfrac{P_s}{\text{kW}}}}{\dfrac{r}{\text{km}}} \ \dfrac{\text{mV}}{\text{m}} = 22{,}6 \ \dfrac{\text{mV}}{\text{m}}.$$

2a) $P_v = \dfrac{1}{2} I_A^2 \cdot R_v = 300$ W.

2b) $P = P_s + P_v = 7{,}352$ kW.

2c) Nach Gl. (303) ist der Wirkungsgrad der Antenne $\eta = \dfrac{P_s}{P_s + P_v} = 0{,}96$.

Beispiel 3 (zu Abschnitt 3.5.)

Die fußpunktgespeiste vertikale Stabantenne einer Fahrzeugfunkstation ist 5 m lang und hat einen mittleren Wellenwiderstand $Z_M = 380\ \Omega$. Die Antenne

Beispiel 5 (zu Abschnitt 3.12.)

soll auf die Frequenz 10 MHz abgestimmt werden. Es sei vereinfachend angenommen, daß sich die Antenne über einer ideal leitenden Ebene befinde.

Wie groß muß die Induktivität L der Verlängerungsspule am Fußpunkt der Antenne gemacht werden, wenn die Antenne bei 10 MHz auf Resonanz abgestimmt sein soll?

Nach Gl. (310) erhält man: $L = Z_M \cdot \dfrac{\cot\left(\dfrac{2\pi h'}{\lambda_0}\right)}{2\pi f} = 3{,}5\ \mu\text{H}.$

Beispiel 4 (zu Abschnitt 3.5.)

Ein selbststrahlender Antennenmast über ideal leitender Ebene hat eine Höhe von 25 m. Die Antenne soll mit einem am Fußpunkt (Speisepunkt) der Antenne eingeschalteten Verkürzungskondensator auf Resonanz abgestimmt werden.

Die Betriebsfrequenz der Antenne ist 5 MHz und der mittlere Wellenwiderstand ist $Z_M = 250\ \Omega$.

$$\lambda_0 = \frac{c_0}{f} = 60\ \text{m}.$$

Nach Gl. (309) wird $C = -\dfrac{1}{2\pi f \cdot Z_M \cdot \cot\left(\dfrac{2\pi h'}{\lambda_0}\right)} = 73{,}5\ \text{pF}.$

Beispiel 5 (zu Abschnitt 3.12.)

Die vertikal stehende Rahmenantenne (Bild 3.33a) eines Peilempfängers hat 100 Drahtwindungen und die Abmessungen $a = 0{,}5$ m; $b = 0{,}5$ m.

a) Wie groß sind die effektive Höhe und die Leerlaufspannung an den Rahmenklemmen, wenn die Empfangsfrequenz 300 kHz und die elektrische Feldstärke des Senders am Empfangsort $E_\vartheta = 30\ \dfrac{\text{mV}}{\text{m}}$ ist. Der Rahmen soll in der $\varphi = 0°$-Ebene liegen, d. h. er soll optimal an das Wellenfeld angekoppelt sein.

b) Wie groß ist die Klemmenspannung U_e am Ausgang des Rahmens mit Abstimmkondensator nach Bild 3.34b, wenn die Güte Q des aus Rahmen und Kondensator gebildeten Kreises $Q = 50$ ist, und die Anordnung auf Resonanz abgestimmt ist.

Lösungen

a) $\lambda_0 = \dfrac{c_0}{f} = 1000$ m. Die Windungszahl ist $n = 100$.

Nach Gl. (344) ist

$$h_{\text{eff}} = \frac{2\pi \cdot a \cdot b \cdot n}{\lambda_0} = 0{,}157 \text{ m}$$

$U_0 = h_{\text{eff}} \cdot E_\vartheta = 4{,}71$ mV.

b) $U_e = Q \cdot U_0 = 235$ mV.

Alle Antennendiagramme dieses Buches wurden mit Hilfe eines elektronischen Tischrechners punktweise berechnet und vom Plotter des Rechners gezeichnet.

Oft genügt es jedoch, für das Richtdiagramm einer einfachen Antennenkombination nur die Nullstellen und die Extremwerte zu ermitteln, um es angenähert zeichnen zu können. Im Beispiel 6 soll dies gezeigt werden.

In den Beispielen 7 bis 11 werden praktische graphische Verfahren vorgeführt, mit denen man in der Lage ist, Diagramme einfacher Antennenkombinationen mit ausreichender Genauigkeit zu ermitteln.

Beispiel 6 (zu Abschnitt 2.2.)

Eine aus zwei vertikalen kurzen Sendeantennen (Dipolen) bestehende horizontale Dipolzeile (Bild 2.10a) wird von einem 150-MHz-Sender mit um β_0 phasenverschobenen Strömen gleicher Amplitude gespeist. Der Dipolabstand sei 1,25 m und die Phasenverschiebung der Speiseströme sei $\beta_0 = \dfrac{\pi}{4}$; (der Strom in Antenne 2 eilt nach). Es soll der ungefähre Verlauf des horizontalen Richtdiagramms der Antennenkombination nach Berechnung der Nullstellen und Maximalwerte skizziert werden.

Nach (102) ist $\dfrac{A}{2A_0} = \left| \cos\left(\dfrac{\beta_0}{2} + \dfrac{\pi a}{\lambda_0} \cos\varphi \right) \right|$.

$f = 150$ MHz; $\lambda_0 = 2$ m; $\dfrac{a}{\lambda_0} = \dfrac{5}{8}$.

Nullstellen des Richtdiagramms ergeben sich, wenn

$\dfrac{\beta_0}{2} + \dfrac{\pi a}{\lambda_0} \cdot \cos\varphi = \pm \dfrac{\pi}{2}$ wird: $\cos\varphi = \left(\pm \dfrac{\pi}{2} - \dfrac{\beta_0}{2} \right) \dfrac{\lambda_0}{\pi \cdot a}$.

Für $+\dfrac{\pi}{2}$ wird $\cos\varphi = \dfrac{3}{5}$ und $\varphi_1 = +53{,}2°$; $\varphi_2 = -53{,}2°$, für $-\dfrac{\pi}{2}$ wird $\cos\varphi = -1$ und $\varphi_3 = 180°$.

Beispiel 6 (zu Abschnitt 2.2.)

Die Maximalwerte des Diagramms erhält man nach Gl. (86) aus

$$\frac{d\frac{A}{2A_0}}{d\varphi} = 0: \quad \frac{d\frac{A}{2A_0}}{d\varphi} = \sin\left(\frac{\beta_0}{2} + \frac{\pi a}{\lambda_0}\cos\varphi\right) \cdot \frac{\pi a}{\lambda_0}\sin\varphi = 0.$$

Das gilt für

$$\sin\left(\frac{\beta_0}{2} + \frac{\pi a}{\lambda_0}\cos\varphi\right) = 0 \text{ oder } \frac{\beta_0}{2} + \frac{\pi a}{\lambda_0}\cos\varphi = 0, \pi, 2\pi \ldots$$

Die Maximalwerte des Richtdiagramms erhält man also für die Winkel φ aus

$$\cos\varphi = \left(\pm n - \frac{\beta_0}{2\pi}\right) \cdot \frac{\lambda_0}{a} \quad \text{für } n = 0, 1, 2, \ldots.$$

Für $n = 0$ wird $\cos\varphi = -0{,}2$ und $\varphi_4 = 180° + 78{,}5° = 258{,}5°$
$$\varphi_5 = 180° - 78{,}5° = 101{,}5°.$$

$n \geqq 1$ ist nicht möglich, da $\left|\left(\pm n - \frac{\beta_0}{2\pi}\right) \cdot \frac{\lambda_0}{a}\right| > 1$.

Für $\varphi = 0°$ erhält man $\frac{A}{2A_0} = 0{,}707$ oder $A = 1{,}414\,A_0$. Damit kann man das horizontale Richtdiagramm zeichnen (B i l d 4.1).

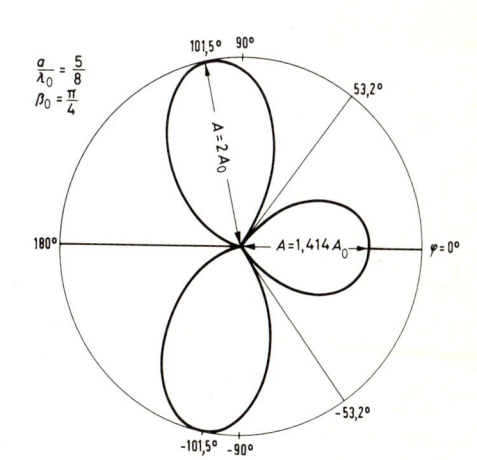

Bild 4.1 Horizontales Richtdiagramm der horizontalen Dipolzeile aus zwei vertikalen Dipolen

Beispiel 7 (zu Abschnitt 2.2.)

Die Antennen einer horizontalen Dipolzeile nach Bild 2.10a seien von einem 100-MHz-Sender mit um β_0 phasenverschobenen Strömen gleicher Amplitude gespeist. Der Antennenabstand ist $a = 2{,}80$ m und die Phasenverschiebung $\beta_0 = 70°$ (d. h. der Strom in Antenne 2 eilt nach).

Das horizontale Richtdiagramm der Antennenkombination soll graphisch ermittelt werden.

$$f = 100 \text{ MHz}; \quad \lambda_0 = 3 \text{ m}; \quad \frac{a}{\lambda_0} = \frac{2{,}8}{3}.$$

Die Richtcharakteristik in der Horizontalebene ist nach Gl. (102):

$$\frac{A}{2A_0} = \left| \cos\left(\frac{\beta_0}{2} + \frac{\pi a}{\lambda_0} \cos\varphi \right) \right|.$$

Einzelschritte des graphischen Verfahrens:

1. Achsenkreuz zeichnen: Abszisse $x = \left(\frac{\beta_0}{2} + \frac{\pi a}{\lambda} \cos\varphi \right)$ bis $\frac{\beta_0}{2} \pm \frac{\pi a}{\lambda_0}$, Ordinate (Zahlenwerte von $|\cos x|$) bis $|\cos x| = 1$ auftragen.
2. $|\cos x|$-Kurve über der Abszisse einzeichnen.
3. $\frac{\beta_0}{2}$ auf der Abszisse vom Nullpunkt aus eingetragen. (Wenn β_0 positiv ist, vom Nullpunkt nach rechts, bei negativem β_0 vom Nullpunkt nach links.)
4. Um den Endpunkt von $\frac{\beta_0}{2}$ einen Kreis mit dem Radius $\frac{\pi a}{\lambda_0}$ schlagen. Dazu auf dem Kreis die Winkelteilung für den Winkel φ einzeichnen.
5. Für alle wichtigen Werte des Winkels φ (Nullstellen, Maxima und Zwischen-Werten M und N $\frac{A}{A_0}$ berechnen und in die Wertetabelle eintragen.
6. Diagramm zeichnen.

Die Konstruktion ist in B i l d 4.2a, das horizontale Richtdiagramm in B i l d 4.2b dargestellt.

Ist z. B. im Abstand r von der Dipolzeile die maximale elektrische Feldstärke $2A_0 = 4 \frac{\text{mV}}{\text{m}}$, so gibt das Richtdiagramm bei ungestörter Wellenausbreitung im Raum die el. Feldstärke abhängig vom Winkel φ bei konstantem Abstand r an.

Beispiel 8 (zu Abschnitt 2.4.2.)

a)

b)

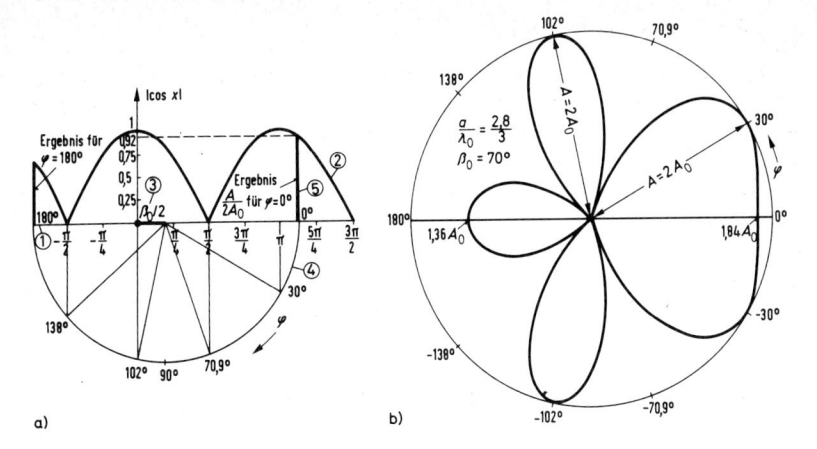

Bild 4.2 a) Konstruktion zu Beispiel 7. b) Horizontales Richtdiagramm der horizontalen Dipolzeile nach Bild 2.10a

Beispiel 8 (zu Abschnitt 2.4.2.)

Eine horizontale Dipolzeile aus 3 kurzen vertikalen Dipolen sei von einem 300-MHz-Sender mit phasenverschobenen Strömen gleicher Amplitude gespeist. Die Phasenverschiebung der Dipolströme ist für jeweils benachbarte Dipole $\beta_0 = \dfrac{\pi}{2}$ und der Dipolabstand ist 75 cm. Das horizontale Richtdiagramm der Antennenkombination soll graphisch bestimmt werden.

$f = 300$ MHz; $\lambda_0 = 1$ m; $a = 0,75$ m; $\dfrac{a}{\lambda_0} = \dfrac{3}{4}$; $n = 3$ (s. Bild 2.21). Die Richtcharakteristik der Antenne ist für die Horizontalebene ($\vartheta = \pm 90°$) nach Gl. (140)

$$\frac{A}{A_0} = \left| \frac{\sin\left[n\left(\dfrac{\beta_0}{2} + \dfrac{\pi a}{\lambda_0} \cos\varphi\right)\right]}{\sin\left(\dfrac{\beta_0}{2} + \dfrac{\pi a}{\lambda_0} \cos\varphi\right)} \right|.$$

Mit $\dfrac{\beta}{2} = \dfrac{\beta_0}{2} + \dfrac{\pi a}{\lambda_0} \cos\varphi$ und $M = \left|\sin\left(n\dfrac{\beta}{2}\right)\right|$ bzw. $N = \left|\dfrac{1}{\sin\left(\dfrac{\beta}{2}\right)}\right|$ wird

$$\frac{A}{A_0} = M \cdot N.$$

Einzelschritte des graphischen Verfahrens:

1. Achsenkreuz zeichnen: Abszisse $x = \left(\dfrac{\beta_0}{2} + \dfrac{\pi a}{\lambda_0} \cos \varphi \right)$ von 0 bis $\left(\dfrac{\beta_0}{2} + \dfrac{\pi a}{\lambda_0}\right)$ und von 0 bis $\left(\dfrac{\beta_0}{2} - \dfrac{\pi a}{\lambda_0}\right)$ zeichnen. Auf die Ordinate $\left(\left|\dfrac{1}{\sin\left(\dfrac{\beta}{2}\right)}\right|\right.$ bzw. $\left.\left|\sin\left(n\dfrac{\beta}{2}\right)\right|\right)$ Zahlenwerte bis mindestens 4 eintragen.

2. $\left|\dfrac{1}{\sin\left(\dfrac{\beta}{2}\right)}\right|$-Kurve über der Abszisse von 0 bis $\left(\dfrac{\beta_0}{2} \pm \dfrac{\pi a}{\lambda_0}\right)$ zeichnen.

3. $\dfrac{\beta_0}{2}$ auf der Abszisse vom Nullpunkt aus eintragen.

4. Um den Endpunkt von $\dfrac{\beta_0}{2}$ einen Kreis mit dem Radius $\dfrac{\pi a}{\lambda_0}$ schlagen. Dazu auf dem Kreis die Winkelteilung für den Winkel φ einzeichnen

5. $M = \left|\sin\left(n\dfrac{\beta}{2}\right)\right|$-Kurve von 0 bis $\left(\dfrac{\beta_0}{2} \pm \dfrac{\pi a}{\lambda_0}\right)$ über der Abszisse einzeichnen.

6. An den Punkten $M = 1$ erhält man $\dfrac{A}{A_0}$ aus den darüber ablesbaren Werten von N. Dazugehörende Winkel φ ablesen und diese mit $\dfrac{A}{A_0}$ in eine Wertetabelle eintragen.

7. Nullstellen von $\dfrac{A}{A_0}$ liegen — bei endlichen Werten von N — bei den Nullstellen von M. Dazugehörende Winkel φ ablesen und in die Wertetabelle eintragen.

8. Unbestimmte Stellen ($M = 0; N = \infty$) mit der Grenzwertbetrachtung nach De l'HOSPITAL klären.

9. Zwischenwerte für beliebige Winkel φ ermitteln. Aus den dort abgelesenen Werten M und N $\dfrac{A}{A_0}$ berechnen und in die Wertetabelle eintragen.

10. Diagramm zeichnen.
    Die Konstruktion ist in B i l d 4.3a, das horizontale Richtdiagramm in B i l d 4.3b dargestellt.

Beispiel 9 (zu Abschnitt 2.2.)

Für die horizontale Dipolzeile des Beispiels 6 soll das vertikale Richtdiagramm graphisch ermittelt werden. Im Beispiel 6 ist $\dfrac{a}{\lambda_0} = \dfrac{5}{8}$ und $\beta_0 = \dfrac{\pi}{4}$.

Beispiel 9 (zu Abschnitt 2.2.)

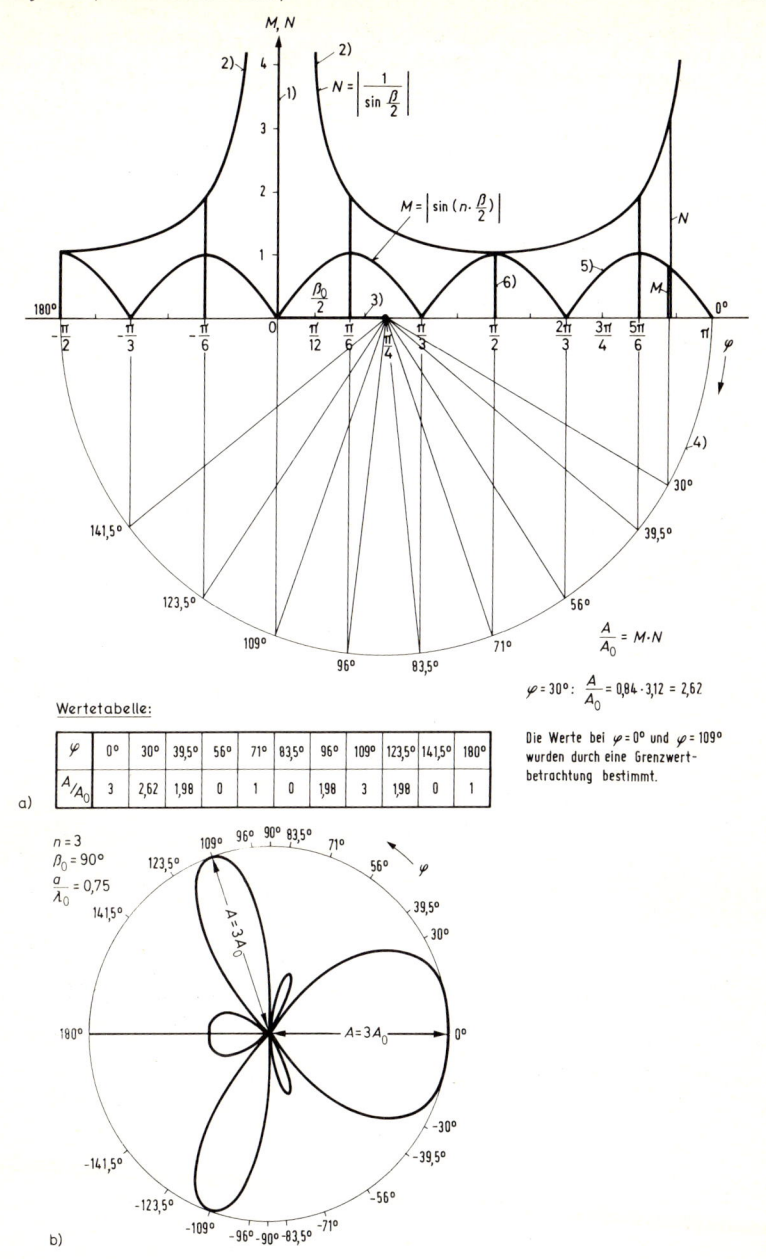

Bild 4.3 a) Konstruktion zu Beispiel 8. b) Horizontales Richtdiagramm der horizontalen Dipolzeile aus drei vertikalen Dipolen

Die vertikale Richtcharakteristik ist für die $\varphi = 0°$-Ebene aus Gl. (101)
zu entnehmen: $\dfrac{A}{2A_0} = \left|\sin\vartheta\right|\left|\cos\left(\dfrac{\beta_0}{2} + \dfrac{\pi a}{\lambda_0}\sin\vartheta\right)\right|$. $\dfrac{\beta_0}{2} = \dfrac{\pi}{8}$; $\dfrac{\pi a}{\lambda_0} = \dfrac{5\pi}{8}$;

Einzelschritte des graphischen Verfahrens:

1. Achsenkreuz zeichnen: Abszisse $x = \left(\dfrac{\beta_0}{2} + \dfrac{\pi a}{\lambda_0}\sin\vartheta\right)$ von 0 bis $x = \dfrac{\beta_0}{2} \pm \dfrac{\pi a}{\lambda_0}$ und die Ordinate (Zahlenwerte von $|\cos x|$) bis $|\cos x| = 1$ auftragen.
2. $|\cos x|$-Kurve über der Abszisse einzeichnen.
3. $\dfrac{\beta_0}{2}$ auf der Abszisse vom Nullpunkt aus eintragen.
4. Um den Endpunkt von $\dfrac{\beta_0}{2}$ einen Kreis mit dem Radius $\dfrac{\pi a}{\lambda_0}$ schlagen und darauf die Winkelteilung für den Winkel ϑ einzeichnen.
5. Für Nullstellen von $\dfrac{A}{2A_0}$, die bei $|\cos x| = 0$ und bei $|\sin\vartheta| = 0$ auftreten und für Zwischenwerte von $\dfrac{A}{2A_0}$, die sich aus $|\sin\vartheta| \cdot |\cos x|$ ergeben, eine Wertetabelle für die dazugehörenden Winkel ϑ aufstellen.
6. Diagramm zeichnen.

Wenn man $\sin\vartheta$ nicht aus Tafeln u. a. entnehmen kann, erhält man $\sin\vartheta$ aus dem Längenverhältnis von $\dfrac{\dfrac{\pi a}{\lambda_0}\cdot\sin\vartheta}{\dfrac{\pi a}{\lambda_0}}$, das aus der Konstruktion abgegriffen werden kann. Die Konstruktion ist in B i l d 4.4a, das vertikale Richtdiagramm der horizontalen Dipolzeile aus zwei vertikalen Dipolen in B i l d 4.4b dargestellt.

Beispiel 10 (zu Abschnitt 2.5.1.)

Die beiden vertikalen Dipole einer horizontalen Dipolzeile (Bild 2.10a) seien von einem Sender mit Strömen verschiedener Amplitude phasenverschoben gespeist. Dipol 2 soll einen Strom $I_2 = 0{,}75 \cdot I_1$ führen. I_2 soll um $\beta_0 = \dfrac{\pi}{4}$ dem Strom I_1 im Dipol 1 nacheilen.

Der auf die Wellenlänge bezogene Dipolabstand sei $\dfrac{a}{\lambda_0} = \dfrac{1}{2}$. Das horizontale und das vertikale Richtdiagramm der Antennenanordnung sollen graphisch ermittelt werden.

B i l d 4.5a zeigt die Feldvektoren im Fernfeld der Dipolzeile, die sich zum Summenvektor geometrisch addieren. Dabei ist $A_1 \sim I_1$ und $A_2 \sim I_2$. Nach

Beispiel 10 (zu Abschnitt 2.5.1.) 221

Wertetabelle:

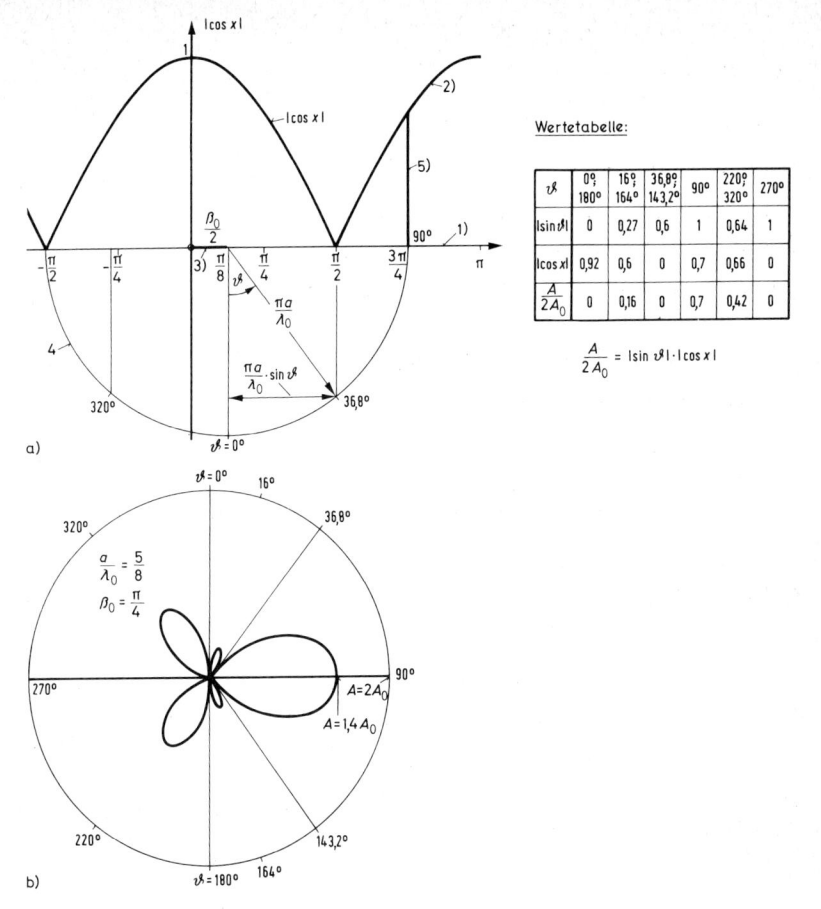

ϑ	0°; 180°	16°; 164°	36,8°; 143,2°	90°	220°; 320°	270°
$|\sin\vartheta|$	0	0,27	0,6	1	0,64	1
$|\cos x|$	0,92	0,6	0	0,7	0,66	0
$\dfrac{A}{2A_0}$	0	0,16	0	0,7	0,42	0

$$\frac{A}{2A_0} = |\sin\vartheta|\cdot|\cos x|$$

Bild 4.4 a) Konstruktion zu Beispiel 9. b) Vertikales Richtdiagramm der horizontalen Dipolzeile nach Bild 2.10a (Ebene $\varphi = 0°$)

Bild 4.5 a ergibt sich $A = \sqrt{A_1^2 + A_2^2 + 2A_1A_2 \cdot \cos\psi}$.

Für das Horizontaldiagramm ist die Phasenverschiebung $\psi = \beta_0 + \dfrac{2\pi a}{\lambda_0}\cos\varphi$

$= \beta_0 + \beta_1$ und $A = \sqrt{A_1^2 + A_2^2 + 2\cdot A_1 A_2 \cos\left(\beta_0 + \dfrac{2\pi a}{\lambda_0}\cos\varphi\right)}$.

Daraus kann man das horizontale Richtdiagramm der Antennenkombination berechnen.

Man kann diese Methode auch auf Antennengebilde anwenden, die aus mehr als zwei Einzelantennen bestehen. Dabei können die Einzelantennen mit unterschiedlichen Strömen gespeist sein.

4. Anhang

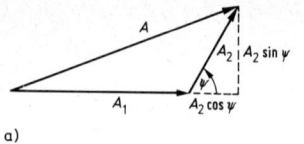

a)

$\dfrac{2\pi a}{\lambda_0} = \pi;\ \beta_0 = \dfrac{\pi}{4};\ A_1 + A_2 = A_{max}$

$\dfrac{A_2}{A_1} = 0{,}75$

Hor. Diagr.: $\beta_1 = \dfrac{2\pi a}{\lambda_0} \cos \varphi$

Vert. Diagr.: $\beta_1 = \dfrac{2\pi a}{\lambda_0} \sin \vartheta$

b)

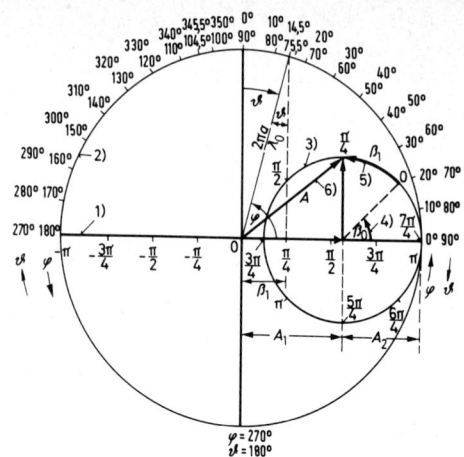

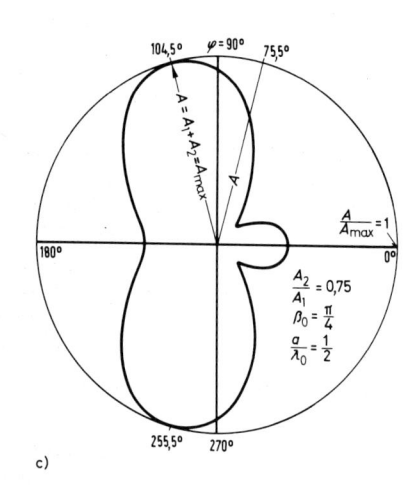

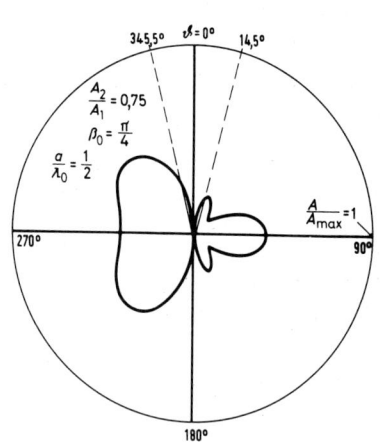

c)

Wertetabelle für das Vertikaldiagramm

ϑ	0°	14,5°	90°	345,5°	270°
$\left(\dfrac{A}{A_{max}}\right)_{hor.\ Diagr.}$	0,93	0,72	0,40	1	0,40
$\lvert \sin \vartheta \rvert$	0	0,25	1	0,25	1
$\left(\dfrac{A}{A_{max}}\right)_{vert.\ Diagr.}$	0	0,18	0,40	0,25	0,40

d) $\left(\dfrac{A}{A_{max}}\right)_{vert.\ Diagr.} = \sin \vartheta \left(\dfrac{A}{A_{max}}\right)_{hor.\ Diagr.}$

Beispiel 10 (zu Abschnitt 2.5.1.)

Die graphische Ermittlung des horizontalen Richtdiagramms benützt die Addition der Feldvektoren von Bild 4.5 a.
Einzelschritte des graphischen Verfahrens:
1. Achsenkreuz zeichnen: Abszisse $\varphi = 0°$-Richtung; Ordinate $\varphi = 90°$-Richtung.
2. Um den Kreuzungspunkt einen Kreis mit dem Radius $\dfrac{2\pi a}{\lambda_0}$ schlagen und die Abszisse innerhalb des Kreises in Teile von $\dfrac{2\pi a}{\lambda_0}$ unterteilen. Auf dem Kreis eine Winkeleinteilung für den Winkel φ eintragen.
3. Den Radius des Kreises auf der Abszisse mit $(A_1 + A_2)$ gleichsetzen. Um den Endpunkt von A_1 auf der Abszisse einen Kreis mit dem Radius A_2 schlagen.
4. Auf dem A_2-Kreis β_0 von der Abszisse aus abtragen. Der Endpunkt von β_0 auf dem A_2-Kreis ist der Nullpunkt für den Winkel $\beta_1 = \dfrac{2\pi a}{\lambda_0} \cos\varphi$. Von diesem Punkt aus auf dem Umfang des A_2-Kreises eine Teilung von $0\cdots 2\pi$ einzeichnen.
5. Für einen gewählten Winkel φ auf der Abszisse $\beta_1 = \dfrac{2\pi a}{\lambda_0} \cos\varphi$ ablesen und auf dem A_2-Kreis abtragen. Die Abtrag-Richtung ist für positive β entgegen dem Uhrzeigersinn, für negative β im Uhrzeigersinn.
6. Die Strecke zwischen dem Kreuzungspunkt des Achsenkreuzes und dem Endpunkt von β_1 auf dem A_2-Kreis ist der gesuchte Wert A für den Winkel φ.
7. Aus den in 6. gefundenen Werten das horizontale Richtdiagramm zeichnen.

Zu 5.: Es ist oft einfacher, für einen auf der Abszisse leicht ablesbaren β_1-Wert den dazugehörenden Winkel φ auf dem großen Kreis abzulesen und dazu den Wert A nach 6. zu bestimmen.

Die Konstruktion ist in B i l d 4.5b, das horizontale Richtdiagramm in B i l d 4.5c dargestellt.

Das vertikale Richtdiagramm läßt sich leicht aus dem Horizontaldiagramm bestimmen:
In Bild 4.5b ist der Winkel ϑ eingetragen. $\vartheta = 0°$ steht senkrecht auf $\varphi = 0°$. Deshalb ist auf der Abszisse des Achsenkreuzes in Bild 4.5b nun $\dfrac{2\pi a}{\lambda_0} \sin\vartheta$ abzulesen (was beim Horizontaldiagramm $\dfrac{2\pi a}{\lambda_0} \cos\varphi$ war).

◀ Bild 4.5 a) Konstruktion zu Beispiel 10. b) Konstruktion zu Beispiel 10. c) Horizontales Richtdiagramm der horizontalen Dipolzeile aus zwei vertikalen Dipolen, die mit Strömen verschiedener Amplituden phasenverschoben gespeist sind. d) Vertikales Richtdiagramm der horizontalen Dipolzeile aus zwei vertikalen Dipolen, die mit Strömen verschiedener Amplitude phasenverschoben gespeist sind

Aus der vertikalen Richtcharakteristik

$$A = \sin\vartheta \cdot \sqrt{A_1^2 + A_2^2 + 2A_1A_2 \cos\left(\beta_0 + \frac{2\pi a}{\lambda_0}\sin\vartheta\cos\varphi\right)} \text{ erhält man für die}$$

Ebene $\varphi = 0°$: $A = \sin\vartheta \sqrt{A_1^2 + A_2^2 + 2A_1A_2 \cos\left(\beta_0 + \frac{2\pi a}{\lambda_0}\sin\vartheta\right)}$.

Dieser Ausdruck entspricht bis auf sin ϑ an Stelle von cos φ unter der Wurzel und den Faktor sin ϑ dem Ausdruck für das Horizontaldiagramm. Man kann deshalb den gleichen Konstruktionsgang wie beim Horizontaldiagramm auch beim Vertikaldiagramm gehen. Dabei ist die nun gültige ϑ-Winkelskala (Bild 4.5b) zu verwenden und der für einen bestimmten Winkel ϑ abgelesene Wert nach 6. muß noch mit | sin ϑ | multipliziert werden, um den gesuchten Wert A des Vertikaldiagramms zu erhalten (Wertetabelle).

Das vertikale Richtdiagramm des Beispiels zeigt B i l d 4.5d.

Beispiel 11 (zu Abschnitt 2.2.)

Das vertikale Richtdiagramm einer vertikalen Dipolspalte nach Bild 2.9a, deren Dipole mit phasenverschobenen Strömen gleicher Amplitude gespeist seien, soll graphisch bestimmt werden.

Der auf die Senderwellenlänge bezogene Abstand der beiden Dipole ist $\frac{b}{\lambda_0} = \frac{2}{3}$. Die Phasenverschiebung der Speiseströme ist $\beta_0 = -\pi$, d. h. die Antenne 2 in Bild 2.9a führt voreilenden Strom.

Das vertikale Richtdiagramm der vertikalen Dipolspalte aus zwei Dipolen erhält man nach Gl. (110) aus

$$\frac{A}{2A_0} = \left|\sin\vartheta\right| \cdot \left|\cos\left(\frac{\beta_0}{2} + \frac{\pi b}{\lambda_0}\cos\vartheta\right)\right|.$$

Einzelschritte des graphischen Verfahrens:

1. Achsenkreuz zeichnen: Abszisse $x = \left(\frac{\beta_0}{2} + \frac{\pi b}{\lambda_0}\cos\vartheta\right)$ bis $\frac{\beta_0}{2} \pm \frac{\pi b}{\lambda_0}$, Ordinate (Zahlenwerte von | cos x |) bis | cos x | = 1 auftragen.
2. | cos x |-Kurve über der Abszisse einzeichnen.
3. $\frac{\beta_0}{2}$ auf der Abszisse vom Nullpunkt aus eintragen.
4. Um den Endpunkt von $\frac{\beta_0}{2}$ einen Kreis mit dem Radius $\frac{\pi b}{\lambda_0}$, und auf diesem Kreis eine Winkelteilung für den Winkel ϑ einzeichnen.
5. Für Nullstellen von $\frac{A}{2A_0}$, die bei cos x = 0 und bei sin ϑ = 0 auftreten und

Beispiel 11 (zu Abschnitt 2.2.) 225

für Zwischenwerte von $\dfrac{A}{2A_0}$, die sich aus $|\sin\vartheta|\cdot|\cos x|$ ergeben, eine Wertetabelle für die dazugehörenden Winkel ϑ aufstellen.

6. Diagramm zeichnen.

Wenn man $\sin\vartheta$ nicht aus Tafeln u. a. entnehmen kann, erhält man $\sin\vartheta$ aus dem Längenverhältnis von $\dfrac{\dfrac{\pi b}{\lambda_0}\cdot\sin\vartheta}{\dfrac{\pi b}{\lambda_0}}$, das aus der Konstruktion abgegriffen werden kann.

Die Konstruktion ist in B i l d 4.6a, das vertikale Richtdiagramm der vertikalen Dipolspalte nach Bild 2.9a in B i l d 4.6b dargestellt.

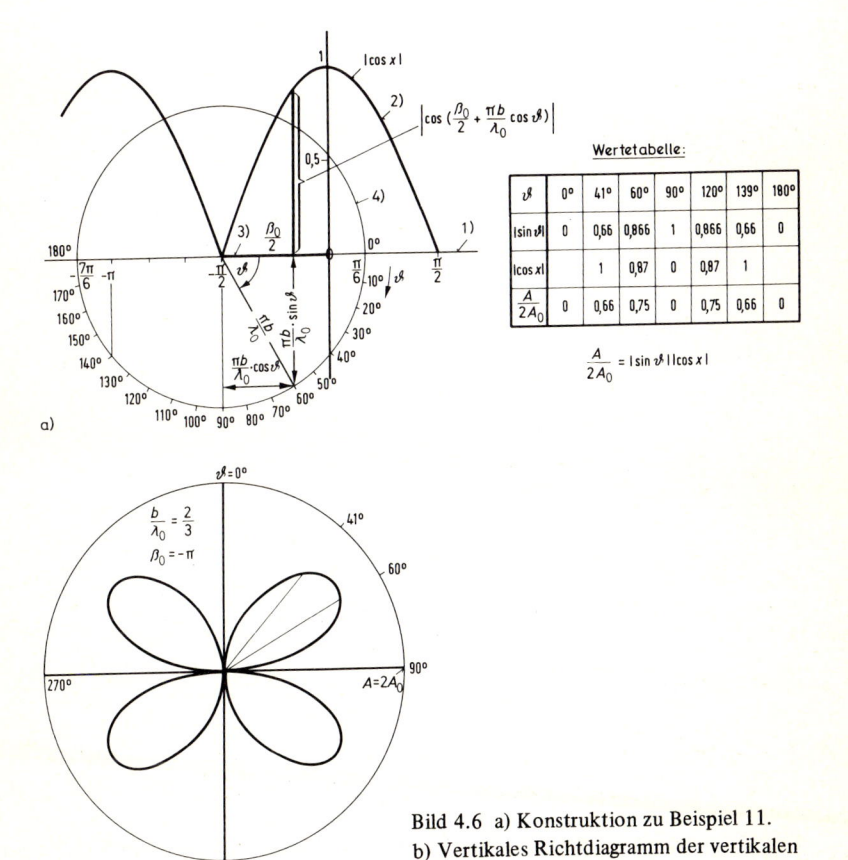

Wertetabelle:

ϑ	0°	41°	60°	90°	120°	139°	180°
$|\sin\vartheta|$	0	0,66	0,866	1	0,866	0,66	0
$|\cos x|$	1	0,87	0		0	0,87	1
$\dfrac{A}{2A_0}$	0	0,66	0,75	0	0,75	0,66	0

$\dfrac{A}{2A_0} = |\sin\vartheta||\cos x|$

Bild 4.6 a) Konstruktion zu Beispiel 11.
b) Vertikales Richtdiagramm der vertikalen Dipolspalte nach Bild 2.9a

5. LITERATURVERZEICHNIS

[1] MEINKE, H. H.: Einführung in die Elektrotechnik höherer Frequenzen. Band 1 und Band 2. Berlin, Springer 1966.
[2] POHL, R. W.: Einführung in die Elektrizitätslehre. Berlin, Springer 1944.
[3] MÖLLER, H. G.: Grundlagen und mathematische Hilfsmittel der Hochfrequenztechnik. Berlin, Springer 1945.
[4] AEG-Hilfsbuch 1, Grundlagen der Elektrotechnik. Dr. Alfred Hüthig Verlag, Heidelberg 1976.
[5] SCHUNK, H.: Stromverdrängung. UTB 379. Dr. Alfred Hüthig Verlag Heidelberg.
[6] KRAUS, J. D.: Antennas. McGraw-Hill, N. Y. 1950.
[7] NTG-Empfehlung 1301: Begriffe aus dem Gebiet der Antennen. Berlin, VDE 1969.
[8] MEINKE, H. H.: Elektromagnetische Wellen, eine unsichtbare Welt. Berlin, Springer 1963.
[9] MEINKE, H. H., LANDSTORFER, F., LISKA, H., MÖNICH, G.: Wellenablösung von einer Antenne. Lehrfilm des Instituts für Hochfrequenztechnik der TU München, 1972.
[10] MEINKE, H. H., LANDSTORFER, F., LISKA, H., MÖNICH, G.: Erläuterungen zum Lehrfilm [9]. Institut für Hochfrequenztechnik der TU München, 1972.
[11] MEINKE, H. H., GUNDLACH, F. W.: Taschenbuch der Hochfrequenz. Berlin, Springer 1956.
[12] LANDSTORFER, F., LISKA, H., MEINKE, H., MÜLLER, B.: Energieströmung in elektromagnetischen Wellenfeldern. Nachrichtentechn. Z. 25 (1972) H. 5.
[13] MEINKE, H. H., MÖNICH, G.: Energiewirbel im Nahfeld von Längsstrahlern und ihr Zusammenhang mit der Richtwirkung im Fernfeld. Nachrichtentechn. Z. 26 (1973) H. 4.
[14] LANDSTORFER, F., MEINKE, H., NIEDERMAIR, G.: Ringförmiger Energiewirbel im Nahfeld einer Richtantenne. Nachrichtentechn. Z. 25 (1972) H. 12.
[15] BRÜCKMANN, H.: Antennen ihre Theorie und Technik. Leipzig, Hirzel 1939.
[16] FRÄNZ, K., LASSEN, H.: Antennen und Ausbreitung. Berlin, Springer 1956.
[17] WÖRLE, H., MÜNCH, J.: Mathematik in Kurzfassung für Studierende der Technik. München, Oldenbourg 1960.
[18] ZUHRT, H.: Elektromagnetische Strahlungsfelder. Berlin, Springer 1953.
[19] GRUNDLACH, F. W.: Grundlagen der Höchstfrequenztechnik. Goslar 1950.
[20] SIEGEL, E., LABUS, J.: Feldverteilung und Energieemission von Richtantennen. Z. Hochfrequenztechnik 39 (1932) S. 86–93.
[21] Funktechnische Arbeitsblätter At 12: Die Bestimmung einfacher Antennendiagramme. München, Franzis 1971.
[22] CUTLER, C. C.: Parabolic Antenna Design for Microwaves. Proc. IRE 37, Nov. 1947.
[23] BERGMANN, L., LASSEN, H.: Ausstrahlung, Ausbreitung und Aufnahme elektromagnetischer Wellen. Berlin, Springer 1940.
[24] RAMO, S., WHINNERY, J. W.: Fields and Waves in modern Radio. J. Wiley, New York 1944.
[25] SIEGEL, E., LABUS, J.: Scheinwiderstand von Antennen. Jahrb. der drahtlosen Telegraphie 41 (1933) S. 166–172.
[26] SCHELKUNOFF, S. A.: Electromagnetic Waves. Van Nostrand, New York 1964.
[27] MARTINI, H.: Theorie der Übertragung auf elektrischen Leitungen. UTB 264. Dr. Alfred Hüthig Verlag Heidelberg 1974.

5. Literaturverzeichnis

[28] KAMMERLOHER, J.: Hochfrequenztechnik I. C. F. Winter, Prien, 1964.
[29] LANDSTORFER, F., MEINKE, H. H.: Ein neues Ersatzbild für die Impedanz kurzer Strahler. Nachrichtentechn. Z. **26** (1973) H. 11.
[30] LANDSTORFER, F.: Admittanz und Stromverteilung bei linearen zylindrischen Antennen. AEÜ **23** (1969) S. 61–69.
[31] Telefunken Laborbuch II. Dr. Alfred Hüthig Verlag Heidelberg 1971.
[32] BOOKER, H. G.: Slot Aerials and their Relation to Complementary Wire Aerials. J.I.E.E. (London) **93** (1946) No. 4.
[33] HANSEN, W. W., WOODYARD, J. R.: A New Principle in Directional Antenna Design. Proc. IRE **26** (1938) S. 333–345.
[34] GREIF, R.: Bodenantennen für Flugsysteme. Oldenbourg, München 1974.
[35] CARSON, J. R.: Reciprocal Theorems in Radio Communication. Proc. IRE **17** (1929) S. 952–956.
[36] BÄRNER, K.: Flugsicherungstechnik I. Reich, München 1957.
[37] BRACEWELL, R.: The Fourier Transform and its Application. McGraw-Hill, New York 1965.
[38] KOOB, K.: Die Bedeutung der Polarisation für Funkverbindungen mit isotropen Antennen. NTG-Tagung Antennen 1972.
[39] FEDERSPIELER, P., MÖNICH, G.: Das Entstehen von Richtwirkung bei zweistäbigen Antennen mit strahlungsgekoppeltem Reflektor oder Direktor. Nachrichtentechn. Z. *28* (1975) H. 8.

6. SACHWÖRTERVERZEICHNIS

Antenne 13
Apertur 168

Babinetsches Theorem 176
Beschleunigungslinse 173
Binomialkoeffizienten 111
Breitbandantenne 150

Cassegrainantenne 170

Dachkapazität 159
Dipol 16
 -gerade 92
 -spalte 52
 -wand 84
 -zeile 46
Direktor 166
Direktrix 168
Durchflugbreite 137

Effektive Höhe 146
Effektive Länge 146
Eingangsimpedanz der
 Antenne 139
Elementardipol 16
Elektrisches Feld 16
Empfangsantenne 199
Energiedichte 32
Energiestromdichte 33
Erdfaktor 136

Feld (elektrisches) 16
Feld (magnetisches) 18
Feldwellenwiderstand 27
Fernfeld 29
Flächenausnutzung 170
Flächenimpedanz 178
Flächenstrahler 106
Flächenwirkungsgrad 207
Fourieranalyse 112
Fouriertransformation 112
Fraunhoferregion 28
Funkeninduktor 13

Ganzwellendipol 125
Gewinn der Antenne 196, 206
Grenzfeldlinie 30
Grenzstromlinien 41
Gruppencharakteristik 48

Halbwellendipol 124
Halbwertsbreite 95
Hauptdiagramm 55
Hauptstrahlung 97
Helixantenne 187
Höhe (effektive) 146
Hohlleiter 170
Horizontalantenne 132
Hornparabolantenne 170
Hornstrahler 170

Induktivitätsbelag 141
Isotroper Strahler 196

Kapazitätsbelag 140
Kohärer 13
Kugelstrahler 196

Länge (effektive) 146
Längsstrahler 101
Leitlinie 168
Linsenantenne 172

Magnetisches Feld 18
Muschelantenne 170

Nahfeld 29
Nebenstrahlung 96
Nebenzipfelunterdrückung 110

Öffnungsfläche 169, 207

Parabolspiegel 168
Phasengeschwindigkeit 173
Phasenunterschied der Feld-
 komponenten 47, 127
Poyntingscher Vektor 39
Potential 16

Querstrahler 80

Rahmenantenne 180
Raumdiagramm 60, 137
Raumkapazität 152
Reflektor 88, 166
Reflektorfaktor 90
Reziprozitätstheorem 203
Richtcharakteristik 42
Richtdiagramm 42

6. Sachwörterverzeichnis

Ringantenne 183
Richtfaktor 48

Schirm 177
Schlitzantenne 174
Schwerpunkthöhe 135
Schwundmindernde Antenne 161
Spiegelantenne 167
Spiegelbild 64
Spiegelungsfaktor 136
Stabstrahler 102
Strahler 13
Strahlungsdichte 38
Strahlungskopplung 163
Strahlungsleistung 33
Strahlungswiderstand 139, 158
Strömungslinien der Feldenergie 39
Stromverteilung 107

TEM-Welle 40
Totkapazität 152

Transmissionskoeffizient 178
Trichterstrahler 171

Übertragungsfaktor 210

Verkürzungskondensator 162
Verlängerungsspule 162
Verlustwiderstand 158
Verschiebungsstrom 19
Vertikalantenne 128
Verzögerungslinse 173

Wendelantenne 187
Wellenmodus 189
Wirkfläche 206
Wirkungsgrad der Antenne 158

Yagi-Antenne 166

Zirkular polarisierte Welle 187

Die in diesem Buch gezeigten Antennendiagramme wurden mit Hilfe eines elektronischen Tischrechners berechnet. Das Programm für die räumlich-perspektivische Darstellung des Antennendiagramms in Bild 2.10n wurde von Herrn Dipl. Ing. H. SCHUNK zur Verfügung gestellt.

Dr. Alfred Hüthig Verlag GmbH
Heidelberg · Mainz · Basel

Hüthig

Erich Renz
PIN- und Schottky-Dioden
Technologie – Herstellung – Anwendung
213 Seiten. Mit 347 Abbildungen und 22 Tabellen.
Kunststoffeinband DM 64,–
Die Forderung nach immer höheren Frequenzen in der Nachrichtenübertragungstechnik führte u. a. zur serienreifen Entwicklung der PIN- und Schottky-Dioden. Die beiden Bauteile, die bis vor kurzem fast ausschließlich in der Raumfahrtelektronik und der Nachrichtentechnik Anwendung fanden, werden heute in zunehmendem Maße in Automation oder Eingangsstufen von Alarmanlagen zur Raumüberwachung in Dopplerradar oder zur Verkehrsüberwachung und nicht zuletzt in dem zur Diskussion stehenden 12-GHz-Fernsehsystem zum direkten Empfang über Satelliten eingesetzt.

Prof. Dr.-Ing. Reinhold Paul
Halbleiterphysik[*]
560 Seiten. Mit 223 Abbildungen und 43 Tafeln.
Ganzleinen DM 54,–
(Elektronische Festkörperbauelememte)
Der erste Band des Werkes „Elektronische Festkörperbauelemente" enthält die festkörper- und halbleiterphysikalischen Erkenntnisse, die den Wirkungsprinzipien der Bauelemente zugrunde liegen. Nach einer einleitenden Übersicht zum Begriff „Halbleiter" werden kristallographische Grundlagen am ruhenden und schwingenden Gitter behandelt, die mit der Darstellung des Bändermodells abschließt.

Prof. Dr.-Ing. Reinhold Paul
Halbleiterdioden[*]
452 Seiten. Mit 237 Abbildungen und 49 Tafeln.
Ganzleinen DM 48,–
(Elektronische Festkörperbauelemente)
In diesem Band werden die technisch wichtigen Halbleiterbauelemente, ihre Eigenschaften im Grundstromkreis und ihre wichtigsten Anwendungen behandelt. Nach einer Darstellung des Ordnungsprinzips, mit dessen Hilfe die Vielzahl der Bauelemente überschaubar wird, und einem festkörperphysikalischen Kompendium folgt die Abhandlung der inneren Elektronik, der Grundschaltungen und der Anwendungen aller Typen von Halbleiterdioden.

Prof. Dr.-Ing. Reinhold Paul
Transistoren und Thyristoren[*]
Grundlagen und Anwendungen
Ca. 400 Seiten. Mit 310 Abbildungen und 20 Tafeln.
Ganzleinen ca. DM 58,–
(Elektronische Festkörperbauelemente)
Transistoren, Thyristoren, Feldeffekttransistoren sind auch heute noch – im Zeitalter der LSI-Schaltkreise – im Einsatz in der Elektrotechnik und Elektronik unentbehrliche Halbleiterbauelemente. Das Buch hat sich zum Ziel gesetzt, die grundsätzliche Arbeitsweise der Bauelemente, ihre Klemmeneigenschaften und ihr Verhalten im Grundstromkreis eingehend zu erläutern. Durch die ausführliche Beschreibung der zugrundeliegenden Mathematik wird die Phänomenologie der Halbleiterbauelemente transparenter gestaltet.

* Lizenzausgaben des VEB Verlag Technik, Berlin.

Dr. Alfred Hüthig Verlag GmbH
Heidelberg · Mainz · Basel

Hüthig

Prof. Dr.-Ing. Walter Janssen
Hohlleiter und Streifenleiter
Ca. 150 Seiten. Mit ca. 163 Abbildungen und ca. 12 Tabellen. Kartoniert ca. DM 28,–

Dieses Buch gibt dem Leser die Möglichkeit, die Grundlagen der Mikroleitungen kennenzulernen, die die Basis für das Verständnis moderner Mikrowellensysteme bilden. Aufgaben mit den dazugehörigen Lösungen bringen die Problematik des behandelten Stoffes näher. Neben Fragen der allgemeinen Mikrowellentechnik, Rechteck und Rundhohlleitertechnik wird die Mikrowellenstreifenleitertechnik besonders ausführlich behandelt.

Dr.-Ing. Wilhelm Peter Schneider
Dipl.-Ing. Reinhold Roggan
Simulation mit analogen Rechenschaltungen
Ca. 150 Seiten. Mit ca. 65 Abbildungen. Kartoniert ca. DM 24,–

Die Simulation technisch-physikalischer Vorgänge sollte von ihrer Struktur her analog erfolgen, obwohl im Zeitalter der digitalen Datenverarbeitungsanlagen dieser Aspekt in den Hintergrund getreten ist.
Dieses Buch gibt eine Einführung in die verschiedenartigen analogen Rechenschaltungen. Diese Rechenschaltungen werden später anhand von
Simulation an
vereinigt. Viele
nete Aufgaben
ständnis zu ve

Dr.-Ing. Reinhard Fritz
Elektronische Meßwertverarbeitung
Schaltungen und Systeme
Ca. 220 Seiten. Mit 198 Abbildungen und ca. 6 Tabellen. Kartoniert ca. DM 32,–

Wie in der Nachrichtenübertragung und Nachrichtenverarbeitung üblich, verwendet man zur Darstellung von Meßgrößen auch in der Meßtechnik immer häufiger elektrische Signale. Die so gewonnenen Meßwerte lassen sich einfach fernübertragen, so daß das Verarbeiten der Meßwerte zentral erfolgen kann. Der Autor gibt nun in seinem Buch einen Überblick über die Techniken, die sich zwischen der reinen Analog- und der Digitalrechentechnik angesiedelt haben.

Arpad A. Bergh / P. J. Dean
Lumineszenzdioden
Grundlagen – Halbleitende Verbindungen – Anwendungen

210 Seiten. Mit 82 Abbildungen und 8 Tabellen. Broschiert DM 35,–

Lichtemittierende- oder Lumineszenzdioden (LEDs) sind Bauelemente, mit denen sich elektrische Energie bei guter Ausbeute in elektromagnetische Strahlung umwandeln läßt. Der größte Teil dieser Strahlung soll dabei für das menschliche Auge sichtbar sein. Einige für das Verständnis und die Anwendung von LEDs
werden besonderes
bleitenden
und speziell
rd.